MODERN OPTICAL
DESIGN AND APPLICATIONS

现代光学设计及应用

孔令豹　编著

化学工业出版社

·北京·

内 容 简 介

《现代光学设计及应用》介绍了现代光学系统设计的基础理论、设计方法、应用实践等内容，涵盖了几何光学基础，光学设计软件，像差及其校正，望远成像系统、显微成像系统、中继转向系统的设计，以及显微照明技术，并拓展至前沿的 3D 显示技术等，还附有几种光学系统像差测量方法。本书选取 Zemax 作为设计软件，通过具体的优化案例来帮助读者加深对光学设计的理解，内容浅显易懂，注重工程应用。

本书可供光学设计师自学、企业技术培训等参考，也可作为光学及相关专业的本科高年级或研究生教材。

图书在版编目（CIP）数据

现代光学设计及应用 / 孔令豹编著 . -- 北京：化学工业出版社，2024. 10. -- ISBN 978-7-122-46099-8

Ⅰ. TN202

中国国家版本馆 CIP 数据核字第 20247HJ389 号

责任编辑：毛振威　　　　　　　装帧设计：韩　飞
责任校对：田睿涵

出版发行：化学工业出版社
　　　　　（北京市东城区青年湖南街 13 号　邮政编码 100011）
印　　装：大厂回族自治县聚鑫印刷有限责任公司
787mm×1092mm　1/16　印张 21$\frac{1}{2}$　字数 442 千字
2025 年 8 月北京第 1 版第 1 次印刷

购书咨询：010-64518888　　　　售后服务：010-64518899
网　　址：http://www.cip.com.cn
凡购买本书，如有缺损质量问题，本社销售中心负责调换。

定　　价：129.80 元

前言

　　光学设计在现代社会中，可以说是随处可见。从生活中使用的消费类电子产品，到医疗、制造业、军事、天文、能源等领域，到处都有光学设计的身影。

　　光学设计是光学制造的先导技术，尤其对于高端光学系统及装备，其光学设计直接决定后续系统的光学性能以及制造成本和效率。现代光学设计在当代先进制造领域作用举足轻重。

　　为了满足日新月异的现代高端光学系统发展，需要进行面向制造的光学系统设计。现代光学设计不仅需要具有系统完整的理论基础，还需要考虑制造的可实现性；不仅考虑系统的光学性能指标，且要兼顾设计的光学部件的热变形、机械强度等要求；同时，还要了解和融入最新的光学系统，从而拓展光学设计的应用范围。为此，笔者基于前期的部分研究生课程教学课件，结合现代光学仪器的发展现状，编写了本书。

　　那么光学设计是什么？光学设计其实并没有标准、统一的定义，顾名思义，光学设计可以认为是为了实现需要的成像目标，对光学系统进行设计修正的过程。大多数光学设计的过程都依赖于软件的利用，本书基于光学的基本原理，通过相关优化案例来帮助读者加深对光学设计这一过程的理解。值得说明的是，本书所提到的光学设计是针对镜头光学系统的设计。阅读本书，读者可以通过对几何光学、光学系统和先进光学设计的学习，掌握先进光学设计方法，并能独立完成光学设计。

　　本书将系统介绍现代光学系统设计基础理论、设计思路和方法、光学系统性能分析与优化、具体应用实践等内容，涵盖几何光学基础、像差理论与像差校正、望远成像系统、显微成像系统、中继转向系统以及显微照明技术，并拓展至当今前沿技术如 3D 显示技术等。本书在介绍光学系统设计的同时，穿插有关先进光学制造工艺和光学测量技术等内容，并对设计的光学系统进行性能和公差分析，实现面向制造的先进光学系统设计，从而使所设计的光学系统更具工程应用性。

　　本书基于复旦大学光科学与工程系开设的"现代光学设计"课程前期的教学素材整理编写，内容浅显易懂，具有更系统的知识体系和更好的工程应用价值。此外，无论是光学设计零基础的抑或有设计经验的读者，都可从中获得相应知识和技能。本书适用于光学工程学科领域的研究生教学、光学设计师自学、企业技术培训等，对其他相关系统设计也具有一定的参考价值。

　　在本书前期编写过程中得到研究生吕昊宇、宋慧鑫、安慧珺、沈晓慧，以及科研助理沈夏唯的帮助，在此表示感谢。

　　鉴于笔者水平有限，加之编写时间匆忙，相信本书仍有不足和疏漏之处，某些表述可能有不妥，恳请读者朋友尤其是同仁批评指正。

孔令豹

目录

第1章

绪 论

本书作为一门技术性的工具书，开始阅读之前，先了解三个问题：为什么要学习光学设计？学习光学设计需要学些什么？应该如何开始学习？

本章就此三个问题展开。

光学设计的应用非常广泛，见图1-1，相机镜片、眼镜镜片、LED灯罩等与镜头相关的工具能够得以利用，都离不开光学设计。如最常使用的手机摄像头的镜片设计就是利用光学设计的原理进行设计优化的。基于目前社会的发展与人们的需求，手机的摄像头不仅在体积上越来越小，而且放大倍数、可调焦距等各类性能也越来越好，功能越来越齐全。这样的变化，除了得益于手机的图像处理能力越来越强以外，还得益于目前光学设计的发展。设计者们利用专业软件模拟镜头成像，对镜头镜片进行设计修正，最大可能地满足成像需求，之后再与手机内部的图像处理功能相结合，使得手机的拍摄功能越来越强。

▶ 图1-1　早期的单反胶卷相机与智能手机镜头

针对激光器使用的光束整形镜片（图 1-2），通过设计修改可以实现多种成像任务。一般而言，激光输出光束的能量分布呈现高斯型，通过设计相应的光束整形镜片，可以做到将高斯光束能量分布转换成特殊目的需求的能量分布或是相位轮廓。在激光系统中，从飞秒脉冲激光器到通信波段的半导体激光器，都需要利用光学设计去设计激光器内部光路的结构、腔体，从而去控制激光器的性能。光束整形镜片的应用还体现在光刻照明、激光加工、集成电路封装、光存储系统、材料处理等方面。

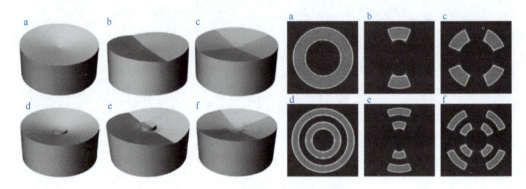

▶ 图 1-2　光束整形镜片及其整形结果

不论是民用产品、工业制造，还是国防军工，到处都有光学设计的身影。光学设计极大地满足了不同领域对于光的应用需求。这也进一步体现了光学设计的应用之广泛，说明了学习光学设计的必要性。

目前，除了像手机摄像头这类规则透镜组的设计之外，光学设计的对象已经从透镜或透镜组等规则系统拓展到现在市面上的一些奇异光学元件。这些奇异光学元件往往能完成不少令人惊叹的成像结果。而奇异光学元件能得到广泛的应用也得益于制造业和微电子技术的进步。一般来说，光学设计的成品可以归纳为四类：高次非球面或离轴非球面、功能结构表面、自由面以及上述三种的综合型表面。

① 高次非球面的面型由多项高次方程决定，使得表面各点的曲率半径均有所差异。其相对于光轴对称，是一种对称非球面。而离轴非球面相对于高次非球面，是一种不对称的非球面，其面型方程的中心点不在光轴上。

② 功能结构表面主要指表面微结构阵列。如用于波前传感器和照明光路中的微透镜阵列，用于晶圆光学成像传感器的微透镜阵列，用于警示牌的微棱镜阵列，各种显示屏中的导光面、散射表面、光纤导光耦合器，还有抗摩擦表面、自清洁表面等。

③ 自由面是指具有非对称性的高次曲面，主要用途有波前编码器、激光整形镜片、人工关节、内置眼镜、渐变眼镜、头盔目镜、相位板、超短距投影物镜、汽车前视反射镜、无盲点无畸变后视镜、360°周视照相机、扫描器件、各种照明反射镜面罩、保形光学元件等。

④ 综合型表面是一种二元光学表面，如基于非球面的光栅表面、LED 车灯前罩、波

前编码器、太阳能聚光镜等。

　　图 1-3 为不同类型光学元件表面示意图。这些不同类型的光学元件，在不同领域都体现了其独特的作用。

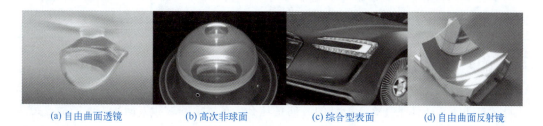

(a) 自由曲面透镜　　　　(b) 高次非球面　　　　(c) 综合型表面　　　　(d) 自由曲面反射镜

▶ 图 1-3　不同类型光学元件表面

　　既然光学设计的应用如此广泛，那么在学习光学设计的过程中需要学些什么？在开始学习光学设计之前，首先要清楚光学设计相关的光学理论知识，知道对设计结果的评判标准以及光学设计的步骤是什么。

　　针对上述内容，本书的讲述主要分为几何光学基础、像差理论与像差校正的办法、光学系统设计等几个部分。

　　几何光学基础的讲述主要是在近轴光学理论和光学系统概念的基础上进行讨论，这部分内容也是在设计过程中必不可少的部分。几何光学的基础知识是进行光学设计的必要理论基础，如果对几何光学的知识没有一个系统的、基础的认识和理解的话，就无法进行光学设计，那么这样的光学设计学习就可以说是失败的。对此，本书利用第 2 章的内容对几何光学的基础知识进行了系统的讲解，方便读者顺利完成光学设计的学习。即使没有光学相关基础的读者也能通过阅读本书进行光学设计的学习，而不需要再去查阅别的书籍。

　　像差理论是用来判断所成的像的质量的，可以说是光学设计结果的一个评判标准。只有对成像质量的评判标准有了深刻的理解，才能对整个设计目标、设计结果和设计方向有所把握。对于设计目标都不清晰的设计，注定会是失败的。同时，对像差理论的了解可以帮助读者进一步理解减少像差的措施有哪些，应该如何校正像差。这也是本书中要讨论的重点内容。

　　光学系统部分讲述光学系统的设计方法，并对常用、主要的光学系统进行分类，每种系统都有自己独特的用途。对不同类型的光学系统进行分类之后，就可以根据设计的目标进行光学系统初始结构的选择，对于这些光学系统的理解也能方便之后读者在进行光学设计的过程中加以利用，提升设计效率。

　　总的而言，读者通过阅读本书应该熟练掌握这些内容：①近轴光学理论；②光学系统概念；③像差理论；④减少像差的措施；⑤光学系统设计方法；⑥对设计的光学系统进行评估和改进的办法。

　　那么，如何开始学习光学设计？想要成为一名合格的光学设计者，要具备一定的素质。首先，要想学好光学设计，就需要有一定的光学理论知识、较好的数学基础，这些基础的知识能力是在光学系统设计过程中，对整个过程能够理解并推进的重要前提，也是成为一个合格光学设计者的良好起点。其次，学会善于利用光学材料数据库，站在前人的肩膀上，利用前人的经验而不是自己凭空思考进行光学设计，帮助提升设计效率。同时，有一定文献查阅能力、思考问题的逻辑性和哲理性。这些良好的能力、习惯也是成功达成光学设计目标的重要基石。当然，不论学习什么内容，最重要的是勤奋努力的行动和积极进取的心态，只有个人的努力才能帮助自己不断提升。

作为一种设计手段，光学设计具有一定的基本过程。这个过程的第一步就是确定设计目标，即需求条件是什么，设计的方向是什么。在确定需求和方向后，才能通过镜头的数据库寻找相关的、有效的初始结构。寻找的原则就是初始结构尽可能向需求靠拢。之后在确认好的初始结构的基础上，针对需求条件进行优化设计。优化设计可以通过自助添加元件对初始结构进行改动，也可以利用光学设计软件自带的优化程序帮助优化。设计完成后还需要对设计的结果进行确认，确保系统已经满足需求。到这里，设计就完成了。总的来说，光学设计的过程就是在所给的边界条件内寻找最优解。总结以上步骤，进行光学设计的基本过程可以归纳为以下五步（图1-4）：

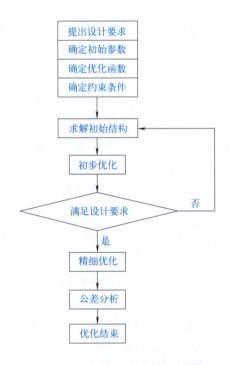

▶ 图1-4　光学设计过程基本流程图

① 提出设计要求，确定初始参数，确定评价函数（也称优化函数），确定约束条件。
② 求解初始结构（光学设计最难之处）。

③ 初步优化，是否满足设计要求，如果不满足需要重新求解初始结构。

④ 如果满足，进行精细优化，提高成像质量。

⑤ 进行公差分析，确定加工零件精度，机械结构设计与装调。

光学设计是利用光学设计软件根据需求进行光学系统的设计与修正，那么，在设计过程中，选择一个较好的、合适的光学设计软件就至关重要。这里对市面上常用的一些光学软件进行简单介绍。在之后的章节中再进行更加详细的介绍。目前市面上常用的光学设计软件主要有 Zemax、CODE V、LightTools、ASAP 和 TracePro 等。

Zemax 软件目前由 Ansys 公司发行，主要用于成像设计和照明设计，包括设计、优化、分析和公差分析等。Zemax 软件方便易用，性价比高，具有丰富的玻璃库和镜头库，设计的自由度高。相对于其他光学设计软件，Zemax 的市场占有率领先，约 80%。在光学设计教材中，Zemax 软件也是编者们最常使用的示例软件。市场售价为 2500 ~ 6000 美元。

CODE V 软件是由 Optical Research Associates（ORA）开发的，目前属于 Synopsys（新思科技）。该软件的功能全面，优化强大，能进行变焦结构分析、热分析，设计非对称非常规系统、衍射系统、二元面、非球面、自定义面型、变折射材料、阵列等，还可以处理特殊的光路元件，且历史悠久。主要针对成像系统设计，运算速度快，算法智能。但相对而言，售价较高，市场售价人民币 40 ~ 50 万元。

LightTools 软件同样由 ORA 开发，目前也属于 Synopsys，主要用于照明设计优化。这是一种交互式 3D 光学建模的工具，类似于 CAD（计算机辅助设计）软件，将光机一体结合设计。其优势在于杂光分析，设计效率高，支持复杂几何图形。售价在人民币 30 ~ 50 万元。

Advanced Systems Analysis Program 是由 Breault Research Organization（BRO）研发的一款软件，一般直接简称为 ASAP。主要应用于设计照明、车灯、生物光学、相干光学、显示系统、成像、医疗等。拥有非连续 3D 光学追迹程序，以及图像界面和命令语言两种使用方法。自 2004 年引入中国以来，其在对散射、衍射、反射、折射、吸收、偏振以及高斯效应等多种现象的处理中都得到了非常广泛的应用，而且和 SolidWorks 兼容。其光源库丰富，可以进行激光特性模拟，波动、几何光学共享，能处理相干和非相干光学，优势明显，以效率和准确性闻名光学软件界。市场售价为人民币 15 万元（高校），PRO 版需要 18 万元。

TracePro 软件由 Lambda Research Corporation 发行，主要用于 3D 环境中照明光机系统的设计，是一款模拟分析软件，同时也具有一定优化的功能。利用 Monte Carlo（蒙特卡罗）法模拟光线的散射和折射，并兼容 CAD。此软件具有较好的准确性。其 TracePro 7.05 版市场售价为人民币 18 万元。

这里将列举出一些典型的光学设计实例，帮助读者进一步了解光学设计的作用及其应用。

首先是对超短焦投影进行设计。投影仪通常又被称为投影机，它是非常常用的一种可以把图像、视频等信息在屏幕或幕布上进行投放的设备。其基本原理很简单，本质上就是通过一系列光学元件放大所需要投影的对象的外形、轮廓，进而将其清晰地呈现在屏幕上。在生活中，投影仪非常常见，但多数情况下，都需要较大的空间进行投影才能获得所需要的投影大小，且由于透镜焦距较长，常常在使用过程中容易发生投影光线的遮挡，导致投影图案缺失。针对人们对于是否能缩小投影需要使用的空间这一需求，超短焦投影被设计出来。依据光学设计的第一个步骤，首先需要确认初始结构。投影的初始结构非常常见，也相对固定。于是在设计过程中，人们想到利用自由曲面反射镜技术对投影的光学系统进行优化。自由曲面反射镜主要有两种，一种是高次凸非球面，另一种是高次凹非球面。为了解决遮挡的问题，最常见、最有效的方式是将投影仪放在天花板上。基于这样一个需求，在设计过程中选择了离轴非球面。离轴非球面和我们常见的透镜不太一样，其光轴与整个系统的光心并不在一条直线上，而是与中心有一段距离。相当于只取用普通透镜的一部分进行使用。在本例设计过程中，使用的就是高次离轴凸非球面或是高次离轴凹非球面。对于凹面的方案，焦距在4.9mm，由十片镜片加一片凹自由面反射镜组成，能达到1080p的分辨率，并在500mm处达到画面尺寸为70英寸[1]。对于凸面方案，最佳透镜距离在400mm，分辨率也能达到1080p，由八片镜片加一片凸自由面反射面组成。凸面镜和凹面镜两个方案的对比如图1-5所示。凸面设计为开放式，视场角大，像质较好，非球面的尺寸大；凹面设计属于封闭式，视场角小，像质好，非球面的尺寸小。最终设计得到的超短焦投影能实现高清的1080p分辨率投影，焦距小于5mm，画幅可以达到70英寸以上，这样不仅节省了空间，还可以使投影过程无遮挡。

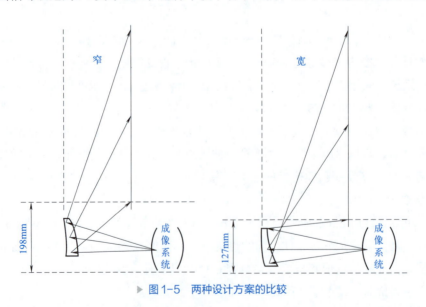

▶ 图1-5 两种设计方案的比较

---

[1] 1英寸（in）=2.54厘米（cm）。

VR（虚拟现实）眼镜［图1-6（a）］曾经在市场上掀起一股热潮。而VR眼镜的出现也得益于光学设计的发展。我们能从VR眼镜看到由计算机编程得到的图像，并产生身临其境的感观，除了得益于编程图像的真实性，还得益于通过光学设计得到的一体化双折双反目镜。人眼看到的图像是由左眼和右眼同时接收后在大脑中合成得到的。要想达到身临其境的效果就需要模拟两个眼球接收图像的过程。在VR眼镜中，显示屏上会将两个视角的场景交替播放，交替播放的图像由目镜直观地放大到眼前，且通过液晶控制两片目镜的通光与否，确保双眼接收到对应视角的图像，利用视觉暂留的效应，产生立体的效果。这类目镜不仅被用于VR眼镜等视频娱乐消遣领域，还在航空航天头盔中有着广泛的市场。

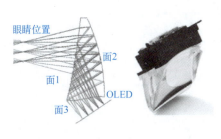

(a) VR眼镜基本结构　　　　　　　　　　(b) 长焦距全景环式镜头

▶ 图1-6　光学设计应用示例

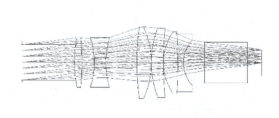
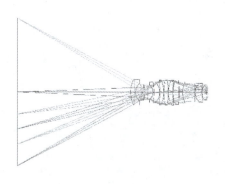

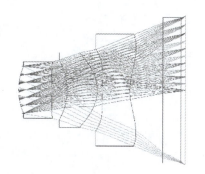

▶ 图1-7　Zemax 设计实例示意图

　　光学设计的应用示例还有很多，如长焦距全景环式镜头［图 1-6（b）］、两倍变挡红外系统的无热化设计、晶圆光学 / 汽车制造业（汽车前视系统、后视侧视摄像技术、热成像夜视等）、LED（发光二极管）照明（提高 LED 利用效率的灯罩）、离轴三反成像系统等等。其他设计的内容还有双胶合望远物镜、双分离望远物镜、非制冷红外镜头、中继镜（relay lens）、三片式手机镜头、DR（数字 X 射线摄影）成像镜头、高倍显微镜、星模拟器、反射式投影仪、双视场光学系统、双波段望远镜、胶囊内窥镜等等较为常见、应用丰富的各类镜头。图 1-7 为使用 Zemax 设计的实例示意图。

第 2 章
几何光学基础

2.1 基本概念及基本定律

2.1.1 几何光学

    光学这门学科专注于探讨光的传播特性及其与物质间的相互作用。从近代物理学的观点来看，光具有波粒二象性。然而，在多数情境中，我们主要聚焦于光以波动形式存在的特性，除非在探讨光与物质相互作用的特定领域时，才会对光的粒子性给予更多关注。光作为一种电磁波，波长范围非常大。通常，人们习惯把对光的研究分成两部分，一部分是波动效应不明显的短波部分，另一部分是波动效应不可忽略的长波部分。对短波部分的研究不考虑波动效应，属于几何光学范畴，而对长波部分的研究属于波动光学范畴。在实际应用时，工程上工件的大小都远远大于波长，光的波动效应可以忽略。且相对而言，几何光学较波动光学要更加简单。因此在光学设计的过程中，几何光学是最至关重要的一部分。

    几何光学是光学学科中的重要分支之一，它以光线作为研究基础，深入探讨光的传播路径及其成像机制。在几何光学的理论框架中，光的粒子性被作为主要研究对象，将光源或物体视作由众多离散点所构成的集合，并将从这些点源发射出的光线简化为具有明确传播方向的几何线条。几何光学就是利用数学的几何分析方法，对光学的问题进行近似处理，研究这些几何点发出的光学经过光学系统的传播和成像的问题。

    值得注意的是，由于绝大多数光学系统的工作波长范围为可见光区域（约 $380 \sim 780\mathrm{nm}$，见图 2-1），在本书中，应用到几何光学的波长范围也主要在可见光区域。

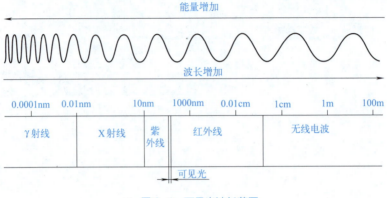

▶ 图 2-1 可见光波长范围

2.1.2 波前和光线

波的本质是扰动在空间中的传播，扰动由波源发出，扰动的传播可以用振幅和相位进行描述。波源发出的扰动在空间传播的过程中，在相同时刻的相位相同的扰动点具有一定轨迹，我们把由这些点组成的轨迹称为波面或者波阵面。也就是说，同一波阵面上的每个点都处在同一相位。光是一种电磁波，属于波的一种。由光源发出的光在空间中传播。点光源发出的光的波前称为球面波，无限远处发光点发出的光的波前称为平面波，见图 2-2。

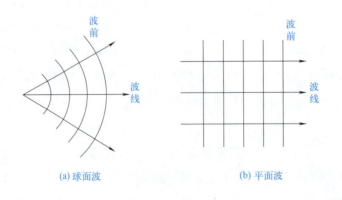

(a) 球面波   (b) 平面波

▶ 图 2-2 波前与波线

此时我们对每个波面进行处理，从波源处出发，绘制一些直线，使这些直线代表波面传播的方向，这些线和每一个波面都正交，我们称这些直线为波线，以光源作为波源绘制的波线，就是我们常说的"光线"。绘制后容易发现，点光源的光线共同通过光源，构成同心波束；平面波的光线是一组平行线，构成平行波束。

2.1.3　光线传播基本定律

光线在传播过程中遵循四大基本法则，因为读者们应对此有所了解，所以以下文将对这四大基本法则进行简单介绍。

（1）光的直线传播定律

光的直线传播定律是指这样一种现象：在具备各向同性的均匀介质中，光一定会沿着直线行进。从生活中我们可以看到许多光沿直线传播的例子，例如：人的影子和人的投影形状是一致的；排队时只能看到一个人，说明队伍排成了一条直线；激光光线可以用于准直；等等。

值得注意的是，这一直线传播的规律仅在均匀介质中成立。一旦介质呈现非均匀性，光线便会因折射效应而发生偏转，不再保持直线传播。比如筷子放进水里就会发生"弯折"、海市蜃楼的出现等等，都是光在非均匀介质中发生折射或反射而导致光不沿直线传播而产生的现象。

（2）光的独立传播定律

光的独立传播定律详细描述了光在空间传播时的一个关键特性：即当不同光源发出的光在同一空间点交汇时，这些光线将互不干扰，各自保持其原有的传播方向和强度，实现独立传播。也是就当两束光交汇后，两束光还是会沿着原先的方向继续传播，并不会受到另外一束光的影响。值得注意的是，在这一定律的支持下，两束光相交处，总光强为两束光光强之和。这与我们熟知的电磁波相关特性相违背，但这也是由于我们忽略了光作为电磁波的相干特性而导致的。

光的独立传播定理是在复杂光学系统中进行光的传播分析时的一个基础定理，也是在几何光学的分析中非常重要的理论基础。在应用这一定律进行求解时，不必考虑光线之间的影响，也极大便利了对光学系统中光传播过程的分析。

（3）光的折射定律和反射定律

光的折射定律和反射定律是由实验证明的，阐述的是当光传播到两种均匀介质分界面上，光的传播方向改变时所满足的规律。想象这样一个场景，在分界面的两侧是两种均匀介质，如图 2-3 所示，光线从介质一（右边）射向介质二（左边）。

光线与分界面的交点为光线的入射点。光线在入射点处会被分割成两部分：一部分射向介质一，即发生反射，这部分光线称为反射光线；另一部分射向介质二，即发生折射，这部分光线称为折射光线。过入射点做分界面的垂线，即为法线（图 2-3 中以虚线表示）。入射角就是入射光线和法线的夹角，用 i 来表示；折射角就是折射光线与法线的夹角，用 i' 来表示；而反射光线和法线的夹角就是反射角，用 i'' 来表示。在这个场景中，

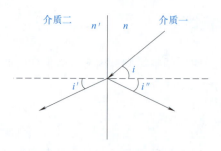

▶ 图2-3 光在界面折射示意图

满足以下规律：

① 入射光线、折射光线和反射光线在一个平面上；

② 反射角等于入射角，即：$i''=i$；

③ 折射角和入射角的正弦之比是和介质、光的波长相关的常数，写做：

$$n\sin i = n'\sin i'$$

其中，n 和 n' 分别表示介质一和介质二的折射率。折射率是衡量介质中的光速相对于真空中的光束的减慢程度的一个物理量，是介质的一种物理属性。

$$n = \frac{c}{v} \quad (c \text{ 是光在真空中的速度})$$

荷兰的数学家斯涅耳发现了这一折射定律，因此其有时也被称为斯涅耳定律（Snell's law）。

（4）光路可逆原理

光路可逆原理是指光线在介质中的传播路径是可逆的。由光的折射定律和反射定律可以容易发现，如果沿着反射光线或者折射光线逆着发射光线，通过交界面的光线会沿着入射光线的方向传播。换句话说，就是当我们将光线传播的方向逆转时，光的传播路径不会有任何变化。

2.1.4　全反射定律

当光在不同折射率的物质之间传播时，如果满足一定条件，将会出现一些特殊现象。我们知道，光线经过介质交界面时，会有一部分光线发生折射，一部分光线发生反射。当光由折射率大的物质向折射率小的物质传播时，随着入射角的逐渐增大，可以观察到折射光线的强度会逐渐减弱，相应地，反射光线的强度会逐渐增加。如图2-4所示，当入射角持续增大直至其大于某临界角时，就会发生全反射现象，此时折射光线全部消失，只剩下反射光线。

全反射现象又被称为全内反射，是光在光密物质向光疏物质传播时，在界面上发生的全部光线被反射的现象。光密物质就是指折射率相对较大的物质，光疏物质指的是折射率相对较小的物质。这里的"疏"和"密"并不绝对，只是两种物质之间折射率的比较。

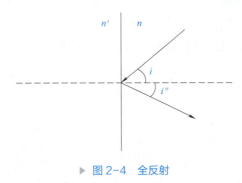

我们称恰好发生全反射的角为临界角。临界角的大小为：

$$c = \arcsin \frac{n'}{n}$$

即临界角的大小只与界面两边的物质折射率相关。

全反射目前已经得到了非常广泛的应用。我们熟知的光纤就是应用全反射的原理实现的。光纤一般由纤芯、包层和保护层三层结构组成，见图 2-5（a）。其中纤芯在整个光纤的最内层，折射率最大，一般为高折射率的玻璃。包层包裹着纤芯，折射率比较低，一般为低折射率的硅玻璃。最外层为保护层，用于保护光纤。在光纤内，光线的传播过程中若发生偏折，则会由折射率较高的纤芯导向折射率较低的包层。由于纤芯与包层之间的折射率差异显著，即便在较小的角度下，光线也会发生全反射现象，导致光线完全被反射回纤芯内继续传播。只要光纤的弯折角度不太大，漏光的数量就比较少。这样就完成了光在光纤内部损耗极少的传播，且让光线能够完全按照光纤的方向进行传播。这也是我们在看到光纤时，光纤上主要的发光点在光纤中间的原因。当利用光纤进行图像的传播时，只需要将一大束光纤严格按照顺序排列，那么每根光纤都会将自己所对应的那个点的图形原样传播到光纤的另外一端。这样就能在终端接收到完整图像，且能量损失极小。

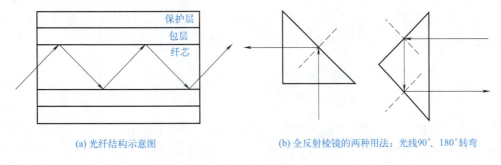

(a) 光纤结构示意图　　　　　　　　(b) 全反射棱镜的两种用法：光线90°、180°转弯

▶ 图 2-5　全反射的应用

全反射的另一个应用就是全反射棱镜，见图 2-5（b）。基于光的全反射原理，可以设计出一个直角棱镜。当光线垂直于直角边入射棱镜时，它会在棱镜的斜边上经历全反射现象，从而实现了光线的 90° 转弯。当光线垂直于斜边入射时，就可以实现光线方向逆转（前后反向或上下颠倒）。这样的棱镜常常应用在望远镜中，使望远镜所成的像与实际景象方向一致。

2.1.5　费马原理

费马原理（Fermat's principle）和以上所讲述的光线传播基本原理有所不同。光线传播的基本原理是基于大量实验总结的基本规律，而费马原理则是利用光程的概念，对光线传播的基本定律进行高度概括总结。

光程是指光与在介质中传播的时间相等时在真空中传播的距离，可以看作介质折射率和光在介质中实际传播距离的乘积，见图 2-6。通常我们使用符号 L 来表示光程的大小。光程的表达式可以写作下式：

$$L=nd$$

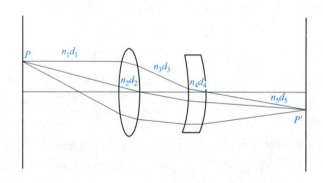

▶ 图 2-6　光程

费马原理可以表述为：光线在从一个点到另一个点的传播过程中，总是选择光程为极值的路径进行传播。光程为极值，也就是指光程的导数等于 0：

$$\delta L = \delta \int_{P_1}^{P_2} n(x,y,z)\,\mathrm{d}d = 0$$

极值包括极大值、极小值和常量值。一般而言，光程为极小值，但有时也需要根据折射表面的曲率和两点之间的位置来决定。由于两点之间的光程为极值，也就是说，相同两点之间，从一点发出的多条光线到达另一点，光程相等。

费马原理与折反射定律之间也能够相互证明，读者可以自行尝试求证。

2.1.6　物像基本概念

（1）小孔成像

小孔成像是一种典型的成像现象，也是光沿直线传播的实验证明之一。在封闭的暗箱上开设一小孔，来自物体的各点光线遵循直线传播的原理，经由这个小孔，在小孔的内壁上形成物体的倒立像。

根据图 2-7 上的几何关系，我们还可以得出像的大小和物之间的关系满足：

$$y' = \frac{ys'}{s}$$

上式就是对小孔成像的物像关系的分析结果。小孔成像是一个非常基础的成像过程，也非常具有代表意义。在这里，这个小孔就是这个成像过程的成像系统。

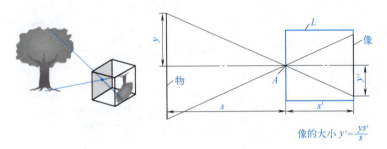

像的大小 $y' = \dfrac{ys'}{s}$

▶ 图 2-7　小孔成像

（2）物像基本概念

在研究物体成像的过程前，首先要理解物像的一些基本概念，以便之后的学习。成像系统可以被分为三个部分——物、像和光学系统，见图 2-8。

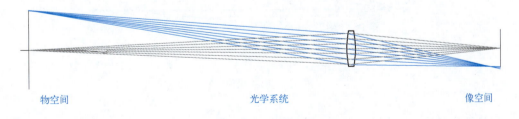

物空间　　　　　　　　　　　光学系统　　　　　　　　　　像空间

▶ 图 2-8　成像系统的基本组成

我们称物点就是向各个方向发射光线的点，物点组成物体；像点是从物点发射的光线经过光学系统后光线汇交的点，像点组成像。成像光学系统负责将物点发射出的光线经过一系列的光学元件聚焦，进而形成清晰的像。其中，物点所处的三维空间被称作物空间，而经过光学系统处理后所形成的像所处的空间则被称为像空间。

我们所看到的物（像）都是由物（像）点会聚在物（像）空间而形成的。物点实际存在时，向外实际发出光，此时我们称这样的物为实物；当物体并不实际存在，往往是由上一光学系统形成的像，并不能实际发光，这样的物称为虚物。同理，由实际光线相交形成的像称为实像，虚像则是由光线的延长线相交而形成的像。换句话说，实物（像）是由实际光线相交而成的物（像）点，虚物（像）是由实际光线的延长线相交而成的物（像）点，如图 2-9 所示。

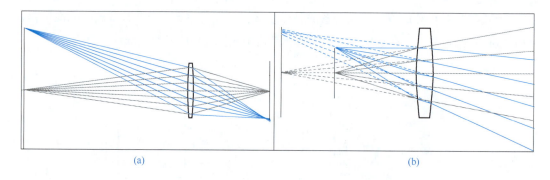

▶ 图 2-9 （a）实物成实像；（b）实物成虚像

如图 2-10 所示，描述的是当一个物点发出同心光束通过光学系统后，这些光线以同心的形式重新会聚成一个点的现象。这种点即为完善像点。等光程是完善成像的物理条件。

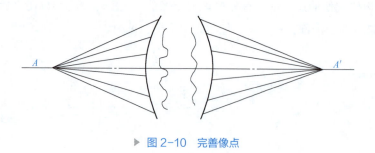

▶ 图 2-10 完善像点

值得注意的是，为了便于对光学系统研究和设计，通常情况下我们都使用共轴光学系统，即各表面曲率中心均在同一直线上的光学系统。

（3）可进行光线追迹的光学系统

在光学设计的过程中，必不可少的就是进行光线的追迹，见图 2-11。在光学成像、能量收集与传递的过程中，大部分光学系统都是由折射球面元件所构成。利用斯涅耳定律，我们可以对每一个折射球面上物点发出的每一条光线进行一个面一个面的逐步计算，从而推导出每一条光线的走向，最终得到成像的结果。而这样的推导过程就是光线追迹的一种过程。

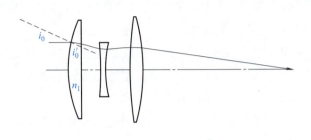

▶ 图 2-11 光线追迹

不论多复杂的光学系统，其必定由多个独立的折反射面组成，在对光线进行追迹时，只要对光线经过的每一个面，进行逐步的计算，看作光线通过 n 个光学系统，每个光学系统的入射光线都是前一个光学系统的出射光线，直到光线射出光学系统。而这样的由多个折反射球面组成的，可以通过遍历的办法进行光线传播计算的光学系统，就是可进行光线追迹的光学系统。

换言之，光线追迹的办法就是利用物点发出光线位置和角度来计算光学系统成像的位置、大小和像差。这也是在实际的光学设计中，光学设计软件程序编写的基本原理。在实际进行光学设计时，这些计算都通过计算机程序实现，只要学会利用计算机软件就可以。图 2-12 为不同情况下的光线追迹结果示例。

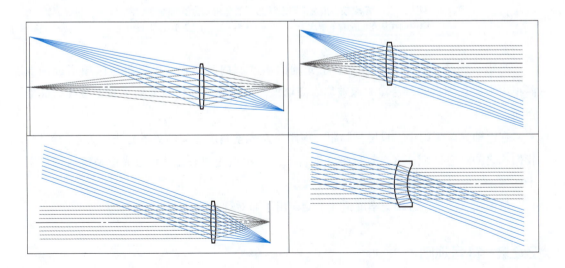

▶ 图 2-12 不同情况下的光线追迹结果示例

2.2 近轴光学

2.2.1 近轴光学近似

实际的光线追迹法计算非常烦琐，很难快速计算出光学系统的成像位置和大小，需要对其进行简化，即近轴光学（高斯光学、一阶光学）近似。

近轴光学是针对近轴光线进行研究的，而近轴光线是指入射光线和光轴的夹角非常小，这也是近轴光学需要满足的假设前提。在这个假设前提下，由三角函数的近似 $\sin\theta \approx \tan\theta \approx \theta$，可以将斯涅耳定律近似为 $in=i'n'$。

如图 2-13 所示，角度较小情况下可以认为折射角和入射角呈线性关系。

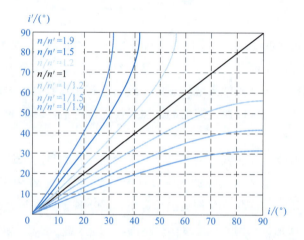

▶ 图 2-13 角度较小情况下可以认为折射角和入射角成线性关系
图中曲线从左上至右下依次为：n/n'=1.9, 1.5, 1.2, 1, 1/1.2, 1/1.5, 1/1.9

当物平面位于接近光轴且垂直于光轴的小区域内时，我们可以将该区域形成的像面视为平坦且完整的，这样的像被称为高斯像。而这个高斯像所处的平面则被称为高斯像面。

在近轴光学理论中，只要是物距、像距以及光学角度之间的关系呈线性关系的区域，我们称之为近轴区域。在近轴区域，来自于同一物点的同心光线经过光学系统后仍集中于一点。这个时候也满足完善像点的成像条件。

值得注意的是，近轴光学理论并不能应用于非对称系统。

2.2.2 符号规则

为了方便计算和统一结论，我们需要对距离、角度的正负方向进行统一。当光线的方向为从左到右时，如图 2-14 所示，约定规则如下。

　　① 距离：沿着光线方向为正，反着光线方向为负；光轴上方为正，光轴下方为负。

　　② 角度：从光线转向光轴，顺时针为负，逆时针为正。

　　③ 半径：向左凸为正，向右凸为负。

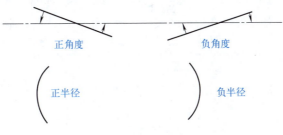

▶ 图 2-14　符号规则示意

2.2.3　球面和球面系统

（1）物像距公式

　　基于以上理论知识，我们对一个简单的球面系统进行计算分析。如图 2-15 所示，一束光线在单个球面上发生折射，相关符号按照符号约定规则，计算范围都处于近轴区域。

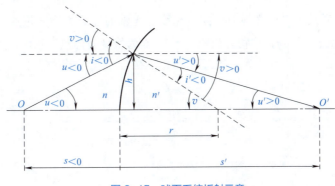

▶ 图 2-15　球面系统折射示意

　　光线从 O 点出发，在球面上发生折射，折射光线和光轴交于点 O'。球面前后的介质折射率分别为 n 和 n'。我们在近轴范围内讨论这个折射。设折射点与光轴的距离为 h；入射光线和光轴夹角为 u，折射光线和光轴夹角为 u'，折射点处法线和光轴的夹角为 v。则可以得到：入射角 $i=u-v$；折射角 $i'=u'-v$。

　　根据近轴条件下的斯涅耳定律（$i \cdot n = i' \cdot n'$），容易得到：

$$n\,(u-v) = n'\,(u'-v)$$

根据近轴条件，在近轴区域有：$u = \dfrac{h}{s}$，$u' = \dfrac{h}{s'}$，$v = \dfrac{h}{r}$。代入上式并化简得到：

$$\frac{n'}{s'} - \frac{n}{s} = \frac{n'-n}{r}$$

上式就是在这个简单单球面成像系统中的物像距公式，表面对于任何一个 s，有一个 s'，它与角 v 无关。也就是说，在近轴区域中，轴上任意的 O 点都能在轴上 O' 点成像。

（2）阿贝不变量

此时将上式的等号两边对 n 和 n' 进行归纳整理得到：

$$n'\left(\frac{1}{r} - \frac{1}{s'}\right) = n\left(\frac{1}{r} - \frac{1}{s}\right) = Q$$

设这个等式的值等于 Q，称为阿贝不变量（Abbe invariant）。那么我们可以得到如下结论：当物点位置一定时，一个球面的物空间和像空间的 Q 值相等。这就是阿贝不变量名字的来源。阿贝不变量的存在说明，在近轴条件下，物距 s 和像距 s' 与角度无关，入射同心光束，折射后依旧为同心光束。对于近轴条件下的成像，像的位置可以完全由物的位置来决定。

（3）焦距

如果令光线平行光轴方向入射，折射光线和光轴相交于一点，那么称这个点为球面的像方焦点，用 F' 表示。像方焦点距离交界面轴线的距离记为 f'，称像方焦距。对应于像方焦点，折射光线为平行光线时，物点光线与光轴的交点为物方焦点，用 F 表示。物方焦点与轴线的距离记为 f，称物方焦距。图 2-16 为物像方焦点示意图。

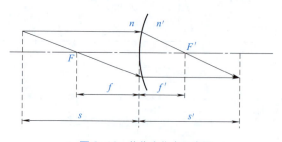

▶ 图 2-16　物像方焦点示意图

平行光线可以认为是无穷远处光源发射的光线。即对应平行光入射的情况，有 $s = \infty$，$s' = f'$，即：

$$f' = \frac{n'}{n'-n}r$$

同理，对于物方焦点，像方无穷远，有 $s'=\infty$，$s=f$，即：

$$f = -\frac{n}{n'-n}r$$

两式相除，可以得到：

$$\frac{f'}{n'} = -\frac{f}{n}$$

整理上式，得：

$$\frac{f}{f'} = -\frac{n}{n'}$$

物像距公式（上式）可以用焦距来表示为：

$$\frac{f'}{s'} + \frac{f}{s} = 1$$

这就是光学系统成像公式的高斯形式。

（4）放大率

为了更好地衡量物像之间的关系，或是说判断光学系统对物成像的作用，我们需要利用放大率的概念。目前常用的有三种放大率，即纵向放大率、轴向放大率和角放大率，分别衡量光学系统对物体高度、长度和对视角的放大作用。

① 纵向放大率。纵向放大率是用来评估光学系统对物体在垂轴方向上尺寸进行放大或缩小的能力的一个参数，又称垂轴放大率。

若物并不仅仅是一个点，而是具有一定高度，如图 2-17，设物高为 y，所成像高为 y'，则定义纵向放大率 $\beta = \dfrac{y'}{y}$。见相似三角形 $\triangle ABC$ 和 $\triangle A'B'C'$，容易得到 $\dfrac{y'}{y} = \dfrac{s'-r}{s+r}$。利用阿贝不变量 Q 的表达式，得：

$$\beta = \frac{y'}{y} = \frac{s'-r}{s+r} = \frac{ns'}{n's}$$

显然，$\beta > 0$ 时成正立像，$\beta < 0$ 时成倒立像。

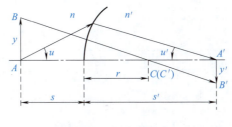

▶ 图 2-17　纵向放大率

② 轴向放大率。轴向放大率衡量的是光学系统对物体长度或是轴向位移的放大或是缩小的作用程度。当物体具有一定长度，或是在轴上发生一定的位移时，如图 2-18 所示。

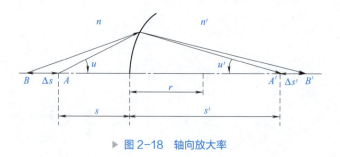

▶ 图 2-18　轴向放大率

设物体轴向长度（位移）为 Δs，所成的像轴向长度（位移）为 $\Delta s'$，则定义轴向放大率 $\alpha = \Delta s'/\Delta s$。由成像公式 $\dfrac{n'}{s'} - \dfrac{n}{s} = \dfrac{n'-n}{r}$ 可得：

$$-\frac{n'}{s'^2}\partial s' = -\frac{n}{s^2}\partial s$$

由于近轴区域有 $u = \dfrac{h}{s}$，$u' = \dfrac{h}{s'}$，等式两边同乘 h^2 得：

$$n'u'^2\partial s' = nu^2\partial s$$

最终得到轴向放大率：

$$\alpha = \frac{\partial s'}{\partial s} = \frac{nu^2}{n'u'^2} = \frac{n}{n'}\beta^2$$

可以发现，对于同一光学系统，轴向放大率与纵向放大率的平方成正比关系。轴向放大率没有正负之分。

③ 角放大率。角放大率衡量的是入射光线和出射光线与光轴夹角在通过光学系统后的变化程度。设入射光线和光轴的夹角为 u，折射光线和光轴的夹角为 u'，如图 2-19 所示。

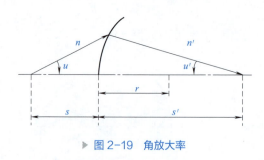

▶ 图 2-19　角放大率

定义角放大率 $\gamma = \dfrac{u'}{u}$。根据式子 $u = \dfrac{h}{s}$，$u' = \dfrac{h}{s'}$，得：

$$\gamma = \frac{u'}{u} = \frac{s'}{s} = \frac{n}{n'\beta}$$

即角放大率和纵向放大率成反比关系。将 β 用物高、像高表示，对上式进行化简，可以得到拉格朗日 - 亥姆霍兹不变量：

$$J = nyu = n'y'u'$$

这个关系式称为拉格朗日 - 亥姆霍兹定理。它表示 nyu 这个乘积在每次的折射过程中不会变化，也代表着实际光学系统在近轴范围内成像的一种普遍特性。此公式能够便捷地扩展应用于多个共轴球面，从而有效地将整个光学系统（即共轴多面系统）的物方参数与像方参数关联起来。

（5）光焦度

根据以上分析，已经得到了单次折射的公式，并令其值为 φ，如下式：

$$\frac{n'}{s'} - \frac{n}{s} = \frac{n'-n}{r} = \varphi$$

φ 为折射球面的光焦度，是评估光学系统对光线偏折能力的关键参数。光焦度的数值越小，光束经过该系统时发生的偏折程度就越小。$\varphi > 0$ 时，光学系统对光束的偏折呈现会聚特性；$\varphi < 0$ 时，系统则具有发散性，即光束在通过后会向外发散。$\varphi = 0$ 时，这一系统对应于平面折射，即光束通过时不会发生偏折。这时，沿轴方向的平行光束通过光学系统后，依旧是沿轴方向的平行光束，不会发生偏折。

（6）球面反射镜

以上是对球面系统的折射求解，即对球面透镜系统进行的求解过程。实际上，我们还会应用到球面反射镜，即对光线的反射。球面反射镜有凹面镜（半径为负值）和凸面镜（半径为正值）之分。

如图 2-20 为凹面镜的反射示意图。此时，对于反射光线而言，折射率 $n'=-n$；而对

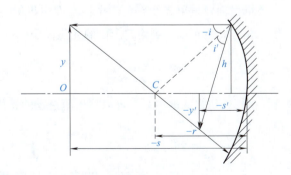

▶ 图 2-20　凹面镜反射示意

于近轴条件下的斯涅耳定律 $in=i'n'$，对此反射镜而言为 $in=-i'n'$。根据之前求解得到的物像距公式，重新代入可以得到：

$$\frac{1}{s'}+\frac{1}{s}=\frac{2}{r}$$

这就是凹面镜的成像公式。

2.2.4　薄透镜

（1）焦距

透镜是由两个距离为 d 的折射球面组成，当距离 d 非常小（相对于透镜口径而言）时，我们称其为薄透镜，见图 2-21。下面以这个薄透镜为光学系统进行讨论。

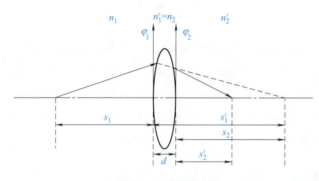

▶ 图 2-21　薄透镜成像

入射光线首先透过第一个折射面，设第一个折射面前后的介质折射率分别为 n_1 和 n_1'，则可以得到第一个面的光焦度公式：

$$\varphi_1=\frac{n_1'}{s_1'}-\frac{n_1}{s_1}$$

接着光线透过第二个折射面，折射光线在第二个面上发生折射。设第二个折射面前后的介质折射率分别为 n_2 和 n_2'，则可以得到第二个面的光焦度公式：

$$\varphi_2=\frac{n_2'}{s_2'}-\frac{n_2}{s_2}$$

对于整个透镜来说，根据物像之间的关系，可以写出薄透镜的光焦度公式：

$$\varphi=\frac{n_2'}{s_2'}-\frac{n_1}{s_1}$$

由图 2-21，$s_2=s_1'-d$。对于薄透镜来说，d 非常小，可以约等于零，即 $s_2=s_1'$。同时易得，$n_1'=n_2$，则

$$\varphi = \varphi_1 + \varphi_2$$

即对于由两个球面组成的薄透镜而言，总体成像的光焦度为两个球面的光焦度之和。为了简化求解过程中的难度，假设透镜在空气中工作，并令空气折射率为 1，则 $n_1 = n_2' = 1$，透镜折射率为 n。此时可得：

$$\varphi = \frac{1}{s_2'} - \frac{1}{s_1} = (n-1)\left(\frac{1}{r_1} - \frac{1}{r_2} \right)$$

第二个等号是根据光焦度公式，代入折射率的值得到的。

利用物像距公式，并将实际的物像距分别表示为 s' 和 s，可得：

$$\frac{1}{s'} - \frac{1}{s} = \varphi = \frac{1}{f'}$$

该式就是薄透镜物像公式的高斯形式。用这个式子可以得出不同透镜成像规律，表现不同物距情况下像的变化。当透镜的中心厚度大于边缘厚度时，称其为凸透镜或正透镜；当透镜的中心厚度小于边缘厚度时，称其为凹透镜或负透镜。根据这个式子可以总结得出正负透镜的成像情况与规律，见表 2-1 与图 2-22。

表 2-1　正负透镜的成像情况

透镜	物	物距	像
凸透镜（正透镜）	实物	$s_1 > 2F$	倒立缩小实像
		$2F > s_1 > F$	倒立放大实像
		$F > s_1$	正立放大虚像
凹透镜（负透镜）	实物	s_1	正立缩小虚像
	虚物	$s_1 > 2F$	倒立缩小虚像
		$s_1 = 2F$	倒立等大虚像
		$2F > s_1 > F$	倒立放大虚像
		$s_1 = F$	成像无穷远（不成像）
		$F > s_1$	正立放大实像

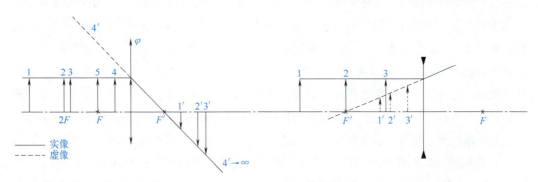

▶ 图 2-22　正负透镜成像规律

值得注意的是，实物与虚像、虚物与实像都在透镜的同一侧，实像与实物、虚像与虚物都在透镜的两侧。

结合上面两式，得到：

$$\frac{1}{f'} = (n-1)\left(\frac{1}{r_1} - \frac{1}{r_2}\right)$$

该式揭示了薄透镜焦距、折射率以及曲率半径三者之间的内在联系。在透镜的制造过程中，这一公式起到了至关重要的作用，为透镜的生产提供了重要的理论依据和计算依据。因此，该式子又被称作磨镜者公式。

（2）分类

薄透镜根据每个面的弯折方向不同，具有不同的类型。大体分为两类，一类为边缘厚度小于中心厚度的凸透镜，另一类为边缘厚度大于中心厚度的凹透镜。其中，凸透镜包括双凸透镜、平凸透镜以及正弯月透镜，而凹透镜则涵盖了双凹透镜、平凹透镜以及负弯月透镜。这些不同类型透镜的示意图在图2-23中进行了展示。

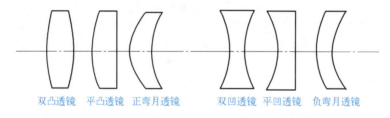

双凸透镜　平凸透镜　正弯月透镜　　　双凹透镜　平凹透镜　负弯月透镜

▶ 图2-23　透镜类型示意

对于凸透镜而言，对光有会聚作用，其焦点都为实焦点，即通常成实像，焦距为正（即 f 和 f' 大于0）。而对于凹透镜而言，对光有发散的作用，其焦点为虚焦点，即通常成虚像，焦距为负（即 f 和 f' 小于0）。

合理利用不同类型的透镜可以很好地建立所需要的光学系统。如用于观察远处事物的望远镜。望远镜在结构上主要呈现出两种形式，分别被称为开普勒望远镜和伽利略望远镜。

伽利略望远镜使用凸透镜做物镜，使用凹透镜为目镜。通常，凸透镜对光会聚，凹透镜对光发散。远处物体发出的光经过物镜折射后，成一个倒立的实像，这个实像的位置在目镜的后方焦点上（这个焦点靠近人眼后方）。这个实像对于目镜而言，是个虚像，根据凹透镜的成像原理，这个像在透过凹透镜后在凹透镜前方（远离人眼）成一个正立放大的像，达到放大远处事物，方便人眼观察的目的。伽利略望远镜的优势在于能做成较短的镜筒，且成像为正立的像，不需要进行像的处理。但是缺点在于只能观察较小的视野。

开普勒望远镜的物镜和目镜均为凸透镜。物镜对远处物体所成的实像在目镜的前方（靠近物体）的一倍焦距内。根据凸透镜的成像原理，这个实像经过目镜后在目镜前方成倒立放大的虚像。开普勒望远镜需要进行对图像的转置处理，将倒立的像转置为正立的像，相比于伽利略望远镜较为复杂，但由于其视野限制小，因此目前的天文望远镜中，主要采取的就是开普勒望远镜的结构。

　　图 2-24 为伽利略望远镜和开普勒望远镜结构示意。这两种望远镜的放大倍数都等于物镜焦距除以目镜焦距的值。

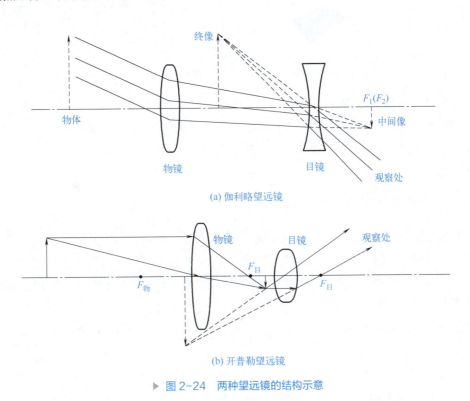

(a) 伽利略望远镜

(b) 开普勒望远镜

▶ 图 2-24　两种望远镜的结构示意

2.3　理想光学系统

2.3.1　理想光学系统简介

　　在前面的计算过程中所讨论的系统，基本属于理想光学系统。理想光学，作为一种理论模型，旨在描述一种能够对任意空间内的点，通过任意宽度的光束进行精确成像的系统，该系统对空间中的任意点都能严格成像，如图 2-25 所示。接下来我们讨论光学系统的严格成像过程。在物空间中，任意一点均对应像空间中的一个独特点，这两点就是共轭点。类似地，对于物空间中的任何一条直线，也将会有唯一一条像空间中的直线与之对应，这两条直线被称为共轭线。如果物空间中的一条直线过某一点，那么其在像空间中的共轭线必然也过该点的共轭点。

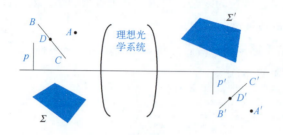

▶ 图 2-25 理想光学系统

　　理想光学系统能够将物空间中的同心光束准确地转换为像空间中的同心光束，这一过程被精确描述为"共线变换"。共轴理想光学系统的理论基础可追溯到 1841 年，由伟大的数学家和物理学家高斯提出，这一理论被命名为"高斯光学"。

2.3.2　基点和基面

　　理想光学系统在成像过程中，不论系统复杂与否，物像之间的共轭关系均取决于几对特定的点和面。这些独特的点和面被统称为基点和基面。主点、焦点和节点就是理想光学系统的三对基点。因此，在进行理想光学系统相关计算时，人们常常使用其基点和基面简化理想光学系统，见图 2-26。绘制了基点和基面之后，光线通过理想光学系统的走向也变得更加清晰易解。

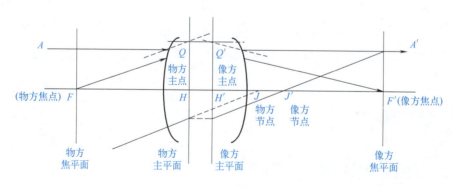

▶ 图 2-26 理想光学系统基点和基面

（1）焦点和焦面

　　理想光学系统和前面讨论的薄透镜在成像时类似。可以说，薄透镜在近轴条件下，就是一种理想光学系统。理想光学系统的焦点和焦面与前述的焦点和焦面阐述的定义一致，物（像）方焦面为无穷远处像（物）平面的共轭面，焦平面和光轴相交的点则为焦点，见图 2-27。

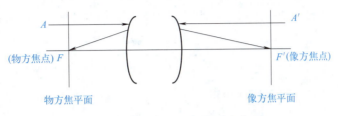

　　和薄透镜中焦距的定义有所不同，在理想光学系统中，焦距是焦点和主点之间的距离。主点的相关定义在后面的内容中会提及，这里不再赘述。也就是说，像方焦距指的是从像主点到像方焦点的距离。焦距的正负由焦点和主点之间的位置关系决定。当由主点到焦点的连线方向和光线方向一致时，焦距为正，反之则为负。物方焦距的定义是从物方主点（即物方光线的起始点）到物方焦点（光线经系统后会聚的点）之间的直线距离。物像方焦距的表达如下：

$$f = \frac{h}{\tan U}, \ f' = \frac{h}{\tan U'} \tag{2.3.1}$$

　　和薄透镜的推导中一样，在理想光学系统中，两焦距之间也具有一定的关系。如图 2-28 是物 AB 经过光学系统后成像在 $A'B'$ 位置。

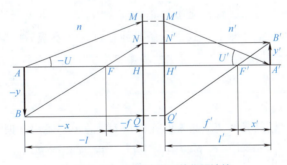

　　图 2-28 中，我们将理想的光学系统用其基点和基面表示，省去了其外形轮廓，这样的省略画法在不丢失基本的信息之外，还方便了我们的分析计算，之后也会常常这样做。U、U' 分别为入射光线和出射光线与水平面的夹角，x、x' 分别为物与物方焦距距离和像与像方焦距距离。我们可以看作由轴上点 A 发出的光线通过物方主面上的 M 点，从像方主面上 M' 点射出达到轴上点 A'。由 $\triangle AMH$ 和 $\triangle A'M'H'$ 我们可以得到：

$$(x+f)U = (x'+f')U' \tag{2.3.2}$$

　　轴外 B 点发出的通过物方焦点的光线可以看作达到物方主面上的 N 点，从像方主

面上 N' 点水平射出。B 点发出的与光轴平行的光线从像方主面上 Q' 点射出，经过像方焦点与其他光线交于点 B'。B' 即为轴外 B 点经过光学系统后成像的像点。由相似三角形 $\triangle ABF$ 和 $\triangle FNH$ 以及相似三角形 $\triangle A'B'F$ 与 $\triangle Q'H'F'$ 之间的几何关系，可得：

$$x = -\frac{y}{y'}f, \quad x' = -\frac{y'}{y}f' \tag{2.3.3}$$

结合式（2.3.2）、式（2.3.3）可得

$$yfU = -y'f'U' \tag{2.3.4}$$

即

$$\frac{f}{f'} = -\frac{n}{n'} \tag{2.3.5}$$

式（2.3.5）的推导结果与薄透镜的推导结果一致。物像方的焦距大小和物像方的折射率大小相关联。由此可以总结出下面两条结论：

① 像（物）方焦平面和无限远的物（像）面共轭；

② 物方焦点和像方焦点不是共轭点。

通过以上这两条结论，我们可以推测这样两个场景：

无限远轴外物体成像。无限远处轴外物体离轴无限远，且由于光学系统的孔径是有限的，因此，无限远轴外物体发出的、能够进入光学系统的光线可以看作是相互平行的，为斜平行光线。经过光学系统后，这些斜平行光线会成像于像方焦平面的轴外一点。

无限远轴外焦平面物点成像。无限远轴外物点由轴外一点发光，发出的光束为发散的同心光束。物点处于焦平面上，故每一条光线通过光学系统后由同一角度射出，即通过光学系统后，物方焦平面轴上一点发出的光束将变成一束斜平行光束。

（2）主点和主面

如图 2-29 所示，调整光线 FQ 的入射孔径角 U，总可以使得出射光线 $Q'A'$ 与 $Q'F'$ 的入射高度相等，这样，物方两入射光线都交于 Q，像方两出射光线（的延长线）也都交于 Q'，就好像都是从 Q' 点出射一样。这表明 Q 和 Q' 是一对共轭点，这对共轭点就是物像

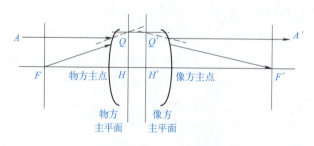

▶ 图 2-29 主点和主面

方的主点，即物像方主面（点）是一对共轭面（点）。显然：$Q'H'$ 与 QH 相等且同侧，故主面的垂轴放大率为 +1，即主面是理想光学系统中轴向放大率为 1 的一对共轭面。

这表明在理想光学系统中，光线在经过系统后，其在像方主平面上所形成的高度与原始入射光线在物方主平面上所具有的高度是一致的。这一性质在作图求解物像关系中非常有用。

（3）节点

对于一个理想光学系统的基点和基面，我们已经阐述了主点（面）、焦点（面）的概念。接下来我们要阐述节点的概念。与主点的定义相似，节点是角放大率为 γ=+1 的一对特殊共轭点。通常情况下，这对共轭点分别用字母 J 和 J' 表示。

对于这对共轭点而言，既然 γ=+1，则 $U'=U$。这表明：通过节点的光线经过理想光学系统后，出射光线方向不变。换言之，通过节点的光线经过理想光学系统后，出射光线方向不变。

节点的正负通过焦点判断：以焦点为原点的坐标 x_J 和 $x_{J'}$ 表示，与光线方向一致为正，反之为负。

如图 2-30 所示，入射光线 BN 的延长线通过节点 J，则其出射光线将以相同的方向通过节点 J' 出射。光线 FQ 通过焦点 F。通过几何关系的求解，我们可以得到：

由于 $\triangle FQH \cong \triangle J'B'F'$，得：

$$x_{J'} = FH = J'F' = f$$

由于 $\triangle HJN \cong \triangle H'J'N'$，得：

$$x_J = FJ = FH + HJ = J'F' + H'J' = H'F' = f'$$

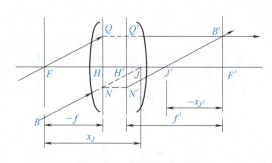

▶ 图 2-30　理想光学系统节点

也就是说，对于节点而言，如果 $f' > 0$，$f < 0$，则 $x_J > 0$，$x_{J'} < 0$。即 J 在 F 之右 $|f'|$ 处，J' 在 F' 之左 $|f|$ 处。

我们将这一性质进行推广：当一束平行光入射时，系统绕垂直于像方节点的轴线作微小转动，光屏上像的位置不动。这一性质常常被应用于全景摄像机，以获得大的摄影范围。

2.3.3　点成像

本小节我们针对物点在光学系统中的成像规律进行探讨。物点在光学系统中的成像主要可以分为两种，一种为轴上物点成像，一种为轴外物点成像。前面已经讨论得知，在理想光学系统中，物点的像也为一个像点。由于两条直线相交我们就可以确定一个点，因此，我们只要确定从物点发出的三条特殊光线中的两条经过光学系统后的走向就可以。根据前面所讨论的内容，三条特殊光线包括：过物点和光轴平行的光线；过物方焦点的光线；通过光学系统光心的光线。

轴上物点成像在进行求解时，我们可以发现有限远轴上物点发出的同心光束中，没有一条是上述三条特殊光线。因此，要借助于特殊的辅助光线。这些辅助光线主要有：

① 过焦点 F 平行于 AM 的光线；

② 过主点 H 平行于 AM 的光线；

③ 焦面上 P 点平行于光轴的光线；

④ P 点过主点 H 的光线。

通过辅助光线的帮助确定像点，作图结果如图 2-31 所示。可以发现，轴上物点 A 的像 A' 也在轴上。

轴外点成像相对于轴上点成像的情况要简单一些。直接利用三条特殊光线中的两条作图就可以求得轴外的像点。如图 2-31 所示，显然，物体 AB 的像是倒立的实像。

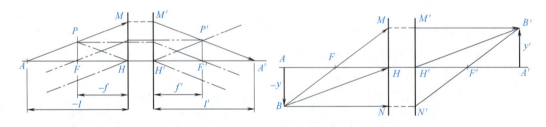

▶ 图 2-31　轴上物点成像和轴外物点成像示意图

2.3.4　成像公式

前面在薄透镜的讨论中，我们已经介绍了薄透镜物像公式的高斯形式，该式表现了薄透镜成像的规律，极大方便我们在利用薄透镜过程中对于成像大小、位置的判断。类似地，这里我们将讨论理想光学系统的成像过程中，物像之间所满足的公式。

（1）牛顿公式

在图 2-32 中，我们只绘制出这个理想光学系统的主面和焦点。轴外有一物点 B，通过这个系统成像于像面上的 B' 点。

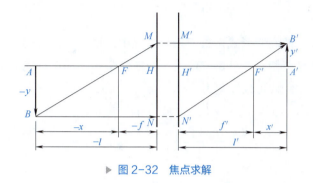

▶ 图 2-32　焦点求解

根据透镜的成像规律，我们可以找到图上两对相似三角形 $\triangle ABF \backsim \triangle MHF$ 和 $\triangle N'H'F' \backsim \triangle A'B'F'$，由边边关系得到：

$$\frac{x'}{f'} = \frac{y'}{-y} = \frac{-f}{-x}$$

由此得到：

$$xx' = ff'$$

这个式子就是以焦点为原点的物像公式，或称为牛顿公式。值得注意的是，这个公式的推导成立条件是在近轴区域，也就是只有在光学系统为近轴成像的前提下才可以应用。在很多场合，使用牛顿公式进行计算相对来说是比较方便的。

垂轴放大率为像高和物高之比 $\dfrac{y'}{y}$：

$$\beta = \frac{y'}{y} = -\frac{f}{x} = -\frac{x'}{f'}$$

可以看到，和牛顿公式类似，垂轴放大率公式也是以焦点为原点的放大率公式。

（2）高斯公式

在牛顿公式的推导中，我们关心的是物像点和焦点之间的距离关系。那么，物像距和焦距之间的关系是怎么样的呢？

根据图 2-32 中的几何关系：

$$-l = (-x) + (-f)$$

$$l' = x' + f'$$

将其代入牛顿公式：

$$(l - f)(l' - f') = ff'$$

展开并整理，得到：

$$\frac{f'}{l'} + \frac{f}{l} = 1$$

这就是成像公式的高斯形式。由于推导过程中使用了牛顿公式，因此高斯公式的应用范围也为近轴成像范围，并且由于绝大部分的光学系统都在空气中工作，因此可以认为 $n=n'$，即 $f=-f'$，则上式可以简化为：

$$\frac{1}{l'} - \frac{1}{l} = \frac{1}{f'}$$

2.3.5 光焦度

前面我们已经简单讨论过光焦度，这里我们再利用理想光学系统的物像关系对光焦度进行进一步理解。利用两焦距的关系，将高斯公式进行改写：

$$\frac{n'}{l'} - \frac{n}{l} = \frac{n'}{f'} = -\frac{n}{f} = \varphi$$

这里的 φ 就是光焦度。在讨论光焦度之前，我们先明确几个定义。

① 折合距离，一线段的长度被所在介质的折射率所除的商。于是得到如下几个定义：

折合像距：$\dfrac{l'}{n'}$；折合物距：$\dfrac{l}{n}$；折合焦距：$\dfrac{f'}{n'}$，$\dfrac{f}{n}$。

② 光焦度，折合焦距的倒数，即 $\varphi = \dfrac{n'}{f'} = -\dfrac{n}{f}$。

③ 光束会聚度，共轭点折合距离的倒数，即 $\Sigma = \dfrac{n}{l}$，$\Sigma' = \dfrac{n'}{l'}$。

公式就可以被改写为：

$$\Sigma' - \Sigma = \varphi$$

也就是说，一对共轭点的光束会聚度之差等于系统的光焦度。从该式中可以发现，当 $\varphi > 0$ 时，光线的会聚程度会得到增强，表明系统对光束具有会聚效果；$\varphi < 0$ 时，光线的会聚程度则会减弱，显示出系统对光束的发散作用；$\varphi = 0$ 时，光线会聚度不变，系统对光束的会聚和发散不起作用。

也就是说，光焦度表征的是光学系统对光束的发散和会聚能力。焦距越短，光焦度就会越大，这也反映了光束通过光学系统后会聚或者发散效应将会更明显。因此，出射光束相较于入射光束将呈现出更大的偏折角度。

当光学系统在空气中工作，即认为 $n=n'=1$，则：

$$\varphi = \frac{1}{f'} = -\frac{1}{f}$$

也就是说，光焦度的大小和物像方焦距相关。当系统在空气中工作时，焦距的倒数就是光焦度。

光焦度的单位为折光度（或屈光度）。当光学系统在空气中具有正 1m 的焦距时，其对应的光焦度即为 1 个折光度。我们熟知的眼镜的度数也和光焦度相关。眼镜的度数等于镜片折光度的 100 倍，即：

$$眼镜度数 = 镜片折光度 \times 100$$

因此，如果 $f'=400mm$，则 $\varphi = \dfrac{1}{0.4} = 2.5$ 个折光度 =250 度；如果 $f' = -250mm$，则 $\varphi = \dfrac{1}{-0.25} = -4$ 个折光度 =-400 度。

光焦度的概念和焦距的概念同等重要，在几何光学中多用 f'，在像差理论中多用 φ。

2.3.6　实际光学系统的基点和基面

（1）简介

对真实光学系统进行理想化描述和抽象概括就是理想光学系统。那么对于实际光学系统，理想光学系统求解得到的性质在什么样的条件下才能得以应用呢？首先，理想光学系统的成像性质由高斯公式表示：

$$\frac{f'}{l'} + \frac{f}{l} = 1$$

将单个折射面的焦距公式代入上式，得到：

$$\frac{n'}{l'} - \frac{n}{l} = \frac{n'-n}{r}$$

这揭示了实际光学系统在其近轴区域内，展现出了与理想光学系统相类似的成像特性。基于这一特性，我们可以明确，实际光学系统的基点位置和焦距都是指近轴区的。

（2）实际光学系统的近轴光路计算

实际光学系统为所有透镜和折射面的集合，一般均采用近轴光线的光路计算公式计算。前面我们已经求解得知近轴条件下单球面系统的计算，对于多球面系统，只需要逐步对各个球面进行一一求解就可以。

对于光线经过第一个球面，设物方空间折射率为 n，像方空间折射率为 n'，入射光线和光轴夹角为 u_1，出射光线和水平线夹角为 u_1'，折射点的法线和水平线的夹角为 v，与光轴的距离为 h_1，折射球面的曲率半径为 r_1，物距为 l，像距为 l'。

根据图 2-33 中的几何关系，在 $\triangle AEC$ 中有：

$$\frac{r_1}{\sin u_1} = \frac{l - r_1}{\sin i}$$

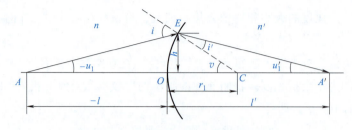

▶ 图 2-33　实际光学系统的近轴光路计算

在 $\triangle A'EC$ 中有：

$$\frac{l'-r_1}{\sin i'}=\frac{r_1}{\sin u_1'}$$

根据折射定律，有：

$$n'\sin i'=n\sin i$$

且由于：

$$i=-u_1+i'-u_1'$$

在近轴条件（$\sin i \approx i$）下，可得：

$$i=\frac{(l-r)u}{r}$$

$$i'=ni/n'$$

$$u'=u+i-i'$$

$$l'=r\left(l+\frac{i'}{u'}\right)$$

这就是在子午面内计算实际光学系统近轴光路的一种形式。只要知道 r、u、l、n、n'，就可以求得每一级的 u'、l'。

从另一个角度，由近轴条件下的斯涅耳定律可得：

$$n(u_1-v)=n'(u_1'-v)$$

其中，$v=\dfrac{h_1}{r_1}$。代入上式并化简得到：

$$n'u_1'-nu_1=\frac{(n'-n)h}{r_1}$$

可以求得出射光线与水平面的夹角 u_1' 为：

$$u_1'=\left[\frac{(n'-n)h}{r_1}+nu_1\right]/n'$$

接着这条光线经过下一个折射面，折射前光线和水平面的夹角 $u_2=u_1'$。光线高度 $h_2=h_1-du_1'$。d 为两个折射面之间的距离。这里只需要知道 u、n'、n、d、r，就可以知道每

个面上光线的 u'、h。以此类推，直到光线经过最后一个折射面，就可以得到实际光学系统的传播光路。

此时，如果我们令 $l_1=\infty$、$u_1=0$ 为起始数据，即令入射光线从无穷远处水平射入系统，就可以得到像方焦距和物方焦距的大小。根据光线追迹的原理，依次计算出每个折射面的物距 l_k 和光线与水平面夹角 u'_k，可以得到每个折射面的焦距 $l'_F=l'_k$。根据最终光线的走向，得到整个系统的像方焦距 $f'=h_1/u'_k$。此时，整个系统的主面位置 $l'_H=l'_F-f'$。到这里，也就计算得到了这个光学系统的像方基点位置和焦距大小。

这样的计算就是正向光路计算。而物方基点位置和焦距就需要采用反向光路计算。反向光路就是将原先的光路系统进行倒置，把最后一面作为第一面，第一面作为最后一面，并使半径反向，即曲率半径应该改变符号。在反向光路的基础上，应用和计算像方的基点位置和焦距同样的方式将物方基点位置和焦距计算出来，之后再将光路倒转回来，将得到的基点位置和焦距改变符号即可。

（3）光学系统的矩阵运算

通过前面的计算，其实不难发现，在近轴光学系统中，光线的传播主要由一个线性方程组决定。而线性方程组可以写为矩阵的形式。也就是说，近轴光学系统也可以采用矩阵运算。可以将近轴光学系统中对光线的作用过程写作如下形式：

$$\begin{bmatrix} x' \\ u' \end{bmatrix} = \begin{bmatrix} A & B \\ C & D \end{bmatrix} \begin{bmatrix} x \\ u \end{bmatrix}$$

如图 2-34 为一个简单的折射球面，由近轴公式

$$n'u' - nu = \frac{(n'-n)h}{r}$$

得到：

$$n'u' = nu + \varphi h$$

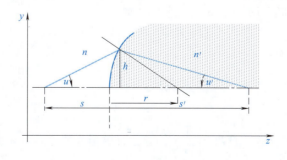

▶ 图 2-34　折射球面的光学矩阵运算

$$h' = h$$

其中：

$$\varphi = \frac{n' - n}{r}$$

如果写为矩阵形式，就是：

$$\begin{bmatrix} n'u' \\ h' \end{bmatrix} = \begin{bmatrix} 1 & \varphi \\ 0 & 1 \end{bmatrix} \begin{bmatrix} nu \\ h \end{bmatrix}$$

即：

$$M' = RM$$

其中，$R = \begin{bmatrix} 1 & \varphi \\ 0 & 1 \end{bmatrix}$。这里的矩阵 R 被称为状态矩阵，表征的是光学系统的各个界面对光线状态的改变。若界面为一个反射镜，那么 $R = \begin{bmatrix} 1 & 1/f \\ 0 & 1 \end{bmatrix}$。当光线从一个参考面传播，进而射向另一个参考面时，可将参考面表征为：

$$\begin{bmatrix} n_{i+1}u_{i+1} \\ y_{i+1} \end{bmatrix} = \begin{bmatrix} 1 & 0 \\ -d_i/n'_i & 1 \end{bmatrix} \begin{bmatrix} n'_i u'_i \\ y'_i \end{bmatrix}$$

即：

$$M' = DM$$

其中，$D = \begin{bmatrix} 1 & 0 \\ -d_i/n'_i & 1 \end{bmatrix}$。这个矩阵就称为过渡矩阵。过渡矩阵的作用是将光线从一个表面上，转移到另一个表面上，可以理解为是表征光线在光学系统中不同界面之间传播的状态改变。

对于多个透镜组成的光学系统，可以认为整个传递过程能这样表示：

$$M'_k = R_k D_{k-1} R_{k-1} \cdots D_1 R_1 M$$

即：

$$M'_k = SM$$

其中，$S = R_k D_{k-1} R_{k-1} \cdots D_1 R_1 = \begin{bmatrix} B & A \\ D & C \end{bmatrix}$。这样的矩阵被称为光学系统的传递矩阵。它表征光学系统对通过其中的光线的作用，极大地便利了对光学系统的计算研究。

2.4　出瞳和入瞳

2.4.1　光阑

在理想光学系统中，可以对任意大的宽光束成像。但是在实际光学系统中，光束不可能无限大，进入系统的光线势必会受到光学系统通光孔径大小的限制。在前面的求解中，我们知道，只有在近轴区域的光线传播是符合近轴光学理论的，一旦光线离轴角度较大，将会出现点像成斑的现象。那么，对于通过光学系统的通光量大小如何进行调整呢？人们应用的就是光阑。光阑是应用在光学系统中用来限制光的通过量的一种仪器。光阑相当于大小不一的孔，光线只能从光阑的孔中通过，超过光阑孔径大小的光线将会被全部遮挡。如果将光阑放在不同位置就能起到不同的作用。实际上，光阑在光学系统中的位置差异会赋予其不同的功能。在此，我们着重探讨孔径光阑和视场光阑这两种光阑类型。调控系统的进光量是孔径光阑的主要职责，而视场光阑则负责限制成像的视场范围。

（1）孔径光阑

孔径光阑在系统中用于限制系统的进光量，也就是限制了成像光束的尺寸，这一点可以通过图示来直观理解。如图 2-35 所示，可以看到轴上点成像光束中最边缘光线的倾斜角度（也就是所谓的孔径角）直接被孔径光阑的大小所限定。具体来说，当孔径光阑的尺寸逐渐增大时，孔径角也将随之逐渐增大。孔径光阑限制着成像光束的最大值。孔径光阑的大小与系统成像有着密切的关联，适当的孔径光阑可以帮助滤除杂光以及物光中的不必要部分，对于光学系统的成像而言有很好的滤波作用。

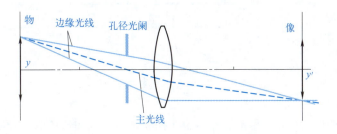

▶ 图 2-35　光学系统中的孔径光阑

在光学系统中，孔径光阑在镜头组前的物空间形成的像，实际上定义了物点成像光束的最大孔径。这一像作为物面上所有点成像光束的共同入口，我们称之为该光学系统的入瞳。孔径光阑在光学系统后面镜头组在像空间成的像，就是物面上各个点的成像光束自系统出射时的公共入口，我们称之为这个光学系统的出瞳。见图 2-36。入瞳与出瞳分别决定了进入光学系统的光束大小和成像光束大小。

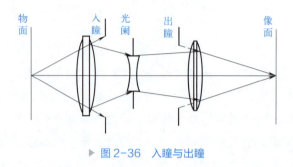

▶ 图 2-36　入瞳与出瞳

孔径光阑的大小直接决定了成像光束的大小。对于其大小的描述通常采用如下特殊的定义。假设孔径光阑的直径为 D，则半径为 h，即 $D=2h$。在描述光阑大小时通常使用 F 数，符号表示为 F#。F 数的大小由系统的像方焦距和光阑直径相关：

$$F\# = f'/D$$

如图 2-37 中这个简单的单透镜成像系统，由于孔径光阑的存在，限制了光学系统能够收集的光的范围，为了衡量系统对光的收集的角度范围大小，人们定义了数值孔径：

$$NA = n\sin u$$

式中，NA 表示数值孔径的大小；n 为介质折射率；u 为成像光束的半孔径角大小。也就是说，数值孔径的大小与孔径角大小相关，这也是其能衡量系统对光的收集能力的原因。数值孔径的值还与分辨率、放大率等其他成像质量标准相关，因此人们常常利用数值孔径作为判断一个光学系统性能好坏的依据之一。

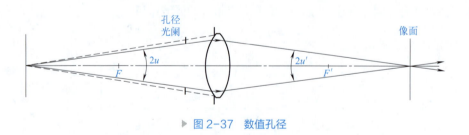

▶ 图 2-37　数值孔径

在一个系统中，限制成像光束大小的孔径非常多，例如透镜的孔径限制、其他的光阑限制。那么在实际的复杂系统中，如何判断孔径光阑呢？首先我们要清楚孔径光阑的作用是限制成像光束的大小，也就是说，只有对成像光束大小限制得最厉害的光阑，才是孔径光阑。因此只要在系统中，对所有光阑、限制孔径进行共轭"像"的绘制，再比较不同孔径对于成像光束的限制，找到其中的最小角，那么那个像对应的光阑或是透镜，就是我们所要寻找的孔径光阑。

孔径光阑的大小会影响到系统对光的收集角度范围，那么，光阑的不同位置对光学系统成像具有什么样的影响呢？在我们讨论渐晕和景深的概念后，再讨论光阑在光学系统中不同位置对于光学系统成像质量的影响。

（2）视场光阑

与孔径光阑的功能不同，视场光阑的主要作用是限制视场的大小，即限制成像范围。最好的例子就是拍照时，底片上的相框限制了相机中成像的范围。一般而言，视场光阑位于光学系统的物面或像面上，有时也会在光学系统内部，见图 2-38。

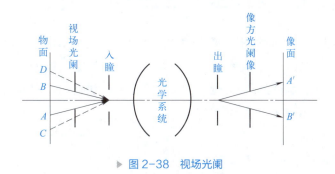

▶ 图 2-38　视场光阑

那么在实际光学系统中我们如何判断哪个光阑为视场光阑呢？首先还是从视场光阑的定义出发，即视场光阑是对视场大小的限制。而视场的大小，可以通过光阑对物面或是像面的限制来判断。也就是说，在物空间中，对应于入瞳中心张角最小的光阑就是视场光阑。我们首先将除了孔径光阑以外的其他光阑在物（像）空间的虚物（像）找到，比较这些光阑相对于入瞳中心的张角大小，其中张角最小的光阑即被视为视场光阑。视场光阑在光学系统中是唯一的。

2.4.2　光学系统空间像

此前我们一直在讲述光学系统的成像问题，实际上，光学系统的成像根据成像物体大致可以分为两种：对平面物体成像、对孔径物体成像。

生活中，对平面物体成像的系统非常常见，比如电影放映的物镜、制版物镜及投影仪等。对平面物体成像相对而言容易理解，可以认为在同一个平面上，有众多不同的物点发光并通过光学系统成像，像点也往往在一个平面上。

而对空间物体的成像，相对而言更加复杂（图 2-39）。我们熟知的对空间物体的成像系统有望远镜、照相物镜和摄影系统等等。空间物体也可以看作众多不同的物点，与平面物体不同的是，这些物点除了离轴的大小不同外，距离系统的远近也不同。与平面物体成像类似，对空间物体的成像可以在同一像平面上得到物空间中远近不同的物点的清晰像。

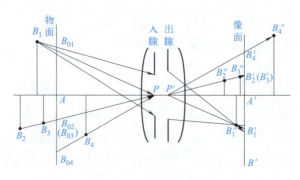

▶ 图2-39 光学系统空间像

从物像共轭上看，空间物体与平面物体的像具有本质的不同。平面物体所成的像，物点和像点具有"一对一"的关系，即一个物点在像面上成一个像点。但是对于空间物体，由于在同一轴线上可能存在远近不同的多个物点，因此物点和像点具有"多对一"的关系，即多个物点在像面上成一个像点。

2.4.3 渐晕

（1）渐晕现象

渐晕是一种光学系统成像过程中由于系统孔径限制而产生的现象。如图2-40，轴外点光束由于光阑的存在，被部分遮挡。这样的现象被称为轴外点渐晕，它指的是轴外点的成像光束的孔径角相较于轴上点的成像光束而言，其孔径角更小。

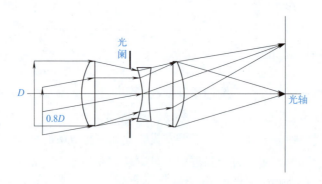

▶ 图2-40 轴外点渐晕

渐晕的产生可以根据图2-41所示进行探讨。在物面上，分别有轴上物点 A，轴外物点 B_1、B_2 和 B_3。这四个物点发光强度一致，发出的光束孔径角大小一致。图2-41中，入瞳右侧区域显示的图像分别为物点 B_1、B_2 和 B_3 通过入瞳的视场范围。我们知道，入瞳可以决定进入光学系统的光束大小，即在入瞳的限制下，可以进入光学系统的视场范围为图 2-41 中轴上的虚线圆的大小。将所有物点发出的光束通过光阑和入瞳后的视场范围与光学系统能够获得的视场范围大小相比较，我们可以发现，离轴越远的物点通过光阑和入瞳后，其在第一个光阑的限制下的视场范围也离轴越远，也就是说其被入瞳遮挡的视场范围也越大，离轴越远的物点所发出的光能进入光学系统的光线数量就越少。

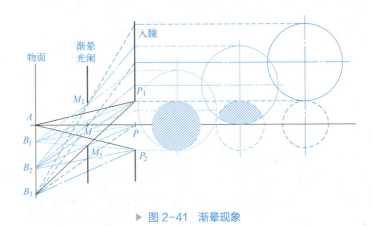

▶ 图 2-41　渐晕现象

离轴的视场范围和光学系统可以接受的视场范围的重合比例，就是可进入光学系统的光线占总光线强度的比例，称之为渐晕系数 k。可以发现不同高度物点发光能够进入光学系统被接受的比例范围如表 2-2 所示。

表 2-2　不同物点发光进入光学系统的光线比例

物点	B_1	B_2	B_3	∞
比例 k	100%	100% ～ 50%	50% ～ 0	0

也就是说，物点发出的光，可以进入光学系统的光线数量最多的是轴上物点，离轴越远，可以进入光学系统的光线数量就越少。

总结以上描述的现象规律，随着光线逐渐偏离光轴（即越接近最大视场角），其在经过光学系统时的有效孔径会相应减小。有效孔径越小导致通过光学系统的光线数量越少，成像时，其像的光强度也越小。表现在像上，就是像的光强度由中心朝轴向晕开。当轴外点的光束部分被遮挡时，该现象被称为轴外点渐晕。

（2）渐晕光阑

渐晕的产生有时是系统的客观必然结果，有时是为了满足成像需求而刻意制造的。而渐晕光阑就出现在这种时刻。导致渐晕现象产生的光阑被称为渐晕光阑。简而言之，渐晕光阑的作用在于使得轴外点成像光束的孔径角小于轴上点成像光束的孔径角，从而引发渐晕现象。在系统中寻找渐晕光阑时，可以通过比较各个光阑对视场角的限制，对视场角限制最大的光阑，或是说对于视场的张角最小的光阑就是渐晕光阑。系统中可以有一个或者多个渐晕光阑。

与入瞳、出瞳相类似，由于渐晕光阑能够限制视场角的大小，因此渐晕光阑的共轭像也具有不同的代表意义。我们称渐晕光阑对光学系统前面的镜头组的成像为入射窗，渐晕光阑对光学系统后面的镜头组的成像为出射窗。入射窗、出射窗和渐晕光阑之间的关系与入瞳、出瞳和孔径光阑的对应关系是完全一致的，不过孔径光阑限制的是入射光束孔径角大小，而渐晕光阑限制的是视场角的大小。

2.4.4 景深

我们知道，实际光学系统成像时，物体往往不在一个平面上。在 2.4.2 节"光学系统空间像"中，我们提到对于空间物体成像，具有"多对一"的关系，即在同一条轴上的不同物点，只对应一个像点。也就是说，不同空间深度的物点成像于同一个平面。而"景深"从字面上看，是景象的深度，也就是能够在像面上呈现清晰像点的物点的空间前后深度。或者说，景深是指由于接收器的缺陷，在给定入瞳大小的情况下，由于接收器（如成像传感器或胶片）的固有特性，能够在成像平面上形成清晰图像的物方空间深度。这里指的清晰，都指的是相对的清晰，而不是绝对的清晰。在实际成像过程中，无法得到绝对清晰的理想成像结果。只要是能够在一定的物方空间深度呈现相对清晰的像，这样的物方空间深度就是景深。如图 2-40 所示，近景和远景之间的空间深度就是这个光学系统的景深。最明显的一个例子就是在相机的镜头上，在不同景深情况下拍摄下来的照片有巨大差别。景深是光学系统成像质量评判的重要指标。下面我们来计算景深的大小。

如图 2-42，图中像 A' 点所在的平面为景象平面，而与其共轭的平面则是对准平面，该平面恰好是物点 A 所在的平面。远景平面就是最远的物面，该物面能够在景象平面上

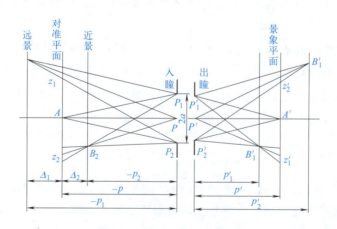

▶ 图 2-42 景深

成清晰的像，而近景平面就是最近的物面。设在对准平面和景象平面上的弥散斑直径分别为 z_1、z_2 和 z_1'、z_2'，根据纵向放大率，有：

$$z_1' = \beta z_1 \; ; \quad z_2' = \beta z_2$$

由图中的相似三角形关系，有：

$$\frac{z_1}{2a} = \frac{p_1 - p}{p_1} \; ; \quad \frac{z_2}{2a} = \frac{p - p_2}{p_2}$$

由此得：

$$z_1 = 2a \frac{p_1 - p}{p_1} \; ; \quad z_2 = 2a \frac{p - p_2}{p_2}$$

所以：

$$z_1' = 2a\beta \frac{p_1 - p}{p_1} \; ; \quad z_2' = 2a\beta \frac{p - p_2}{p_2}$$

可见，景象平面上的弥散斑大小除了和入瞳直径有关，还与对准平面、远景平面和近景平面的位置有关。对于允许的弥散斑直径，主要考虑光学系统的用途和接收器的性质。对于光电器件，允许的弥散斑大小为光电接收器件光敏单元的大小。

设 $z_{1max}' = z_{2max}' = z'$，并考虑 $\beta = -f/x \approx f'/p$，则：

$$p_1 = \frac{2apf'}{2af' - pz'}$$

$$p_2 = \frac{2apf'}{2af' + pz'}$$

于是远景深度、近景深度和系统深度分别为：

$$\Delta_1 = p_1 - p = \frac{p^2 z'}{2af' - pz'}$$

$$\Delta_2 = p - p_2 = \frac{p^2 z'}{2af' + pz'}$$

$$\Delta = \Delta_1 + \Delta_2 = \frac{4afp^2 z'}{4a^2 f'^2 - p^2 z'^2}$$

在确定景象平面上允许的最大弥散斑大小后，景深将受到多个因素的影响，这些因素包括系统入瞳直径、焦距以及对准平面的位置。具体而言，当入瞳直径 $2a$ 增大时，景深会相应减小；同样地，随着焦距 f' 的增加，景深也会减少。然而，当对准平面与入瞳之间的距离 p 增大时，景深反而会增大。此外，值得注意的是，远景的景深通常会大于近景的景深。

通常，我们把镜头通光孔径 D 和其焦距 f' 之比叫做相对孔径 D/f'，相对孔径的倒数叫做光圈数或是 F 数。则可以得到：

$$\Delta = \frac{2\left(\dfrac{D}{f'}\right)z'}{\left(\dfrac{D}{f'}\right)^2 f'^2 / p^2 - z'^2 / f'^2}$$

该式表明：当相对孔径降低时，对应的 F 数会增大，进而使得景深范围也相应增大。这一特性解释了为何在摄影时，通过缩小光圈，我们可以捕获到更大空间范围内清晰、锐利的图像。

下面对远景深度和近景深度进行讨论。有如下两种情况：

① $p = \dfrac{2af'}{z'}$ 时，$\Delta_1 = \infty$。即对准平面后的整个空间都能在景象平面上成清晰的像，这时：

$$p_2 = \frac{af'}{z'}$$

② $p = \infty$ 时，$\Delta_1 = \infty$。即对准平面后的整个空间都能在景象平面上成清晰的像，这时：

$$p_2 = \frac{2af'}{z'}$$

2.4.5 光阑位置对成像的影响

通过前面的讨论可以发现，光阑在系统中起着限制整个系统的进光量和视场大小的作用。合理利用好光阑可以帮助我们更好地利用系统成像。在成像过程中，光阑的位置对于成像的结果至关重要。我们可以将光阑放在透镜组前面，也可以放在透镜组后面，还可以放在系统中的任意位置以达到我们所希望的成像结果。

如图 2-43（a）中这样一个系统，若后面透镜通光孔径较大，对于离轴远的物点发光也能被光学系统接收，则物体成像无渐晕；若后面透镜通光孔径比较小，离轴远的物点发光会被光阑遮挡，物体成像有渐晕。如果减小后面透镜的通光孔径，就可以产生一定的渐晕。如果要改善轴外成像质量，可以增大后面透镜的通光孔径。

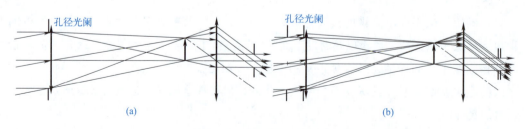

(a)   (b)

▶ 图 2-43　光阑位置对成像影响

如图 2-43（b）的双透镜系统，其出瞳更靠近后面透镜的像方焦点。如果两透镜通光孔径比较大，则轴外物点发光，光束基本被系统接收，物体成像无渐晕。如果前面透镜孔径比较小，则轴外物点发光，光束将发生不同程度的遮挡，物体成像有渐晕，且孔径光阑离像面越远，渐晕就越明显。根据这样的分析，读者可以思考，当孔径光阑位于前面透镜的物方焦点时，会有什么特点？

如果孔径光阑位于前面透镜的物方焦点时，出瞳向后移动，即出瞳距变大。同上，如果两透镜的通光孔径较大，则物体成像无渐晕；如果两透镜的通光孔径较小，则物体成像有渐晕，且孔径光阑越向后，渐晕越大。

在 2.4.4 节对景深的介绍中，已经讨论了孔径光阑的大小会影响视场的景深：相对孔径越小，F# 值越大，景深越大。除了大小，孔径光阑的位置的失配会引起视场匙孔效应。孔径光阑的大小或位置变动对成像结果的影响示意如图 2-44 所示。

▶ 图 2-44　光阑对成像质量的影响

第 3 章
光学设计软件

本章主要对常用的光学设计软件进行简要的回顾与介绍，以及对 Zemax-EE 13 中文版进行主要介绍。

在电子计算机普及之前，光路计算主要依赖于数表或机械计算器，并通过手工操作来完成。完成一个设计项目需要不断重复地进行大量的光路计算，这无疑是一项极其繁重的脑力工作，对设计者的精力和耐心提出了极高的要求。当时光学设计受到光路计算速度的影响，研发周期非常长，人们长期以来对光学设计的研究集中在光路计算的速度上，尝试通过改变公式形式或编制多样化表格来减轻光路计算的繁重任务。然而，这些努力在效果上并不显著，直到电子计算机的引入，才从根本上为光学设计中的光路计算问题提供了解决方案。目前光路计算工作已经完全由电子计算机来完成，如今的光学设计大部分依靠光学设计软件来完成。

近年来，Zemax 凭借出色的性价比在光学设计软件市场中迅速崛起，其市场占比不断攀升，已成为全球范围内备受推崇和广泛应用的软件之一。目前市面上关于 Zemax 的教材多为 05 或 09 英文版的 Zemax 软件，随着版本的更新，Zemax 的界面有了些许的变化。考虑到很多读者在初学时由于对专业术语较为陌生以及受到外语水平的限制，导致软件操作入门十分困难，本书主要基于 Zemax-EE 13 中文版进行介绍，需要注意的是中文版中有些术语翻译并不准确，建议读者在熟悉了软件操作后切换回英文版或者使用更高级版本的 Zemax 进行光学设计。在 Zemax 中，只要安装了对应语言安装包就可以进行语言的切换，读者可以在中文版的"文档"→"选项"→"杂项"→"界面语言"，或者英文版本中"File"→"Preferences"→"Miscellaneous"→"Interface Language"，进行语言切换。

3.1 光学设计软件概述

随着计算机技术的不断发展，光学设计也经历了人工计算、早期 DOS（磁盘操作系统）界面光学设计软件到如今 GUI（图形用户界面）光学设计软件几个阶段的巨大变革。在人工计算时期，光学设计往往需要投入大量的时间成本与人力成本，像差的校正与优化主要依靠设计人员对像差理论的理解与设计经验。20 世纪 50 年代，电子计算机被引入光学设计中，光线追迹完全由计算机代劳，大大加快了像差的计算速度。在计算机的辅助下，光学设计逐渐向自动化发展，相应的光学设计软件也不断被开发出来。20世纪 80 年代，国内开展光学设计研究和工作的单位主要使用的软件有 SOD88、GOLD（北京理工大学开发），CAOD、CIOES[中国科学院长春光学精密机械与物理研究所（简称"长春光机所"）开发]，以及 GOSA（北京理工大学与长春光机所共同研制）等，国外主要为 CODE V 以及 LightTools 软件（美国 ORA 开发）。此时光学设计软件以 DOS 界面为主，用户需要不断输入繁杂的命令来查看光线追迹的情况，软件设置复杂、人机交互性较差，且在同一时间内只允许运行一个程序。随着计算机技术的不断发展，光学设计软件也逐渐能够满足设计者更多的要求，当前市面上所有的光学设计软件均采用了图形用户界面设计，它们不仅能够有效应对光学系统建模、光路追迹计算等核心任务，更在功能方面实现了多样化，包括但不限于像质评估、照明系统分析、自动化优化以及公差分析等功能，为用户提供了全面的光学设计解决方案。

当今的光学设计软件按照光学系统可以分为两类：成像设计软件（CODE V、Zemax、OSLO 等）以及非成像设计软件（LightTools、TracePro、ASAP 等），两类软件的对比如表 3-1 所示：

表 3-1　成像与非成像软件的对比

项目	成像设计软件	非成像设计软件
建模方式	序列元件（光学面）	非序列元件（实体）
计算方式	考虑光学面顺序	不考虑元件的顺序
所计算光线数	较少（几万条）	很多（几千万条）
对电脑要求	一般	很高
仿真程度	实际系统的简化	最接近真实光线仿真
数学方法	最优化法，解析法	统计法（Monte Carlo）
优化能力	强	差
分析侧重	光信息传递	实际光能量分布

3.1.1 成像光学软件

（1）Zemax

Zemax 作为一款光学设计软件，集光学系统设计理念、优化算法、分析技术、公差设定以及报告生成于一体，为光学设计者提供了全方位的解决方案。Zemax 采用序列（sequential）和非序列（non-sequential）两种光线追踪模式，以模拟在光学系统中光线的传播过程。其强大的功能包括光学系统建模、精确的光线追迹计算、详细的像差分析、高效的优化算法以及精确的公差分析，这些功能使得 Zemax 成为光学设计领域的佼佼者。除此之外，Zemax 还提供对话窗式的参数选择、多种优化方式、多种报表输出，针对不同用户的要求，Zemax 提供了三个不同版本的软件，分别是 Zemax-SE（标准版）、Zemax-XE（扩展版）以及 Zemax-EE（专家版）。在这些版本中，Zemax-EE 不仅包含了 Zemax-SE 的所有基础特性和功能，还能够完全兼容 Zemax-SE 的文件格式。此外，Zemax-EE 在标准版的基础上增添了一系列高级设计功能，以满足专业用户的更高需求。

（2）CODE V

CODE V 是由美国 ORA 倾力打造的一款历史悠久且功能强大的光学设计软件，其卓越的性能和广泛的应用使其在全球光学设计和分析领域占据重要地位。在过去的几十年里，CODE V 持续进行技术革新和功能升级，其中包括变焦结构的优化与分析、环境热量影响评估、基于 MTF（调制传递函数）和 RMS（均方根）波阵面的公差分析、用户自定义优化算法、干涉和光学校正技术、非连续建模方法以及矢量衍射计算等，这些创新功能进一步巩固了其行业内领先地位。

（3）OSLO

OSLO 是 Optics Software for Layout and Optimization 的缩写，最初是美国罗切斯特大学为教学而编制，随后，该软件由美国 Lambda Research Corporation 推向市场，成为一套集标准建构与最优化于一体的光学软件。该软件主要用于确定光学系统中关键组件的最佳尺寸和形状，这些系统涵盖照相机、客户定制产品、通信系统、军事应用、外层空间探索以及科学仪器等多个领域。此外，OSLO 还常用于模拟光学系统的性能，并发展出一系列针对光学设计、测试和制造的专用软件工具，以满足不同领域的专业需求。

3.1.2 非成像光学软件

（1）ASAP

ASAP 是世界上最早的非成像光学软件。分析功能强大，曾是光学系统定量分析的业界标准。传统描光程序在处理光线时往往显得烦琐且耗时，相比之下，即使是数百万条几何光线的计算，在 ASAP 软件也能在极短时间内完成。在 ASAP 中，光线无需遵循特定顺序或次数地穿越表面，且支持前后双向追踪。更为出色的是，ASAP 拥有强大的指令集，允许用户进行特性光线和物体的深入分析。这些分析功能包括选择特定物体上的光线、筛选出特定的光线群组、列出光线的源头及其路径变化，以及追踪光线的起源和强度，从而实现对杂散光路的详尽分析。

ASAP 专门服务于仿真成像或光照明的应用，它无疑可提升光学工程工作的效率和准确性，例如可以在制作原型系统或大量生产前，先进行光学系统的仿真，这将大大加快产品上市的时间。

（2）TracePro

TracePro 最初是为美国航空航天局（NASA）卫星计划开发，后被商品化走向市场，是一款广泛运用于照明系统、光学分析、辐射分析和光度分析的光线模拟软件。作为一款将真实固体模型、强大的光学分析功能、出色的数据转换能力以及用户友好的界面融为一体的仿真工具，TracePro 在多个领域展现了其多样性应用，包括但不限于照明设计、导光管技术、薄膜光学分析、光机一体化设计以及杂散光和激光泵浦等光学现象的研究。

（3）LightTools

LightTools 是美国 ORA 推出的非成像系统设计软件，具有光学精度的交互式三维实体建模软件体系，包括核心模块、照明模块和资料交换三个主要模块。

3.2　Zemax 软件概述

光学设计软件的问世，显著降低了光学设计领域的专业人士的工作负担，不仅有效节约了资源，还极大地缩短了产品设计周期。这一创新工具为现代光学仪器的研发提供了强有力的支持。

在我国，使用 Zemax 进行光学设计的技术人员与日俱增。本节将对 Zemax 光学设计软件的基本应用进行介绍。

如 3.1 节所述，Zemax 为光学系统设计者提供了一个方便快捷的设计工具。经过数十年的不懈努力，研发团队持续对 Zemax 软件进行深度开发与优化，每年均进行更新迭代，以确保其功能的日益强大。Zemax 凭借其庞大的资料库（ZEBASE）、多样化的镜头、全面的光学材料及样板数据，以及直观的用户界面、简易的学习曲线和较低的系统要求，已成为透镜设计、照明工程、激光束传播、光纤技术以及其他光学领域中不可或缺的工具。

Zemax 的核心功能涵盖以下方面：

① 分析：提供多功能的分析图形，并允许用户通过对话窗灵活选择参数。这些分析图形可以保存为图形文件（如 BMP、JPG 格式），也支持导出为文本文件，便于用户进一

步处理和分析。

② 优化：Zemax 支持表栏式 Merit Function（评价函数）参数输入，同时提供预设的 Merit Function 参数选项。它提供了多种优化方式，包括 Local Optimization（局部优化），能够迅速找到较优解，以及 Global Hammer Optimization（全局优化），旨在寻找全局最优的参数配置。

③ 公差分析：Zemax 支持表栏式 Tolerance（公差）参数输入，并通过对话窗提供预设的 Tolerance 参数选项，帮助用户进行精确的公差设定和分析。

④ 报表：Zemax 能够输出多种图形报表，并允许用户将结果保存为图形文件或文本文件，以便于数据记录、分享和进一步的分析。

Zemax 采用序列（sequential）和非序列（non-sequential）两种模式模拟折射、反射、衍射的光线追迹。在序列光线追迹模式中，它主要应用于传统成像系统的设计，例如照相系统、望远系统以及显微系统等。在这种模式下，Zemax 采用面作为基本单元来构建光学系统模型，每一面的位置通过其与前一面的相对坐标来定义。光线从物平面出发，依照面的排列顺序进行追踪，每个面仅需计算一次。鉴于所需计算的光线数量较少，这种模式的光线追迹速度极为迅速。

3.2.1　Zemax 算法简介

在实际生活中，光线传播的过程就是光源发射光与各种物体表面碰撞交互，发生漫反射，最终进入我们的视网膜进行成像。在光电软件中，光线的仿真追踪主要包括以下几步：

① 确定发射光线集：根据系统输入的光学系统结构参数与光源的相关参数，模拟出由光源发射到场景中的光线，主光线的方向通过光源位置到接收屏中心像素位置的方向来获得。

② 折射计算：这是光线追迹的关键步骤，根据系统输入的光学系统结构参数与光源发出的光线，计算光线遇到的场景中第一个物体的位置，并根据面型、折射率等参数计算出光线经过表面后的偏转角度。

③ 转面计算：面向下一个表面数据转换的计算。

④ 结束计算：确定光线在投影屏上的投影位置。

光电软件中的光线追迹算法主要分为两种：一种方法是高斯光束法，另一种是光束传播法（beam propagation method，BPM）。

高斯光束法只对传统光学、照明系统等的光学元件设计与光学机构进行分析，其代表性光学软件有 Zemax、OLSO、TracePro、ASAP 等，主要应用于光电元件、光电显示器、光输出/输入与光存储设备，光线追迹模式有序列及非序列两种。

让光线按照预先设定的顺序从一个表面追迹到下一表面的模式就是序列光线追迹模

式，以 Zemax 软件为例，在序列模式下，Zemax 首先会对光学系统中的各个表面进行顺序排列，其中起始面被设定为物面，并赋予其序号为"0"。随后，光线从这一序号为"0"的起始面开始，追迹到物面后的第一面序号为 1 的表面，然后到 2 表面，依此类推，一直到像面。在序列模式中，当光线经过 3 表面到达后续表面然后又被返回 3 表面所在位置时，软件不会对 3 表面进行追迹，而是沿着原来的方向继续前进。需要注意的是，如果光线在传播的过程中有全反射现象，理论上来说，光线会在传播到介质分界面的时候反射回来，但全反射效应并不在 Zemax 序列追迹时的考虑范围内，如果全反射发生在序列追迹时，系统会认为发生错误并中止追迹。若设置了发生全反射的面的一面为"隐藏"时，入射光线会画出但不会通过这一异常发生的面。所以在序列模式中，我们需要对光学系统有无可能发生全反射进行预估。

相对的，非序列追迹是沿着物理上可实现的路径进行追迹，从光源发射的光线遇到物面后反射、折射或者是吸收后沿着新的路径继续前进。光线的传播完全取决于实际情况中物体的特性，可以按任何顺序入射到物体上，也可以在同一组物体上重复入射。Zemax 分析非序列系统中光线追迹结果的主要方法是使用探测器，当光线投射到探测器物体上时，光线的位置、角度、能量和光路长度都会存储到系统中，以便通过探测查看器的分析功能生成一系列分析。

光束传播法（BPM）主要用于处理传统高斯光束法不能很好处理的微观结构，主要针对光波导、光通信、有源和无源器件等进行模拟与分析，应用软件有 BPM CAD、WDM PHASAR 等。

BPM 的核心原理是，在波导中光束的传播路径上设定一系列步长，基于初始光场和波导的特定条件，逐步预测每一步长结束时光场的状态。每个新步长的起始光场都是基于前一个步长计算得出的光场分布。通过不断重复这一过程，直至遍历整个波导，我们能够获取整个波导内光场的详细分布情况。鉴于光束传输法具有简洁易行、计算高效和结果准确的特点，它在当前光波导数值分析领域占据了重要位置，BPM 成为这一领域的主要分析工具之一。

3.2.2 Zemax 软件用户界面

图 3-1 为 Zemax 13 中文版工作界面。Zemax 启动后进入默认的工作界面，这个界面包括主视窗与一个透镜数据编辑界面。主视窗的顶端有标题栏、菜单栏和工具栏，底部的状态栏由四个与当前光学系统有关的参数组成，这四个系统参数分别为：

EFFL：用镜头单位表示的有效焦距；

WFNO：系统的工作 F 数；

ENPD：入瞳直径；

TOTR：系统总长。

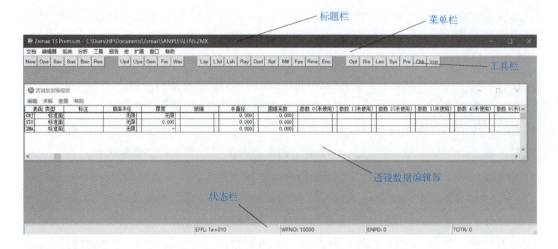

▶ 图 3-1　Zemax 13 中文版默认工作界面

Zemax 软件内嵌了多样化的窗口类型，每种窗口均承载着独特的功能与用途，我们最常用的用户界面共有四种，分别是编辑窗口、图形窗口、文本窗口和对话框。下面对这几种界面进行介绍。

（1）编辑窗口

编辑窗口可以在菜单栏中"编辑器"选项中打开。编辑窗口主要用来定义和编辑光学面和其他数据，由行列组成，每行、每列相交形成一个单元。如果编辑器是一个活动窗口，那么其中被高亮或者反相显示的单元就是活动单元。Zemax 软件中有 5 个不同的编辑器，分别是镜头（透镜）数据编辑器、评价函数编辑器、多重结构（组态）编辑器、公差数据编辑器和附加数据编辑器。透镜数据编辑器用来输入透镜表面类型、曲率半径、厚度等透镜的相关参数并进行半直径的计算与显示；评价函数编辑器、多重结构编辑器以及公差数据编辑器都通过 Zemax 定义的操作数来进行数据采集、编辑与分析。非序列元件用来输入非序列描光组件，需要在序列 / 非序列混合模式下才能打开，用来编辑非序列元件。编辑窗口界面如图 3-2 所示。

（2）图形窗口

图形窗口的作用是展示各类图形数据和图表，如轮廓图、点列图以及 MTF 曲线图等，以图 3-3 光线光扇图为例，图形窗口中菜单项分别介绍如下。

1）更新：使用最新的显示在窗口中的数据重新进行计算。

2）设置：打开一个控制窗口选项的对话框。

3）打印：将窗口的内容进行打印。

4）窗口：在窗口菜单下有十个子菜单（图 3-4），介绍如下。

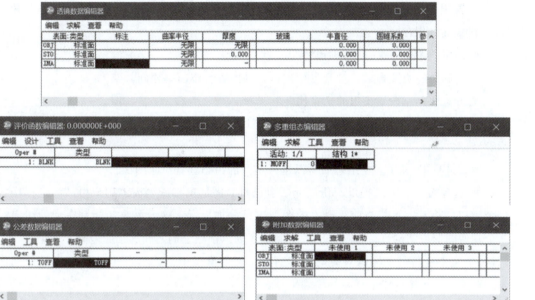

▶ 图 3-2　编辑窗口界面

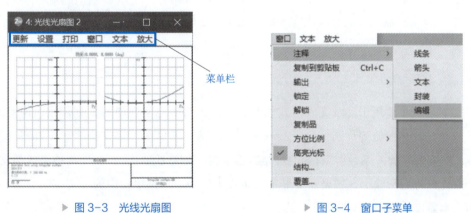

▶ 图 3-3　光线光扇图　　　　　　　▶ 图 3-4　窗口子菜单

① 注释，在此菜单下包括：

线条：在预想的起始端按下鼠标左键，确定直线起始点，随后拖动十字线到预期的终点，释放鼠标键，即可在图形窗口中画出所需的直线。

箭头：在图形窗口中绘制带有箭头的线。

文本：点击后软件会弹出一个对话框，用户可以在其中输入所需的文本内容，并允许用户将其放置在图形窗口中的指定位置。

封装：在图形窗口中的某一个区域绘制一个方框。

编辑：对已经存在的注释进行编辑。

② 复制到剪贴板：将窗口文件的内容复制到剪贴板窗口中。

③ 输出：用于将窗口输出为图形文件，将窗口中的内容转换为 WMF、EMF、JPG、BMP 格式文件保存。

④ 锁定 / 解锁：锁定 / 解锁窗口。

⑤ 复制品：克隆窗口，打开另一窗口，其内容与本窗口相同。

⑥ 方位比例：设置窗口的长宽比。

⑦ 高亮光标：此选项选中后，鼠标在窗口中移动时标题栏就会显示鼠标所指位置的精确坐标数据。

⑧ 结构：定义了多重组态后可以选择不同的组态查看对应图像。

⑨ 选择覆盖：系统提供一份当前所有已打开图形窗口的列表，用户可从中选择任意一个窗口，将其内容与当前正显示的图形进行叠加显示。这一重叠功能旨在辅助用户对两个相似图形或结构进行直观对比，从而更容易识别出它们之间的细微差异。

5）文本：打开此图像对应的文本窗口，文本窗口中会显示当前图像 x、y 轴分别代表的对象，以及图像中取样点的精确坐标。

6）放大：放大菜单下的四个子菜单分别如下。

① 放大：区域放大，快捷键为"Home"键。

② 缩小：将放大的区域缩小，快捷键为"End"键。

③ 下一次：撤销最后一次放大或缩小操作，返回上一状态。

④ 不放大：将以前放大的图形恢复到正常尺寸。

（3）文本窗口

文本窗口主要用于展示文本形式的数据，涵盖诸如光学性能的关键参数、像差的具体系数及其具体数值等详细信息。Zemax 有些功能（如草图）只支持图形，有些只支持文本（如赛德尔像差系数），有的两种格式都支持（如特性曲线）；如果两种格式都支持，则一般先打开图形输出，如果需要显示文本内容的话点击菜单栏中的"文本"，打开其对应的文本窗口；如图 3-5 所示。

文本窗口有以下选项：

① 更新：对当前设置的窗口进行更新，以显示重新计算的数据。

② 设置：通过点击此选项，将打开一个对话框，用于调整和控制窗口的各种设置选项。

③ 打印：允许用户将窗口中的内容直接打印出来。

④ 窗口：文本窗口中此选项与图形窗口基本相同，详见图形窗口。

（4）对话框

对话框是一个弹出窗口，其大小无法改变，用来编辑和回顾其他窗口或系统的数据、报告错误信息等。对话框在图形窗口和文本窗口中同样发挥着重要作用，用于调整或更改各种选项。例如，图 3-6 所展示的就是一个典型的二维布局图设置对话框。

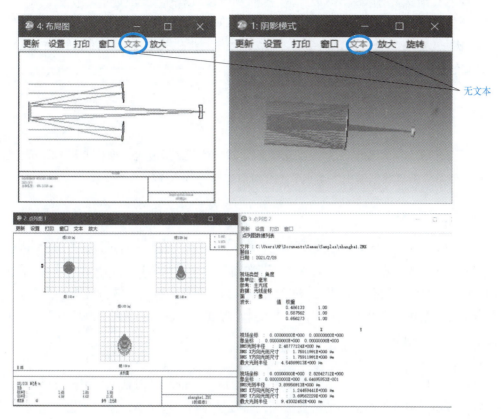

▷ 图 3-5　图形与文本窗口

▷ 图 3-6　二维布局图对话框

对话框中一般会包含这几个选项：

① 确定：在当前选项下，重新计算并更新窗口中的数据显示。

② 取消：撤销所有在当前对话框中所做的更改，选项将恢复为对话框打开前的状态，且不会触发数据的重新计算。

③ 保存：将当前设定的选项保存下来，以便未来使用时作为默认选项。

④ 载入：加载之前保存的默认数据，将选项恢复到之前保存的状态。

⑤ 重置：将选项设置恢复到软件初始安装时的默认状态。

⑥ 帮助：启动 Zemax 的帮助系统，该帮助系统将提供关于当前活动对话框中各个选项的详细信息和指导。

3.2.3　Zemax 软件基本操作

光学设计的流程大致可分为：系统数据输入、透镜数据输入、像质分析与评价、像质优化、公差分析与数据输出。本小节主要对前二者的基本操作进行介绍。

（1）系统数据输入

在系统设计前，首先要对系统孔径（光圈）、视场以及波长进行设置。系统的入瞳大小决定入光量，默认状态下入光量为 0。若在布局图中看到如图 3-7 所示的只有一条直线的图样，就是因为没有对系统孔径进行设置，由于系统中所有面的半直径（即半口径）在默认状态下是由通过此面光线的最高高度来设定的，此时没有光线入射，所以所有面都无法显示在布局图上。

1）系统孔径设置

点击工具栏中"Gen"，打开如图 3-8 所示常规（General）对话框，用户可以通过此界面定义适用于整个系统镜头的公共数据，如孔径类型、玻璃库、镜头单位、孔径大小等，在"孔径"中进行系统孔径的设置。

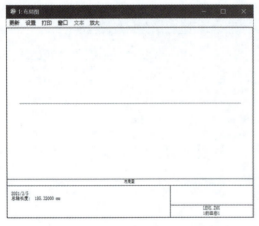

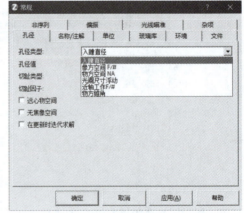

▶ 图 3-7　未设置系统孔径时的布局图样　　▶ 图 3-8　常规对话框

孔径类型中各个选项分别为：

入瞳直径（Entrance Pupil Diameter）：指用透镜的计量单位来衡量的物方空间中的光瞳直径大小。

像方空间 F/#（Image Space F/#）：在无穷远共轭（即物距为无限大）条件下像方空间的近轴 F/#。

物方空间数值孔径（Object Space NA）：物方空间边缘光线的数值孔径。

（通过）光阑尺寸浮动（Float By Stop Size）：用光阑面的半口径定义。

近轴工作 F/#（Paraxial Working F/#）：这是一个在像方空间中定义的共轭近轴 F/#，它忽略了像差的影响。

物方锥角（Object Cone Angle）：物方空间边缘光线的半角度，其值可能超过 90°。

若在系统孔径类型的选择中，选定了"物方空间 NA"或"物方锥角"，则必须确保物方的厚度小于无穷远。值得注意的是，上述类型中，系统孔径类型只能定义其中一种，例如，一旦入瞳直径被确定，其他所有孔径参数都将由镜头的具体规格来决定。

孔径值（Aperture Value）：系统孔径值的大小与系统所选的孔径类型紧密相关。例如，若选择"入瞳直径"作为孔径类型，则孔径值应对应于物方空间的入瞳直径尺寸；而若选择"物方空间数值孔径"，则孔径值则代表物方空间边缘光线的数值孔径大小。在 Zemax 中，孔径类型和孔径数值共同决定了系统的基础参数，如入瞳尺寸和各元件的口径。但"光阑尺寸浮动"作为系统孔径类型时则是一个特例，在这种情况下，系统孔径值将表示以透镜计量单位衡量的入瞳直径，而孔径的实际大小则由光阑面的半口径来具体定义。

2）系统视场设置

点击工具栏中"Fie"，启动视场数据（Field Data）对话框。通过此对话框，用户可以方便地设定视场点，而视场的定义则可以根据需要选择角度、物高或像高作为参考依据。"使用"一栏用来开启或关闭对应视场，"X- 视场"与"Y- 视场"数据用来规定视场大小，如图 3-9 所示。

共有四种不同视场类型可供选择，他们分别为：

角（度）（Field Angle）：可以直接设定物方视场的光束中主光线与光轴之间的角度，也就是投影至入瞳 XY 或 YZ 平面时，主光线与 Z 轴夹角。多用于物处于无限远处的情况下。

物高（Object Height）：用于指定被成像物体的尺寸大小，换句话说就是物面的 XY 高度，需要注意的是，此参数仅在系统为有限共轭（即物距非无限远）时方可使用。在多数有限远物体成像系统中，物高是一种常用的视场类型

近轴像高（Paraxial Image Height）：用于设定像面上的近轴光束所形成的像高。当遇到 CCD 或 CMOS 这样的成像设备时，意味着要设计的系统有固定的像面尺寸要求，因为接收面的尺寸是无法改变的，仅可以通过指定近轴像高来限定像面的大小。此时，软件将自动根据近轴像高计算出相应的视场角度。近轴像高的计算采用近轴方法，该方法忽略系统畸变的影响，因此更适用于视场角度较小的系统。

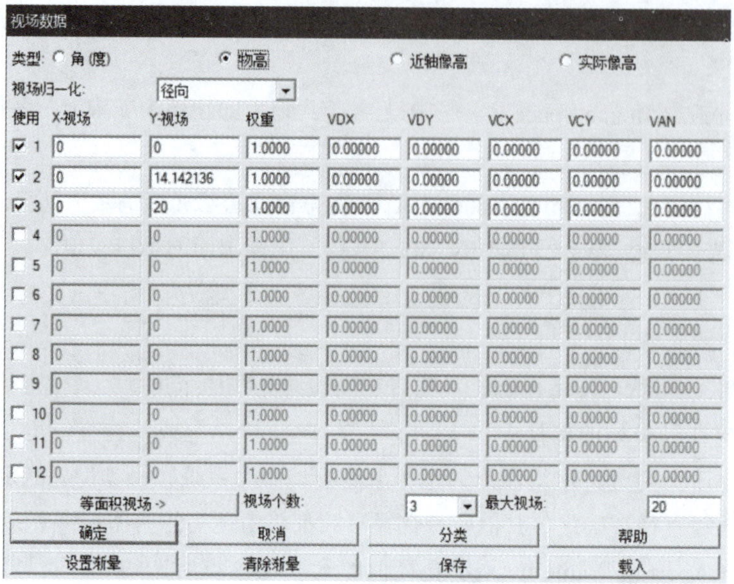

▶ 图 3-9 视场数据对话框

实际像高（Real Image Height）：指的是在像面上形成的真实像的高度，通常用于需要固定像面大小的系统，例如相机镜头。尽管实际像高与近轴像高在概念上相似，但前者是通过实际光线来计算像面尺寸的，因此必须考虑畸变的影响。因此，实际像高在处理大视场广角系统时更为适用，能够更准确地反映成像效果。

3）波长设置

点击工具栏中"Wav"，打开波长数据（Wavelength Data）设置对话框。在此对话框中，用户可以设置波长、权重和主波长等参数。Zemax-EE 13 版最多允许定义 24 个权重不同的波长，所有波长的单位都为微米，必须要指定一个主波长。

波长设置窗口左边"使用"一栏用来开启或关闭当前波长。"选择"右边的选项框中列出了一系列常用的波长。当需要应用这些波长时，用户只需从列表中挑选出所需的波长，并点击"选择"按钮即可完成操作。如图 3-10，选择"F，d，C（可见）"之后波长数据栏中出现了这三种波长的数据。

（2）透镜数据输入

透镜数据编辑器（Lens Data Editor）是 Zemax 中非常重要的一个电子表格，如图 3-11 所示，用来输入透镜表面的类型、曲率半径、厚度、材料种类和圆锥系数。这些基础数据可轻松录入电子表格中。当屏幕呈现透镜数据编辑器时，只需在当前高亮的单元格内键入所需数值，即可完成数据向电子表格的输入。在表格中，每一列代表不同的数据类型，而每一行则代表一个特定的光学表面。比如说单透镜由前表面和后表面两个表面构成，而物平面和像平面也各占用一个独立的行来表示。

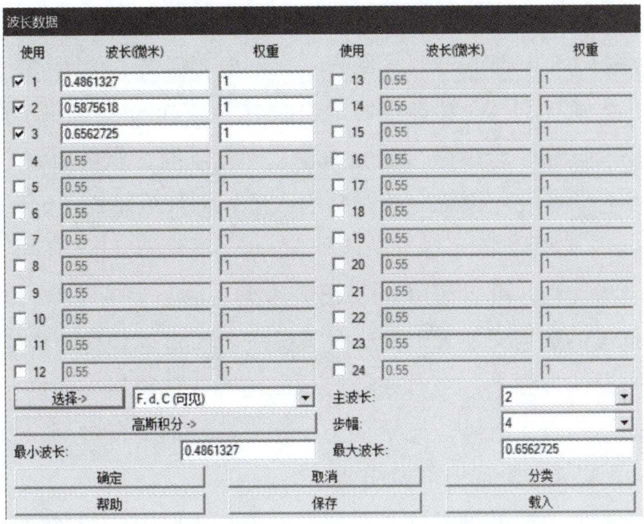

▶ 图 3-10　波长数据窗口

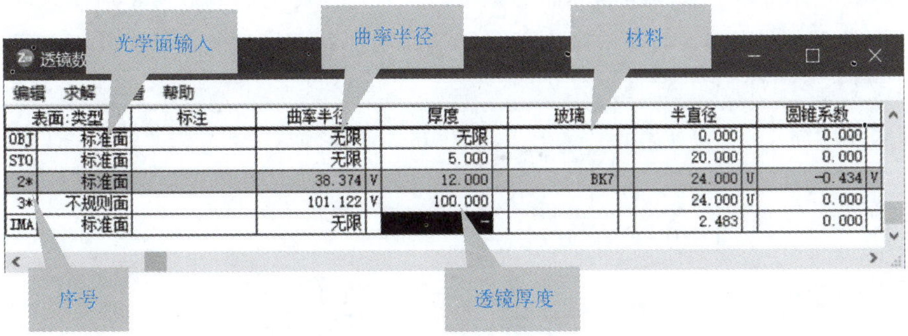

▶ 图 3-11　透镜数据编辑器

对于球面镜来说其圆锥系数为 0。一般来说半直径不需要用户输入，系统会计算光源的入瞳来计算边缘光线到达此面的高度作为此面的半直径，若用户需要在草图中将此面做特殊显示用途或需要显示一些特殊结构时，可以进行更改，更改后"半直径"一栏的右侧会有"U"的标志。

Zemax 中正负值的规定为：曲率半径的曲率中心在面顶点的右边为正，反之为负。以双凸透镜为例，左边曲面为正值，右边的曲面为负值；从光线角度来说，自光轴开始逆时针为正，顺时针为负；对厚度来说，+Z 轴方向为正，反之为负。

透镜数据编辑器的最左边显示了面序号和每个面的类型。每个面都有对应的序号，从"0"开始从第一行到最后一行顺序排列，其中有三个特殊的表面："OBJ""STO""IMA"，它们代表的是物面、光阑面、像面。面 0 表示物面，最后一面是像面，中间任何一个表面都可以是光阑面，其位置由用户设定。在面序号旁边可能会显示一些附加信息，例如面序号后显示"*"表示在该表面上定义了孔径；面序号后显示"+"号表示定义了该面的旋转/偏心数据；如果显示"#"号则表示在该面上定义了孔径和旋转/偏心数据。

双击"表面：类型"（面型）栏即可设定表面类型，Zemax 中提供了近 70 种光学面型，包括平面、球面、非球面、光锥面、轮胎面、二元光学面、双折射、全息衍射元件、波带片及光栅，以及光学系统建模或分析时常引入虚拟面如近轴面（paraxial）和坐标间断面（coordinate break）等等。除了标准功能外，Zemax 还赋予了用户自定义光学面的能力。用户遵循特定的语法规则，可以使用 C++ 语言来编写动态链接库（DLL）文件，并将这些文件保存在 Zemax 的数据文件夹中，从而实现在 Zemax 软件中的集成与应用。

在光学系统的设计过程中，有时普通的球面透镜或透镜组无法满足我们的要求，除了球面镜这类功能结构表面之外，光学镜头中还有非球面、自由面以及综合型表面，下面对非球面、近轴面以及坐标间断面做简要介绍：

非球面光学元件的面型可以通过一系列高次方程来确定，其面型上各点的半径都不相等，相对光轴旋转对称的光学元件。我们日常生活中常见的椭球面、抛物面、双曲面都在非球面的范畴。对于多项式非球面的描述，可以通过在球面或二次曲面的基础上增加一个多项式来实现。在描述非球面的模型时，径向坐标值的偶数次幂对偶次非球面模型的形状有更大的影响，而奇次幂则更多影响奇次非球面模型的形状。其面型径向坐标可以由式（3.2.1）和式（3.2.2）给出。

偶次非球面：

$$z = \frac{cr^2}{1+\sqrt{1-(1+k)c^2r^2}} + \alpha_1 r^2 + \alpha_2 r^4 + \alpha_3 r^6 + \alpha_4 r^8 + \cdots \tag{3.2.1}$$

奇次非球面：

$$z = \frac{cr^2}{1+\sqrt{1-(1+k)c^2r^2}} + \beta_1 r^1 + \beta_2 r^3 + \beta_3 r^5 + \beta_4 r^7 + \cdots \tag{3.2.2}$$

式中，$c=1/R$，R 为顶点曲率半径；$r = \sqrt{x^2 + y^2}$，为非球面孔径半径；k 为圆锥常数；α_i（i=1，2，3，…）为偶次非球面系数；β_i（i=1，2，3，…）为奇次非球面系数。其中，第一项为光学设计中常用的二次曲面项，可以根据不同 k 值来设计球面、椭圆面、抛物面、双曲面等；高次项是在 X 和 Y 方向的级数列，用来修正与二次曲面的偏差。Zemax 中偶次非球面设定界面如图 3-12 所示。

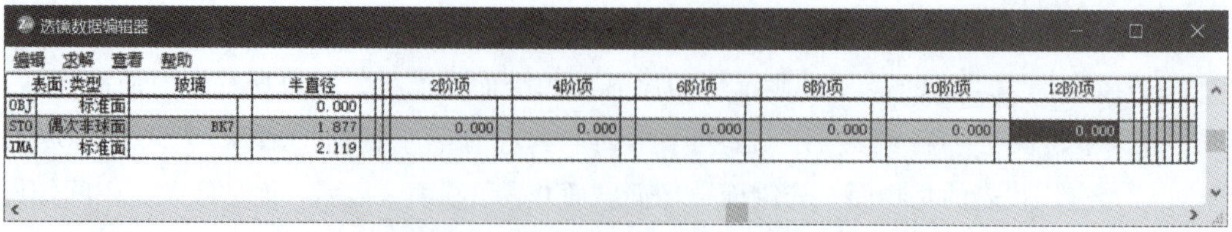

表面：类型	玻璃	半直径	2阶项	4阶项	6阶项	8阶项	10阶项	12阶项
OBJ 标准面		0.000						
STO 偶次非球面	BK7	1.877	0.000	0.000	0.000	0.000		0.000
IMA 标准面		2.119						

▶ 图 3-12　偶次非球面设定界面

近轴面（paraxial）是一个虚拟面，相当于一个没有厚度的理想薄透镜，多用于分析和优化出射光满足准直要求的光学系统。近轴面共有两个参数：焦距（focal length）和光程差模式（OPD mode），如图 3-13 所示。不论近轴面的玻璃类型是什么，焦距总是单位折射率条件下测定的。我们可以将近轴面放置在准直光线之后，并将厚度与焦距设定为同一个值，实现光线聚焦的效果。

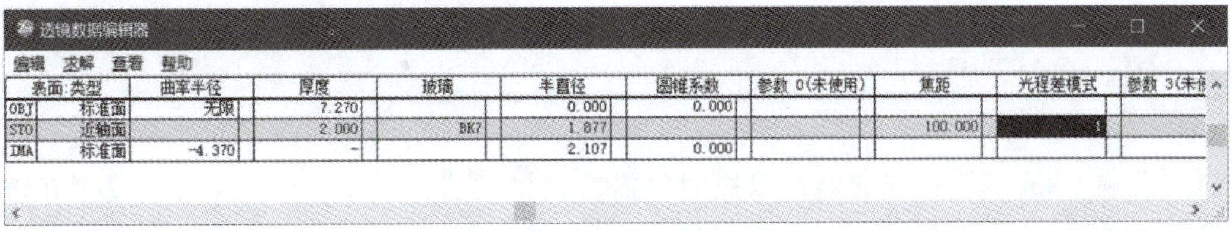

表面:类型	曲率半径	厚度	玻璃	半直径	圆锥系数	参数 0(未使用)	焦距	光程差模式	参数 3(未使
OBJ 标准面	无限	7.270		0.000	0.000				
STO 近轴面		2.000	BK7	1.877			100.000	1	
IMA 标准面	-4.370	-		2.107	0.000				

▶ 图 3-13　近轴面

在 Zemax 中，设定不同的光程差模式决定了软件如何精确计算由近轴透镜折射的光线所产生的光程差异，当光学系统存在显著像差时，光程差的计算会十分困难。当光程差模式为 0 时，OPD 计算会基于由追迹实际近轴基本光线算到的共轭位置，适用于有适当像差小于 5 个波长的轴对称光学系统。当光程差模式为 1 时，OPD 计算会对每根追迹的光线积分由面引入的实际相位；它比模式 0 慢得多，但更为精确；适用于光束有像差且 F 数较低的系统，或者非共轴系统，也可以用于检查其它模式是否精确。模式 2 假设镜头用在无穷远共轭，而不管实际的共轭，如果入射光束未被很好地准直，此模式就会返回不精确的结果。

坐标间断面（coordinate break）也是一个虚拟面，不能定义玻璃，布局图中也不会画出这个面。坐标间断面的主要作用是在前一个面和后一个面之间进行坐标系变换。

如图 3-14 所示。坐标间断面有 6 个参数：X 偏心（x-decenter），Y 偏心（y-decenter），倾斜 X（tilt about x），倾斜 Y（tilt about y），倾斜 Z（tilt about z），级数（order）。新的坐标原点相对旧的坐标系的位移可以通过 X 偏心和 Y 偏心表示；新的坐标原点相对旧坐标系中 X 轴、Y 轴和 Z 轴方向上的旋转角度通过倾斜 X、倾斜 Y、倾斜 Z 这三个参数来表示，需要注意所有角度是按照右手螺旋规则定的，即拇指指向坐标系的相应轴正方

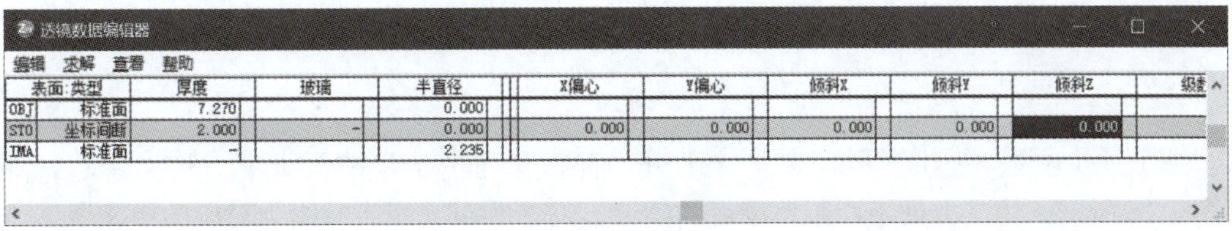

表面:类型	厚度	玻璃	半直径	X偏心	Y偏心	倾斜X	倾斜Y	倾斜Z	级数
OBJ 标准面	7.270		0.000						
STO 坐标间断	2.000	-	0.000	0.000	0.000	0.000	0.000	0.000	
IMA 标准面	-		2.235						

▶ 图 3-14　坐标间断面

向；级数规定了坐标转换的顺序。当级数为 0 时，坐标转换的顺序为 X 偏心、Y 偏心、倾斜 X、倾斜 Y、倾斜 Z。当级数不为 0 时，坐标转换的顺序为倾斜 X、倾斜 Y、倾斜 Z、X 偏心、Y 偏心。

3.3 Zemax 分析与优化工具

3.3.1 求解

求解（Solves）这一功能可以按用户需求调整某些参数。解和变量可以设置在透镜数据编辑器中的半径（Radius）、厚度（Thickness）、玻璃（Glass）、半直径（Semi-Diameter）、二次曲线（Conic）、参数（Parameter）以及变量附加标识（Variable Toggle）。可以在透镜数据编辑器的菜单栏上选择"求解"选项，从下拉菜单中选择解的类型，如图 3-15 所示；或者在希望启用求解功能的编辑栏中单击右键或双击左键，弹出求解对话框，选择求解类型后点击"确定"，退出窗口，程序就会根据解的类型，将当前编辑栏的数据进行自动调整。如果想关闭解，则从下拉菜单中选择"固定的（Fixed）"或者把指标放在已设置解的参数上，按两次 Ctrl+Z 键。关闭求解后，原先由求解功能计算出来的值会保留在编辑器中，并不会被清除。

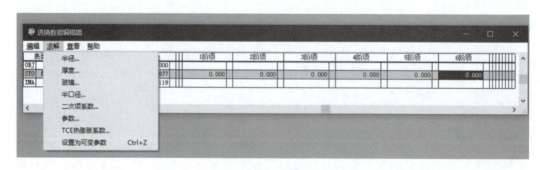

▶ 图 3-15 求解菜单选项

一般来说，由于解的计算从第一个面按顺序计算至像面，在设定时最好先设定前几个面再设定后几个面，设置参数的顺序为半径、厚度和玻璃。

（1）半径

半径（Radius）用来对曲率半径求解，可调整曲率来主动控制某些特定参数，如图 3-16 所示，为了方便不同版本读者的阅读，左图为英文版，右图为对应的中文版。下面对菜单中某些选项做简要介绍。

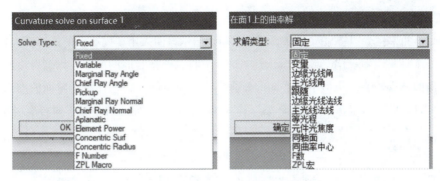

▶ 图 3-16　半径求解窗口

边缘光线角（Marginal Ray Angle）：为了实现对透镜有效焦距的精确控制，我们可以在像面之前的最后一面透镜的曲率上设定边缘光线入射角参数。边缘光线角 α 与 F 数之间的关系为：

$$\alpha = -\frac{1}{2 \times F/\#} \tag{3.3.1}$$

式中，负号代表光线是会聚的或朝着像平面的方向传播。

F 数（F/#，F Number）：F 数主要用来控制有效焦距，设定 F 数也可以控制曲率使得边缘光线的出射角为式（3.3.1）解出的结果。

主光线角（Chief Ray Angle）：用于控制主光线的角度。对于主光线角的求解，其计算方法与边缘光线角求解相似，但这里特指的是利用近轴主光线进行的计算。一旦选择此选项，曲率栏旁边将显示字母"C"作为标识，表明当前的解是基于主光线角得出的。

边缘光线法线（Marginal Ray Normal）：这个解确保光学面与近轴边缘光线的法线相垂直。通过这种设置，可以生成一个无球差或彗差的光学面，从而提升透镜的光学性能。一旦选择此选项，曲率栏旁将显示字母"N"作为标识，表明在该光学面上采用了与边缘光线法线相垂直的解决方案。

主光线法线（Chief Ray Normal）：这个解使光学面与近轴主光线垂直，可产生不具彗差、像散或畸变的光线，同样地，在选择了这一选项后，曲率栏旁边会出现字母"N"，用以表明在该光学面上，解是通过使主光线与面垂直来获得的，而非边缘光线。

等光程（Aplanatic）：可产生没有球差、彗差、像散的等光程光学面，选择此选项后，曲率栏旁边将显示字母"A"作为标识，表明该面采用了等光程的设计方法。

跟随（Pickup）：使光学面的曲率随着所指定面的曲率而改变，当被跟随数据被赋予其他解、编辑或优化时，跟随者都会随之发生变化。选择此选项后，曲率栏旁边将呈现字母"P"，用以标示该面采用了跟随设计方法的解。

元件光焦度（Element Power）：允许设计者精确地控制特定镜片的光焦度，进而调控其有效焦距。这一参数通常被设定在镜片的第二个面上，以确保对镜片光学性能的精确调控。

同心面（Concentric with Surface）：这个解允许设计者调整某个面的曲率，确保该面的球心与指定的另一面的顶点重合。重要的是，这个指定的面必须在求解面的前面。当选择此选项时，曲率栏旁边将显示字母"S"，以明确指示该面采用了同心面的设计解决方案。

同心半径（Concentric with Radius）：这个解将调整特定面的曲率，以确保该面与另一个指定面的球心同心。类似于同心面的概念，这个指定的面必须在待求解面的前面。当启用此选项时，曲率栏旁将显示字母"S"作为标识，表明该面的解是基于同心半径原理的。

（2）厚度

厚度（Thickness）用来对 Zemax 中的"厚度"一栏求解，在 Zemax 中，"厚度"并不是某个元件的实际厚度，而是当前面到下一个面的距离，厚度解可调整当前面到下一面的距离值来控制某些特定参数，厚度求解窗口如图 3-17 所示，下面对菜单中某些选项做简要介绍。

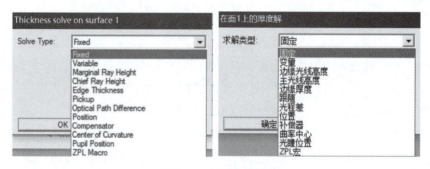

▷ 图 3-17　厚度求解窗口

边缘光线高度（Marginal Ray Height）：边缘光线高度用来控制近轴边缘光线在下一面上的高度，边缘光线高度包含两个子项，"高度（Height）"和"光瞳区域（Pupil Zone）"，如图 3-18 所示，"高度"是下一个面的边缘光线高度，"光瞳区域"允许定义光线瞳孔坐标，也就是归一化 y（Py）方向上的瞳面坐标，坐标值的范围在 -1 到 1 之间。当光瞳区域参数设置为零时，意味着计算过程中采用的是近轴光线的条件；而若为非零值，则代表在设计中选取了一条实际的边缘光线来进行考量。边缘光线高度解是最常用的

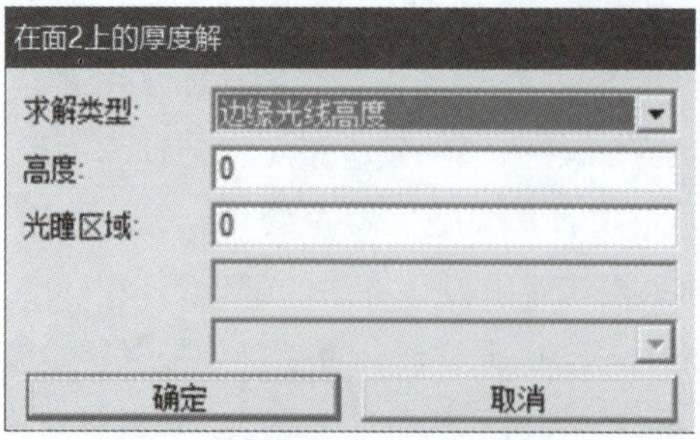

▷ 图 3-18　边缘光线高度

厚度解，可以通过将像面前最后一面的边缘高度设为 0 的方式来使像平面位于近轴焦点处。启用此选项后，厚度栏边将显示字母"M"，表示在该面采用的是边缘光线高度的解。

主光线高度（Chief Ray Height）：用于控制近轴主光线在透镜系统中的高度位置。值得注意的是，主光线高度的解与边缘光线高度的解在本质上是相同的，只不过在此处我们特别利用近轴主光线来进行计算。一旦选择了这一选项，厚度栏旁边将显示字母"C"，以此标识当前的解是基于主光线高度来获得的。在瞳面处放置一个面时很有用。

边缘厚度（Edge Thickness）：用于调节镜片边缘厚度，它由两个关键值组成："厚度（Thickness）"和"径向高度（Radial Height）"。这一参数将自动调整镜片两个面之间的距离，确保在设定的半径孔径位置上，两面之间维持特定的间距。当选择此选项后，厚度栏旁边将显示字母"E"，以表明在此面处采用了基于边缘厚度的设计解决方案。在系统优化时合理设置此解可以有效避免负值或过小的组件边缘。

跟随（Pickup）：使光学面的厚度随着所指定面的厚度而改变，当被跟随数据被赋予其他解、编辑或优化时，跟随者都会随之发生变化。选用此选项后在厚度栏边会出现字母"P"，表示在该面上是跟随的解。

光程差（Optical Path Difference）：控制厚度使得指定光瞳坐标处之光程差维持特定值，需要设置的两个参数是"光程差"和"光瞳区域"，"光程差"为主波长的光程差，"光瞳区域"这一参数被用来定义计算光程差的具体区域，光程差的测量是基于出瞳面进行的，而非直接在被求解的面上进行。选用此解后在厚度栏边会出现字母"O"。例如，在像面前一面厚度上设置光程差解，将"光程差"设为 0，"光瞳区域"设为 1，则系统会调整像距，使实际主光线与边缘光线等光程。

位置（Position）：通过定义当前平面到参考面的距离，确定当前平面的位置（即厚度）。在进行位置求解时，需要设置两个参数："从表面"和"长度"，其中"从表面"设定的面为参考面。这种求解方式通过对当前面的厚度进行计算，使得从当前表面到参考表面的距离等于设定的"长度"值。选择此求解方法后，厚度栏旁将显示字母"T"。

补偿器（Compensator）：控制当前面厚度与参考面厚度之和保持定值。

曲率中心（Center of Curvature）：控制厚度使得后一光学面的位置在指定面的曲率中心上。选用此解后在厚度栏边会出现字母"X"。

（3）玻璃

用来对 Zemax 中的"玻璃（Glass）"求解，通过锤形优化来实现满足畸变、色差等像差要求的优化。锤形优化需要长较长时间进行，同时优化时应注意操作数的限制。玻璃求解窗口如图 3-19 所示，下面对菜单中某些选项做简要介绍。

模型（Model）："模型"不是解，"模型"允许用户输入折射率 Nd、阿贝数 Vd、部分色散数 dPgF 来描述一块理想的玻璃，选用此解后在玻璃栏会变成当前折射率和阿贝数两个数字。

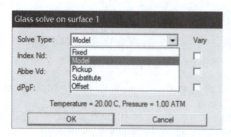 

▶ 图 3-19　玻璃求解窗口

替代（Substitute）："替代"并非一个具体的解，而是一个标记。当我们将玻璃解的类型设置为"替代"时，这意味着在全局优化过程中，系统将根据优化目标自动选择并改变玻璃材料。选用此解后在玻璃栏右边会出现字母"S"。

跟随（Pickup）：控制材料随指定面而变化，选择玻璃中跟随时，参照面必须为一种玻璃材料，否则会出现错误提示窗口。选用此解后在玻璃栏右边会出现字母"P"。

偏移（Offset）：其允许设计者在利用色散公式和玻璃库中的色散数据进行计算时，对折射率或阿贝数进行细微的调整，主要用于公差计算。

3.3.2　分析

分析（Analysis）是对透镜参数进行解读，通过图形和文本数据的形式来综合评估光学系统的性能，通常用于解读的形式包括特性曲线、点列图、衍射调制传递函数、波前分析和像差系数等。在 Zemax 软件中，我们可以获取丰富的像质评价指标，这些评价指标的呈现方式既包含直观的图形展示，也涵盖详尽的数据报表。Zemax 中像质评价指标以及它们的主要用途如表 3-2 所示。

表 3-2　像质评价指标

需求	像质评价指标
评价小像差系统	波像差、圆内能量集中度
评价大像差系统	点列图、弥散圆、MTF、PSF
评价几何像差	赛德尔（Seidel）、泽尼克（Zernike）系数

打开 Zemax 后，点击主窗口上菜单栏的"分析"，即可打开分析菜单，分析菜单中各项如图 3-20 所示。

视图（Layout）：指通过镜头截面的外形曲线图。主要包括二维外形图、三维外形图、阴影图、元件图等多种形式。通过镜头 YZ 截面所形成的外形曲线图就是二维外形图；要观察整个镜头系统的三维空间结构可以观察三维外形图；阴影图则通过添加阴影效果展示了镜头的立体模型；输出元件图则是为了输出光学元件的加工图而设计的，为元件的制造提供了精确的尺寸和形状信息，如图 3-21 所示。

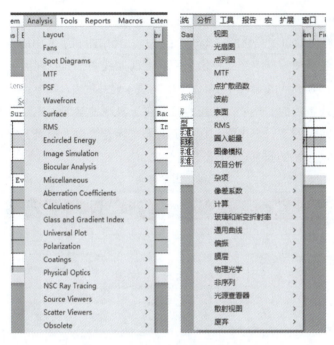

▶ 图 3-20　分析菜单

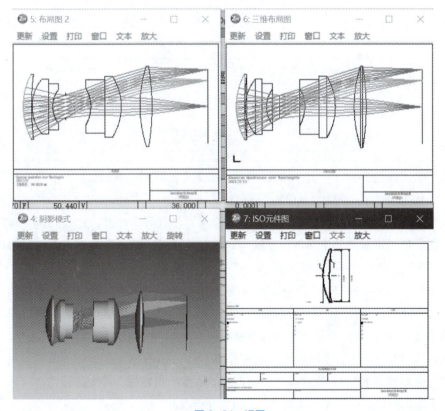

▶ 图 3-21　视图

光扇图（Fans）：光扇图主要用来查看光线像差、光程以及光瞳像差。光线光扇图（Ray Fan）可以在主窗口工具栏的"Ray"中打开。光扇图和下文中的点列图是观察像差时最常用的图，光扇图为反应光线在像面上高度的曲线图，而点列图可以模拟光斑实际的样子。如图 3-22 所示，光扇图中 Py 为子午光线入射高度 / 入瞳半径，ey 为像面上主光线到实际子午光线距离的 y 分量；光程的用途在于直观地呈现由光瞳坐标函数所表征的光程差异。而入瞳像差是一个比值，它被定义为实际光线在光阑面上的交点与主波长近轴光线交点之间的距离占近轴光阑半径的百分比。

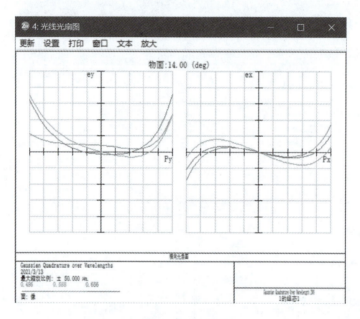

▶ 图 3-22　光扇图

点列图（Spot Diagrams）：通过观察点列图下方的数据，我们可以获取每个视场的均方根（RMS）半径值、光斑（AIRY）半径及几何（GEO）半径，如图 3-23 所示，一般而言，光斑半径（即艾里斑半径）越小，成像质量则越优异。此外，通过分析分布图形的形状，我们还可以洞察光学系统存在的不同的几何像差，例如系统是否有明显的像散或彗差，以及不同色斑之间的分离程度等。

调制传递函数（MTF）：调制传递函数是用于评估成像系统性能的重要指标，它衡量了系统在不同视场位置下对图像细节的传递能力。用户可以通过点击主窗口快捷工具栏上的"Mtf"按钮来查看和计算调制传递函数。在 MTF 曲线中，横坐标代表空间频率，这一频率的刻度是以像方空间的每毫米线对数（lp/mm）来表示的，在光学系统设计过程中，同一空间频率下 MTF 值越高则代表系统的成像质量越好，在实际使用中可以在设置中将"显示衍射极限"打开，作为参照，MTF 曲线如图 3-24 所示。

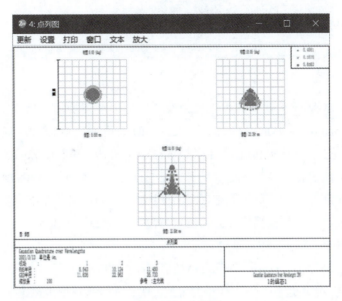

▶ 图 3-23　点列图

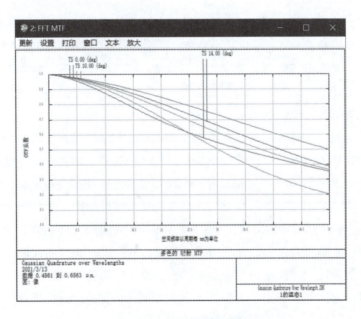

▶ 图 3-24　调制传递函数窗口

　　点扩散函数（PSF）：也被称为点扩展函数，是通过应用快速傅里叶变换方法来计算因衍射效应而产生的点扩散效果。该函数能够模拟在特定视场下，一个点光源经过光学系统后所形成的衍射图像的强度分布。此强度计算是在一个垂直于参考波长入射主光线的虚拟平面上进行的。

　　杂项（Miscellaneous）：杂项包含场曲 / 畸变曲线、网格畸变、垂轴像差、垂轴色差曲线等，方便用户观察某种像差的大小。

3.3.3 优化

优化（Optimization）就是通过改变系统参数值，使评价函数减小，提高系统性能的过程，是 Zemax 最重要的功能之一。Zemax 的优化方式有两种：局部优化（Local Optimization）与全局 / 锤形优化（Global/Hammer Optimization）。Zemax 提供的优化功能极其强大，它能优化的镜头是那些具有适当起始点和一系列可变参数的镜头。在优化之前，用户需要定义变量，光学系统中的任何参数，比如曲率、厚度、玻璃、二次曲面、参量数据、附加数据，甚至视场和波长设置，都可以作为优化参数。此外，所有数字的多重结构数据也能作为变量进行设定。

在光学系统的优化过程中，通常可以按照三个步骤进行：①确立一个合理的初始结构，该结构应该可被追迹；②对自变量的规范说明；③设置评价函数。

（1）初始结构

一般来说，我们能够查到的光学设计数据都是设计者经过无数次调整、优化才保留下来的经典结构，对于一个光学设计经验较为匮乏的设计者来说，借鉴一个已有的结构。在这个结构的基础上进行优化，可以让我们的设计过程事半功倍。所以在明确了设计要求后，我们进行光学设计的第一步就是寻找一个与设计要求类似的光学结构，下面对两个经典的镜头数据库进行简要介绍。

Zemax 美国原厂针对 Zemax 软件推出了 ZEBASE 镜头数据库，ZEBASE 提供了一个很友好的光学设计镜头库，集合了 600 多个 Zemax 档案格式的光学设计专利，这个数据库只针对 Zemax 软件，有一些镜头需要 Zemax 专业版才能使用。ZEBASE 包含了一本书 *Lens Design*，以 F 数对专利进行了分类，书中还显示了外形图、像差光扇图和场曲及畸变图，同时每个镜头都显示了有效焦距、F/# 和视场。ZEBASE 中包含的镜头有简单的单透镜、双透镜、复消色差透镜、库克透镜、目镜、放大镜、光束放大器、远心系统、广角镜头、显微镜物镜、双高斯镜头、发射式望远镜、扫描镜头、投影镜头、变焦镜头等等。用户可以通过简单的 ZEBASE 用户手册来实现一个好的设计起始点，即直接打开数据库中的 Zemax 文件，并开始优化更改。

LensVIEW 搜集了 1800 年起至当前的美国、日本专利局的光学设计数据库。LensVIEW 中有超过 18000 个多样化的光学设计实例，每一个设计案例都详细记录了相关的图书目录信息、参考引证、设计者、摘要文档、专利权，以及详尽的应用信息和光学系统参数，如数值孔径、视野场、放大率、组件的数量、波长和许多其它参数，每个实例都支持显示空间位置，生成像差图、透镜快速诊断、绘出剖面图等功能。LensVIEW 配备了一个功能强大的搜索引擎，能够高效处理大约 30000 个不同空间位置的设计实例。

用户可依据多达 57 个不同的参数进行搜索，这些参数涵盖专利码范围、设计者名字等，并支持使用布尔运算符结合关键词在摘要中进行精确搜索。此外，LensVIEW 还支持将搜索结果导出为其他光学软件可识别的格式，如 Zemax、CODE V、OSLO 等，方便用户对其进行读入和更改。

（2）设置变量

设置变量属于设置"求解（SOLVES）"的一部分，变量在透镜数据编辑器中被精确设置，包括但不限于半径（Radius）和厚度（Thickness）等关键参数，在想要设置变量的对象上双击鼠标，在弹出来的对应的解的对话框中选择"变量（Variable）"，或用 Ctrl+Z 快捷键进行设置，如图 3-25 所示，设置变量后对应的对象边会出现字母"V"，表示在该面上是变量的解。

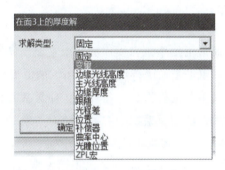

▶ 图 3-25　设置变量

对玻璃设置变量时，直接用 Ctrl+Z 快捷键，则这一栏会自动变为"模型"，并且其三个参数折射率 Nd、阿贝数 Vd 和部分色散数 dPgF 都会成为变量，在优化的过程中会任意改变这三个参数，这样的后果是在我们优化完将其改回固定时，很可能无法匹配到参数相近的玻璃材料。一般在对玻璃设置变量时会将其设置成"替代"，这样 Zemax 会在已有的玻璃材料库中寻找合适的玻璃材料。

在设计过程中要尽可能用其他解来代替变量优化，这样不仅可以减少优化目标，加快优化速度，还能有效避免很多不想出现的状况，如透镜厚度出现负值、透镜组边缘间隔太小等。

（3）评价函数

设置好变量后，用户需要在评价函数编辑器中输入用户需要的优化操作数，这些优化操作数直接决定了系统优化的方向。Zemax 设立了默认优化操作数，方便对优化操作数不熟悉的用户使用。点击评价函数编辑器菜单栏"设计"→"序列评价函数（自动）"，就可以看到如图 3-26 所示默认的序列评价函数设置窗口，在这里用户可以选择采用不同的方式来约束像面上光斑直径。

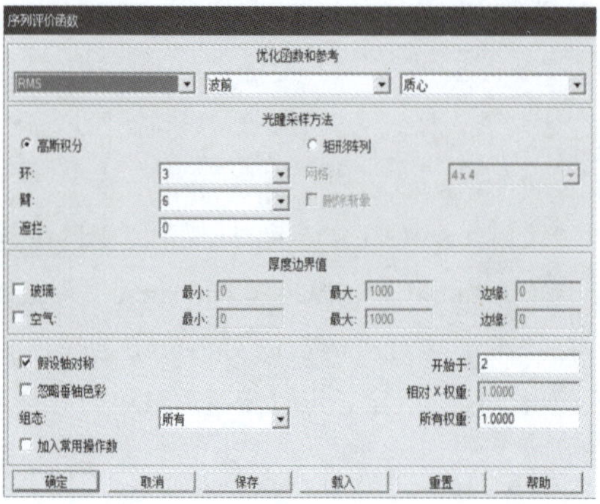

▶ 图 3-26　序列评价函数

在汇编语言中，指令通常由操作符和操作数两个主要字段构成。其中，操作数作为指令的一个重要组成部分，用于指示执行特定操作所需的数据或地址。在 Zemax 中，评价函数操作数每一行都代表单一的操作数，每一个操作数都有自己的目标、权重、当前值、对整个评价函数的贡献。例如对系统的有效焦距有要求时，就可以在评价函数编辑器中加入 EFFL 操作数，输入目标和权重即可，如图 3-27 所示。每个优化操作数的使用方法都可以在 Zemax 使用手册中查到，用户可以点击主窗口中工具栏的"帮助"→"指南"进行查询。

Oper #	类型	波		目标	权重	评估	% 贡献
1: EFFL	EFFL	1		20.000	1.000	17.490	0.000

▶ 图 3-27　EFFL 操作数

Zemax 用优化操作数定义评价函数（merit function，MF），通过比较 MF 值来评价系统的好坏，在设置好变量与优化算法后，用户可以在图 3-28 所示的优化窗口选择要迭代的次数，此时系统就会按照变量起始点和优化算法进行迭代，不断地改变变量值，以找出最小的 MF 值。MF 的定义如式（3.3.2）所示。

$$\mathrm{MF}^2 = \frac{\sum W_i\left(V_i - T_i\right)^2}{\sum W_i} \qquad (3.3.2)$$

式中，W 代表操作数权重的绝对值；V 则代表当前值；T 代表目标值；下标 i 用于标识操作数的序号，这一序号也对应于评价函数编辑器表格中的行号，i 的总数等同于评价函数中操作数的总数量。然而，评价函数列表功能具有一项特殊功能，它能够分别计算出用户自定义和默认操作数的具体数量。

在 Zemax 软件中，目前主要存在两种优化算法：阻尼最小二乘法（damped least square，DLS）和正交下降法（orthogonal descent，OD）。OD 算法用变量正交化与像素离散采样来降低评价函数值；DLS 用数值微商计算来确定更小的评价函数的方向，是一种连续渐变评价方法。这两种算法中，DLS 算法是所有光学软件的基本优化法，但 DLS 算法在一个纯非序列的光学系统中往往效果较差，这是这是因为非序列中的评价数据都是用探测器测试的，而探测器的数据是由一系列不连续的像素组成的，此时 DLS 算法连续渐变的评价方法优化结果往往不理想，而像素离散采样的 OD 算法在非序列光学系统中优化效果更好。可以在"工具"→"设计"→"局部优化"中的优化窗口对这两种优化算法进行切换，如图 3-28 所示。

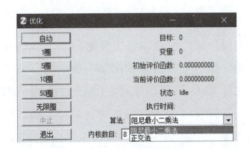

▶ 图 3-28　Zemax 优化算法选择

3.3.4　公差分析

公差分析（Tolerancing）是产品设计过程中至关重要的一个环节，特别是在制造和装配阶段，它对降低产品成本、提升产品质量具有显著影响。这一分析过程主要涉及对每个零件公差的合理定义和分配，进而深入探究各个参数对产品功能、性能、外观以及可装配性等系统性能的潜在影响。通过这种方式，设计者能够在合理的成本范围内实现最便捷的组装流程，同时确保产品达到最佳性能。在光学系统设计领域，公差分析更是被广泛应用于系统分析微扰动或色差对光学设计性能的具体影响。

一般公差分析的流程如图 3-29 所示。

Zemax 提供了公差推导和敏感度分析工具，这些工具使用简便且功能强大，旨在帮助光学设计师在设计中合理设定公差值。这套工具支持对多种公差进行分析，包括表面和镜头组的偏心、表面或镜头组上任意点的倾斜、面型不规则度，以及参数或附加数据值（如曲率、厚度、位置、折射率、阿贝数、非球面系数等）的变动。由于如非球面系数、折射率梯度系数等特性都可以通过这些参数和附加数据来描述，因此它们也成为公差分析不可或缺的一部分。通过运用这些分析工具，实际装配和加工中的误差对系统性

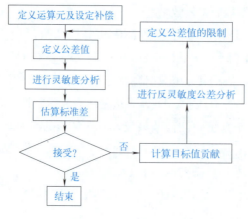

▶ 图 3-29　公差分析流程

能的影响可以提前被了解，从而确保设计的准确性和可靠性。

公差的定义与优化类似，都是用操作数定义的，如 TRAD 操作数被用于设定曲率半径的公差，而这些公差操作数通常在公差数据编辑器中进行编辑。在评估公差时，可以采用多种不同的标准，包括 RMS 点列图半径、RMS 波像差、MTF 响应、视轴差、用户定义评价函数等，此外还支持设计者使用脚本语言进行定制。除此之外，Zemax 软件还允许用户在镜头加工完成后，定义一个补偿器来模拟镜头容许的调整范围。

通过三种途径可以计算公差：

① 敏感度分析：对于给定的一组公差，分析每个公差对评价标准的影响程度，即确定每个公差单独作用时评价标准的变动量。此外，还可以针对每个视场及组态分别计算评价标准的变动情况。

② 反敏感度分析：当已知评价标准的允许变动范围时，可以反向推算出每个公差的极限值。这一过程中，可以通过调整评价标准的归一化值来改变极限值，或者直接设定评价标准的极限值来进行计算。此分析同样可以应用于所有视场及组态的评估，或是针对每个组态中每个视场的平均值进行计算。

③ 蒙特卡罗分析：敏感度和反敏感度分析计算得到的是每个公差对系统性能的影响，系统的总体性则反映为平方和的根。而蒙特卡罗模拟法是一种完全不同的用于估算所有公差总体影响的方法。在指定公差范围内，该方法会随机生成一系列镜头样本，并按照评价标准对评估每个镜头样本进行评估。因为在模拟过程中不会引入除了所设定的缺陷范围和强度外其他的近似，还能全面考虑所有可应用的公差，蒙特卡罗模拟法能够精确地模拟预期的系统性能。在模拟过程中，可以根据需要选择正态、均匀、抛物线或用户自定义的统计分布来生成任意数量的模拟方案。

用户需要在公差数据编辑器中输入所需的操作数进行公差分析。Zemax 设立了默认操作数，点击编辑器菜单栏"工具"→"默认公差"就可以看到如图 3-30 所示的默认公差数据输入。

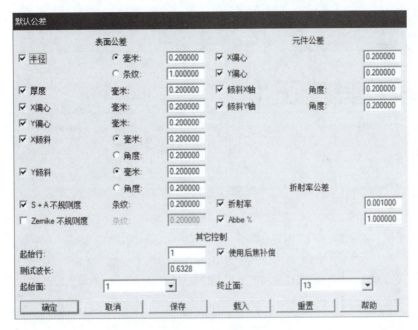

▶ 图 3-30　默认公差设置窗口

设置好公差操作数后，点击主窗口菜单栏的"工具"→"公差"，或用快捷键 Ctrl+T 打开公差分析窗口，如图 3-31 所示，选择模式后点击"确定"，系统就会开始按照用户定义的操作数进行公差分析，公差分析结束后系统会弹出一个窗口，显示公差分析的结果，如图 3-32 所示。

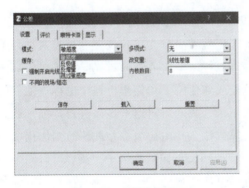

▶ 图 3-31　公差分析窗口

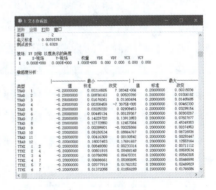

▶ 图 3-32　分析结果

第 4 章
像差及其校正（一）

在第 3 章中，我们已经对常用的光学设计软件进行了介绍，本章我们开始介绍在光学设计中最基础也是最重要的一部分：像差。

对于光学设计来说，像差的大小是衡量成像质量的标准。在一个光学系统的设计过程中，初始结构确定后，我们所做的工作就是根据物点发出光线计算像差，当成像质量未达到预期标准时，就对结构参数进行调整，并据此重新计算像差。这一流程将不断迭代，直至成像质量满足预设要求为止。所以消除像差是光学设计过程中最艰巨的任务，而光路与像差的计算是光学系统设计的基础。

由光学系统的孔径光阑大小、焦距、设计系统参数的不同，以及入射光线的位置、入射角度的不同所导致的像差为几何像差。几何像差可分为单色像差和色差两种，单色像差包括了球差、彗差、像散、场曲与畸变这五种，是单色光通过光学系统成像后出现的像差，而色差包括位置色差（也称轴向色差或球色差）和倍率色差（也称垂轴色差），是不同波长的光通过光学系统后出现的。接下来，我们将对这些像差进行详细阐述。在每一节中我们首先分析了每种像差的理论计算方法，并由初级像差理论得到优化像差的启示。每一节中都配有如何在 Zemax 软件中模拟和校正像差的例子，读者可以在了解像差理论的同时按照给出的例子进行尝试，可以更加直观地了解这些像差在光学系统中的表现形式。

4.1 像差理论

在光学设计的初期阶段，为了满足系统的多样化需求，首要任务是确立整体设计方案并计算相关参数。为达成此目标，1841 年时，高斯对近轴光学进行扩展，建立了共轴理想光学系统的理论模型，将一个具体的结构等价为一个抽象模型，在这种理想的光学系统中，物被等价为发光点的集合，透镜的厚度以及透镜中的折射现象都忽略不计。物方发出任意宽的光束都有对应的完善像点，基于此，我们可以通过计算得到理想光学系统对某一物点成像后像点的位置。

　　一个发光点或实物点发出的同心光束与球面波有着对应关系，当一个物点发出一束同心光束，经光学系统后若仍为同心光束时，该光束的中心即被定义为该物点的完善像点。由于光学系统中入射波面与出射波面之间的光程是恒等的，因此，要实现物点至像点的完善成像，关键在于确保物点与像点之间的等光程条件。简而言之，等光程是确保完善成像的关键物理基础。实际中，只有平面镜能够做到完善成像，在实际光学系统中，由于入射光与出射光之间的非线性关系、光源大小与衍射现象的存在，当光线从同一物点发出并经过光学系统后，这些光线并不会精确地聚焦于理想像点，而是一个具有一定能量分布的衍射图样，入射的同心光束经过系统成像后，其像往往并非仍为同心光束。这种实际成像与理想成像的差异称为像差，在一个非线性系统当中，像差为表达式中的高阶部分。

4.1.1　入射光与出射光之间的非线性关系

　　每片透镜都有一定厚度，光线在透镜之间的传播满足如式（4.1.1）所示的折射定律（斯涅耳定律），通过该形式我们可以看出入射角 i 与出射角 i' 之间为非线性关系。

$$n\sin i = n'\sin i' \tag{4.1.1}$$

　　基于光的波动理论，光源上某点发出的电磁波是以波面的形式向外扩散的。在均匀且各向同性的介质中，这些波面向所有方向的传播速度是一致的。因此，随着时间的推移，我们观察到的是一系列以发光点为中心的球面波。这些球面波的法线方向正是光能传播的方向。

4.1.2　光源大小

　　在光学系统的模型中，我们总会把一个光源看成一个点来分析。从物理学的角度而言，只有当光源的尺寸与其作用距离相比极为微小时，我们才可将其视为点光源。现实中，一个实际的光源要容有能量，总需要有一定的体积，也就是说实际中一个光源的发光点有无数个，它们各自发出光线，作用在光学系统中。

4.1.3　光的衍射现象

　　成像出现的弥散斑不仅由光学系统引起，还包含衍射现象，光的衍射特性使得我们无法完全从光源发出的光能中精准分离出单独的光线。实际上光通过光学系统在接收屏上所成的像并不是一个点，而是一个有一定能量分布的弥散斑，如图 4-1 所示，（a）图为接收屏上实际成像状况，（b）图为接收屏上光斑能量分布情况。

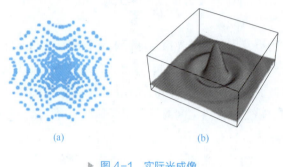

(a)　　　　(b)

▷ 图 4-1　实际光成像

4.2　几何像差

4.2.1　几何像差表述

当我们观察一个光学系统成像质量时，主要会观察光线与光轴相交的位置以及与光轴垂直的参考平面的交点，也就是轴向像差与垂轴像差。一般情况下，单色像差主要由轴上像差引起，比如球差。而彗差、像散、场曲以及畸变等像差则主要源于轴外像差的影响。

轴向像差就是光学系统实际出射光线和光轴的交点与高斯像面上参考点的位置差，轴向球差示意图如 4-2（a）所示，图 4-2（b）为图 4-2（a）的模型示意图。轴向像差主要关注的是沿着光轴方向上的像差，如轴上点球差、轴向色差等。

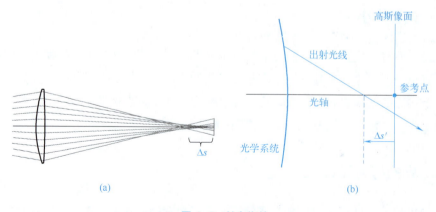

(a)　　　　(b)

▷ 图 4-2　轴向像差

在 Zemax 软件中，可以打开主窗口菜单栏的"分析（Analysis）"→"杂项（Miscell-aneous）"→"纵向像差（Longitudinal aberration）"来查看轴向像差曲线，如图 4-3 所示，"纵向像差"是从"Longitudinal aberration"直译过来的，但它实际表示的是轴上点的像差分析。在这个分析图中，纵轴为标准化的瞳孔半径，横轴为与同轴焦距的偏差值，也就是像差值。在分析图中，用户可以在设置中将波长设置为"所有"，这样既可以看到每个波长光束的球差情况，也可以根据多个波长曲线之间的数值差看出轴向色差的情况。

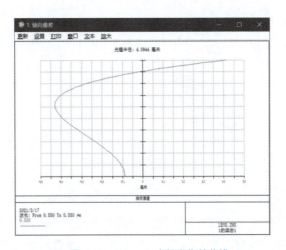

▶ 图 4-3　Zemax 中轴向像差曲线

垂轴像差（也叫横向像差）就是像面上实际出射光线与像面交点的高度和主光线与像面交点高度的差值。垂轴像差的示意图如 4-4（a）所示，图 4-4（b）为图 4-4（a）的模型示意图。垂轴像差主要关注的是垂直光轴的平面的像差，如彗差、像散、场曲、畸变、垂轴色差。

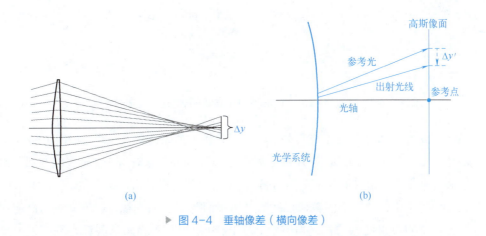

▶ 图 4-4　垂轴像差（横向像差）

在对垂轴像差进行分析时，最能直观地反映像差情况的就是点列图（spot diagram），当光学系统中只存在单一的垂轴像差时，我们可以根据光斑的形状来判断此时光学系统中的像差类型，比如当点列图中出现了像彗星一样，从中心到边缘拖着一个由细到粗的尾巴形状的光斑时，就表示目前光学系统中彗差比较严重，一般来说光学系统中会存在不同类型的像差，且每种像差的严重程度都不一样，需要有经验的光学设计者才能看出存在的像差种类以及每种像差的大小。图 4-5 为光线经光学系统后打在光屏上形成弥散斑这一过程。

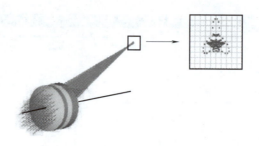

▶ 图 4-5　光线成像

轴向像差只观察光线在光轴上的位置，只需要进行一维的分析就可以了。而对于垂轴像差来说，需要对整个光瞳的出射光线进行追迹才能得到最终光屏上的弥散斑，在分析垂轴像差时，一般会观察子午面光线与弧矢面光线的垂轴像差情况，如图 4-6 所示，（a）图为子午面光线成像情况，（b）图为弧矢面光线的成像情况。

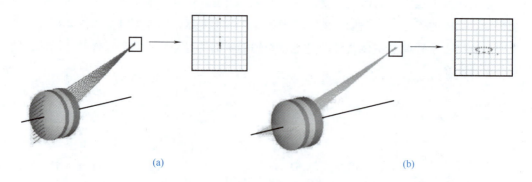

(a)　　　　　　　　　　　　　　　　　　　　(b)

▶ 图 4-6　子午面光线与弧矢面光线的成像情况

在 Zemax 中，可以打开主窗口菜单栏的"分析（Analysis）"→"光扇图（Fans）"→"光线像差（Ray Abberation）"打开光线光扇图（Ray Fan）来查看子午面光线与弧矢面光线的垂轴像差曲线，如图 4-7 所示，也可以在主窗口工具栏点击快捷键"Ray"打开。

在该分析图中，曲线上的数值反映的是子午面与弧矢面光线与像面交点的高度和主光线与像面交点高度的差值，光扇图中 Py、Px 分别为子午面与弧矢面光线的入射高度和入瞳半径的比值，ey、ex 分别为像面上主光线到实际子午光线与弧矢光线的距离。从此图上我们可以大致看出垂轴像差的分布情况和大体值，而无法得出实际垂轴像差值的确切数字，为了获取确切的数据，需要进行角度间的复杂转换计算，这一过程较为烦琐，一般而言图上的值与确切值之间不会超出一个数量级。

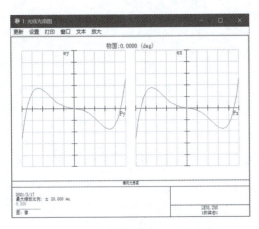

▶ 图 4-7　在光扇图中观察几何像差

4.2.2　初级像差理论

在 4.2.1 节中我们知道了轴向像差与垂轴像差的概念，下面就对这些像差的具体计算公式进行介绍。

在一个光学系统中，轴外点成像时往往伴随着多种像差的出现。为了全面计算和分析这些像差，我们可以选择任意一条由轴外点发出的空间光线，并通过比较其与理想光路的差异来构建像差的一般表达式。这种方法能够为我们提供对轴外点成像时产生的像差进行完整理解和分析的途径。

图 4-8 中展示了一个普遍的轴外物点的成像情况，通过物点坐标（x_1, y_1）和瞳面坐标（ξ_1, η_1）可以确定轴外点空间光线 BD，该光线经过光学系统后会穿过出瞳面上的 D' 点。但是由于像差的存在，与光线 BD 在像空间中对应的共轭光线与子午平面的交点 B' 不在高斯像面上，与高斯像面的交点 B'_T 也不与高斯像点 B'_0 重合。为了量化这些偏差，我们定义了轴向像差和垂轴像差两个概念。该空间光线的轴向像差以 $\Delta L'$ 表示，为像方的空间光线与子午平面的交点 B' 到高斯像面的距离；该空间光线的横向像差或垂轴像差为像方空间光线与高斯像面的交点 B'_T 到高斯像点 B'_0 的距离。垂轴像差通常由其在子午方向和弧矢方向上的分量来衡量，分别以 $\delta y'$ 和 $\delta x'$ 表示，称为垂轴像差的子午分量和弧矢分量。显然，对于由不同的物点坐标和瞳面坐标所确定的空间光线，上述各种像差分量将会有所不同。因此，当物面和入瞳面的位置确定时，空间光线的轴向像差 $\Delta L'$ 和垂轴像差的分量 $\delta y'$ 和 $\delta x'$ 一定是 y_1、ξ_1 及 η_1 的函数。

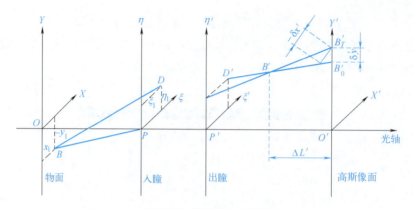

▶ 图 4-8　轴外物点成像模型

在早期的像差理论中，众多学者深入探讨了像差的性质和像差与光学系统结构参数之间的函数关系，并取得了显著的成果。1856 年，慕尼黑的天文学家赛德尔（Seidel）率先提出了针对具有对称轴的光学系统的初级像差理论，并推出了五种独立的初级像差，用和数表示：$\sum S_{\mathrm{I}}$、$\sum S_{\mathrm{II}}$、$\sum S_{\mathrm{III}}$、$\sum S_{\mathrm{IV}}$、$\sum S_{\mathrm{V}}$，分别对应第一、第二、第三、第四和第五赛德尔和数，它们分别表征光学系统的初级球差、初级彗差、初级像散、匹兹凡（Petzval）面弯曲（初级场曲）和初级畸变。其具体的数学表达式如下：

$$\sum S_{\mathrm{I}} = \sum luni(i - i')(i' - u) \tag{4.2.1}$$

$$\sum S_{\mathrm{II}} = \sum S_{\mathrm{I}} \frac{i_p}{i} \tag{4.2.2}$$

$$\sum S_{\mathrm{III}} = \sum S_{\mathrm{II}} \frac{i_p}{i} = \sum S_{\mathrm{I}} \left(\frac{i_p}{i}\right)^2 \tag{4.2.3}$$

$$\sum S_{\mathrm{IV}} = J^2 \sum \frac{n' - n}{n'nr} \tag{4.2.4}$$

$$\sum S_{\mathrm{V}} = \sum (S_{\mathrm{III}} + S_{\mathrm{IV}}) \frac{i_p}{i} \tag{4.2.5}$$

赛德尔公式对于描述由物面上任意一点发出的任何一条光线的初级像差具有普遍适用性，其表达式具有广泛的意义。利用赛德尔公式以及空间中光线的几何关系，可以得出空间光线子午方向上的初级像差一般式为：

$$n'_k u'_k \delta y'_k - n_1 u_1 \delta y_1 = -\eta_1(\xi_1^2 + \eta_1^2)A_1 \sum S_{\mathrm{I}} + (\xi_1^2 + 3\eta_1^2)y_1 B_1 \sum S_{\mathrm{II}} -$$
$$\eta_1 y_1^2 C_1 (3\sum S_{\mathrm{III}} + \sum S_{\mathrm{IV}}) + y_1^3 D_1 \sum S_{\mathrm{V}} \tag{4.2.6}$$

弧矢方向上的初级像差一般式可以表示为：

$$n'_k u'_k \delta y'_k - n_1 u_1 \delta x_1 = -[(\xi_2^2 + \eta_1^2)\xi_1 A_1 \sum S_{\mathrm{I}} - \xi_1 \eta_1 y_1 B_1 \sum S_{\mathrm{II}} + \eta_1 y_1^2 C_1 (\sum S_{\mathrm{III}} + \sum S_{\mathrm{IV}})] \tag{4.2.7}$$

式中：

$$\begin{cases} A_1 = \dfrac{1}{2} \times \dfrac{1}{h_1^3} \times \dfrac{l_1^3}{(l_1 - l_{p1})^3} \\[3mm] B_1 = A_1 \left(\dfrac{h}{h_p} \times \dfrac{l_p}{l} \right)^2 \\[3mm] C_1 = A_1 \left(\dfrac{h}{h_p} - \dfrac{l_p}{l} \right)^2 \\[3mm] D_1 = A_1 \left(\dfrac{h}{h_p} \times \dfrac{l_p}{l} \right)^3 \end{cases} \qquad (4.2.8)$$

4.2.3 成像质量判定方式

对于任何光学系统来说，像差是不可能完全消除的。在分析和校正像差之前，首先需要知道如何判断光学系统的成像能力和成像质量。光学系统的像质评价方法大致可分为：瑞利判据、波前图、中心点亮度、能量包容图、分辨率、点扩散函数、星点检测法和点列图以及光学传递函数。部分像质评价方法介绍如下。

（1）瑞利判据

瑞利判据是衡量光学系统成像质量的一种方式，它基于成像波面与理想球面波之间的变形程度进行评估。具体来说，当实际波面与参考球面波之间的最大波像差在瑞利（Rayleigh）设定的阈值之内（$\lambda/4$）时，该光学系统的成像质量被认为是良好的。这种方法在评价小像差系统时尤为适用，因为它提供了一个较为严格的像质评价准则。其优势在于实际应用中的便捷性，这得益于波像差与几何像差之间相对简单的计算关系。然而，瑞利判据仅考虑了波像差的最大允许公差，而未能全面考虑缺陷部分在整个波面面积中的实际占比，这些称为实际使用中的限制。

（2）中心点亮度与能量包容图

与瑞利判据不同，中心点亮度不关注成像波面的变形程度，而是通过比较光学系统存在像差与不存在像差时，成像衍射斑的中心亮度之比（以 S.D. 表示）来评估成像质量。当 S.D. 值大于等于 0.8 时，我们可以认为光学系统的成像质量是优良的，这被称为斯特列尔准则。为了更直观地表示像点能量的分布，我们以高斯像点或能量弥散斑的中心为圆心绘制圆，并观察到随着圆半径的增大，圆内包含的像点能量也随之增加，这被称为能量包容图。在能量包容图中，横坐标代表以高斯像点为中心的包容圆的半径，而纵坐标则代表该圆所包含的能量。中心点亮度指标揭示了中央亮斑的能量损失情况，而能量包容图则完整地展示了这些能量是如何弥散的，提供了更多关于成像质量的信息。因此，这种方法不仅适用于小像差系统，也适用于大像差系统，如照相物镜等。

（3）分辨率

分辨率是衡量光学系统辨识物体细微特征能力的重要指标，它作为评估成像质量的一种方式具有显著的意义。瑞利提出，当两个等亮度点之间的距离等于艾里斑的半径时，即一个亮点的衍射中心与另一个亮点衍射图案的第一暗环相重合，这两个亮点便能够被光学系统所分辨。虽然分辨率的高低并不能完全严谨无误地反映光学系统的成像质量，但鉴于其测量简便、指标直接的特点，它在光学系统成像质量检测中得到了广泛的应用。

（4）点扩散函数（PSF）

当光学系统使用点光源作为输入时，那么该系统的点扩散函数就是其输出图像的光场分布。根据基本的数学原理，点光源可以使用点脉冲函数来建模，而对应的输出图像的光场分布则称为脉冲响应。因此，光学系统的脉冲响应函数实际上就是点扩散函数。通过观察点扩散函数，我们可以了解其能量的集中或分散情况，从而进一步评估光学系统的成像质量。

（5）星点检验

星点检验可以快速评估镜头的成像质量，基本原理就是让待测镜头对准星点板成像后再使用显微镜对所得图像的形状和大小进行观察，导致像差的原因可以根据观察到的图像差异被迅速分析出来。相较于其他评价方法，星点检验法直观形象，灵敏度高，判断迅速，并能准确识别出影响成像质量的具体因素。因此，在光学工厂的生产测试中，星点检验法非常受工程师们的青睐。然而，星点检测法需要使用特定的仪器，并且观测结果的准确性会受到测量者主观经验的影响。

（6）点列图

几何光学的成像过程中，当一个点光源发出的光线经过光学系统后，由于像差的影响，这些光线会在像面上形成一个分布在一定范围内的弥散图形，我们称之为点列图。点列图法便是利用这些弥散图形中点的密集程度来评估光学系统成像质量的一种方法。对于同一物点，如果追迹的光线数量越多，那么在像面上形成的点数也会相应增加，这将更精确地反映出像面上的光强度分布情况，从而更加准确地评估光学系统的成像质量。

（7）光学传递函数（OTF）

物体可以看作是由各种频率的谱组成的，我们可以把物体的光场分布函数展开成傅里叶级数（物函数为周期函数）或傅里叶积分（物函数为非周期函数）的形式。若把光学系统看成是线性不变的系统，则物体经光学系统成像，可视为其传递效果是频率不变，但对比度下降，相位发生推移，并在某一频率处截止（即对比度为零）。对比度的降低和相位推移随频率不同而不同，其函数关系称之为光学传递函数（OTF）。光学传递函数可以按照振幅和相位分别用振幅（调制）传递函数（MTF）和相位传递函数（PTF）来表示。MTF 表示在各个频率分量上，目标背景经过成像系统后对比度的变化情况；PTF 描述经过成像系统后，目标背景在各个频率上相位的移动情况。在成像系统中，往往使用 MTF 描述像质的优劣，使用 MTF 的限制是成像系统需要是满足线性以及空间不变性。因通常研究的都是线性时不变系统，而 PTF 表征的是相对于起始位置的位移变化情况，当成像系统的入射光线是非相干的，可认为 MTF 等同于 OTF。

4.3 球差

　　球差亦称球面像差，是单色光的成像缺陷之一。当轴上物点发出的光束通过光学系统后，与光轴夹角各异的光线会在光轴上的不同位置相交。因此，这些光线在高斯像面上并不会聚为一个单一的像点，而是形成一个关于光轴对称的圆形弥散斑。当这种情况严重时，轴上点的成像会变得模糊不清，这种现象我们称之为球差。由于绝大多数玻璃透镜元件都是球面形状，球差几乎是不可避免的。球差的存在使得球面透镜的成像质量无法达到完美，而且球面单透镜的球差通常是无法完全消除的。

4.3.1 球差与初级球差

　　绝大多数光学系统具有圆形入瞳，这导致围绕光轴会呈对称式地分布着轴上点的成像光束。因此，对应于轴上点球差的光束结构是非同心的轴对称光束，当它们与参考像面相交时，会形成一个弥散圆。在探讨光学系统的球差时，我们只需关注位于光轴一侧的、含轴平面上的光线，因为这些光线足以代表整个系统的球差特性。如图 4-9 中，光轴

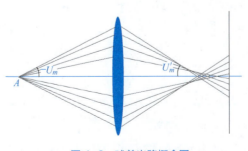

▶ 图 4-9 球差光路概念图

上一点 A 发出入射角在 $-U_m$ 到 U_m 之间的无数条光线，经球面折射后与光轴相交，截距会随入射光线与光轴夹角 U 或入射光线在球面上的入射点高度的不同而有所变化，其理想截距为 l'，边缘光线的实际截距为 L'。

作为一种轴向像差，球差的量化通常是通过测量实际光线在像方与光轴的交点与近轴光线和光轴的交点（即高斯像点）之间的轴向距离来实现，比如边缘光线的球差大小为：

$$\delta L' = L' - l' \tag{4.3.1}$$

通过光学系统各个球面折射后，轴上点发出的同心光束的同心状态将被破坏。这是因为不同倾角的光线会与光轴相交在不同位置上，并会在不同程度上偏离理想像点的位置。为了确定整个光学系统的球差，我们需要通过计算近轴光路和实际光路，并利用式（4.3.1）来求得系统所有孔径带上的球差值。然而，在这个过程中，我们无法直接得知系统中各个面对球差的贡献大小、正负以及性质，但这些信息在光学设计中对于控制和校正球差至关重要。因此，我们必须深入探讨各表面产生球差的情况以及球差在系统各面上的分布。

为了推导出一般性的表达式，我们设定某一面的物方已经存在球差，如图 4-10 所示，假设由近轴物点 A_0 和轴上某点 A 发出的光线经过半径为 r 的球面镜后出射，透镜的球心为 C。分别从球面的顶点和近轴物点 A_0 作子午光线的垂线，分别与光线相交，它们的长度分别为 H 和 G，不难算出：

$$H = l \sin U \tag{4.3.2}$$

$$G = \delta L \sin U \tag{4.3.3}$$

同理，对于像方来说，有

$$H' = L' \sin U' \tag{4.3.4}$$

$$G' = \delta L' \sin U' \tag{4.3.5}$$

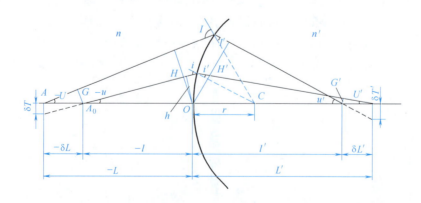

▶ 图 4-10　单个折射球面模型

由几何关系结合式（4.3.2）、式（4.3.3）可得：

$$G = H - l\sin U \tag{4.3.6}$$

从第 2 章几何光学中入射光线的相关关系可知：

$$\sin i = \frac{L-r}{r}\sin u \tag{4.3.7}$$

式中，r 为透镜的曲率半径，用 h 代表 lu，根据式（4.3.7），可以推算出：

$$u = \frac{h}{r} - i \tag{4.3.8}$$

$$\sin U = \frac{H}{r} - \sin I \tag{4.3.9}$$

式中，i 为近轴光线在透镜表面的入射角；I 为轴上点 A 发出的光线在透镜表面的入射角。将式（4.3.8）与式（4.3.9）代入式（4.3.6），可得：

$$Gnu = hn\sin I - Hni \tag{4.3.10}$$

同理，对于像方来说，有

$$G'n'u' = hn'\sin I' - H'i'n' \tag{4.3.11}$$

将式（4.3.11）与式（4.3.10）相减，并将式（4.3.2）～式（4.3.5）代入，得：

$$u'n'\sin U'\delta L' - nu\sin U\delta L = -(L'\sin U' - L\sin U)ni \tag{4.3.12}$$

令 $S_{\text{SPHA}} = 2(L'\sin U' - L\sin U)ni$，则：

$$\delta L' = \frac{nu\sin U}{n'u'\sin U'}\delta L - \frac{1}{2n'u'\sin U'}S_{\text{SPHA}} \tag{4.3.13}$$

从式（4.3.13）中，可以观察到在某表面像空间的球差可以分解为两个部分，第一部分是物方球差通过相当于轴向放大率的因子 $nu\sin U/(n'u'\sin U')$ 在像空间的反映，而第二部分则是由球差分布系数 S_{SPHA} 决定的，这一系数具体量化了该表面对整个光学系统球差贡献的大小。球差分布系数 S_{SPHA} 可以进一步表达为：

$$S_{\text{SPHA}} = \frac{niL\sin U(\sin I - \sin I')(\sin I' - \sin U)}{\cos\left[\frac{1}{2}(I-U)\right]\cos\left[\frac{1}{2}(I'+U)\right]\cos\left[\frac{1}{2}(I'+I)\right]} \tag{4.3.14}$$

对于整个系统中的每一面都采用式（4.3.13）进行计算后叠加，可以得到：

$$\delta L'_k = \frac{nu\sin U}{n'_k u'_k \sin U'_k}\delta L_1 - \frac{1}{2n'_k u'_k \sin U'_k}\sum S_{\text{SPHA}} \tag{4.3.15}$$

当物方为一个实物点时，物方无球差，此时 $\delta L_1 = 0$，式（4.3.15）可以写为：

$$\delta L'_k = -\frac{1}{2n'_k u'_k \sin U'_k}\sum S_{\text{SPHA}} \tag{4.3.16}$$

式（4.3.16）也被称为 Kerber 球差分布公式，其中 $\sum S_{\text{SPHA}}$ 代表各面产生的球差分布值，这一值直观地反映了每一面对整个光学系统球差贡献的程度。

经过推导，我们可以明确得出，球差主要受到 u 和 u' 的影响，这两者实际上由近轴光束的孔径角 u 和入射高度 h 决定。在深入探讨光学系统的成像规律时，可得出以下结论：轴上点通过近轴细光束所成的像是理想的，当轴上点发出的单色光以一定的孔径角成像时，成像质量将受到球差的影响。显然，轴上点的球差完全是由光束孔径角的增大所导致的。因此，球差必然与 u 和 h 紧密相关，尽管它们之间的具体数学关系难以用显函数形式直接表达。然而，由于光束的轴对称特性，可以将球差简化为 u 和 h 的幂级数。同时考虑到 u 和 h 变号时球差不变，以及当 u 或 h 为零时球差都为零的实际情况，可推导出由孔径角 u 和入射高度 h 表示的轴上的球差的表达式为：

$$\begin{cases} \delta L' = a_1 u^2 + a_2 u^4 + a_3 u^6 + \cdots \\ \delta L' = A_1 h^2 + A_2 h^4 + A_3 h^6 + \cdots \end{cases} \quad (4.3.17)$$

垂轴球差表示光线经过光学系统后在垂直于光轴的接收平面上的位置与光轴的偏差，一般而言，球差导致在理想的光学平面上出现一个弥散圆，圆的半径为 $\delta T'$，所谓的垂轴球差就是 $\delta T'$，它与轴向球差之间有如下的关系：

$$\delta T' = \delta L' \tan U' \quad (4.3.18)$$

结合式（4.3.17），得垂轴球差可以表示为：

$$\begin{cases} \delta T' = b_1 U^3 + b_2 U^5 + b_3 U^7 + \cdots \\ \delta T' = B_1 H^3 + B_2 H^5 + B_3 H^7 + \cdots \end{cases} \quad (4.3.19)$$

式（4.3.17）与式（4.3.19）中，第一项被定义为初级球差，而随后的各项则分别被称为二级球差、三级球差等，其中二级以上的球差统称为高级球差。对于仅有初级球差的系统我们仅需计算一条光线（通常是边缘光线）的球差，即可通过得到的系数 A_1 或 a_1 来求解其他的球差。类似地，若系统中同时存在初级和二级球差，则只需计算二条光线的球差值，即可确定各项系数，并求得其他球差。在球差的讨论和计算中，我们通常会优先处理初级球差。这是因为相比于高级球差，初级球差的计算更为简便。首先，通过比较初级球差与实际球差，我们可以了解高级球差及其分布情况，从而在系统设计时通过减小高级球差或利用适当的初级球差进行平衡，以更高效地校正球差。其次，由于初级球差公式较简单，它可以表示为系统结构参数的函数，这使得我们可以利用它来求解消除球差的初始结构。

在孔径较小的情况下，初级球差与实际球差之间的差距较小，因此可以近似地以初级球差来表征实际球差。此时的孔径范围通常被称作赛德尔区，当孔径增大时，高级球差会随之增加。当孔径较小时，在实际球差公式（4.3.14）式（4.3.15）中用 u 来代替 $\sin u$，并以近轴量 l 代替 L，可得初级球差表示式：

$$\delta L_0' = \frac{nu^2}{n_k' u_k'^2}\delta L_0 - \frac{1}{2n_k' u_k'^2}\sum S_{\mathrm{I}} \quad (4.3.20)$$

$$S_{\mathrm{I}} = luni(i - i')(i' - u) \quad (4.3.21)$$

当入射光束源自实物点时，$\delta L_0 = 0$，式（4.3.20）被简化成为仅含右侧的一项。此时，S_{I} 初级球差分布系数表示光学系统中各面对初级球差的贡献程度，$\sum S_{\mathrm{I}}$ 就是初级球差的总系数，更广泛使用的名字是第一赛德尔系数。从公式可以分析得到，S_{I} 与孔径的四次方成正比关系，进而可以得到初级球差则与孔径的平方成正比的推论，这恰好对应于球差展开式中的第一项。通常情况下，只需要计算从轴上物点发出的第一条近轴光线的光路即可求得初级球差。

从以上的球差推导过程中可以看出单个球面只有在以下三种情况下对整个光学系统带来球差的贡献量为零，即没有球差出现：

① $L=0$，此时 $L'=0$，即不论孔径角 u 大小如何，射向顶点的光线都将从顶点直接折射而出，从而避免了球差的产生。

② $\sin i - \sin i' = 0$，此时 $i = i' = 0$，即 $L = r$，物点恰好位于球面镜的球心位置时，物点发出的所有光线都会无折射地直接穿过球面，进而成像点仍位于球心，此时同样不会产生球差。

③ $\sin i' - \sin u = 0$，此时 $i' = u$，此时物像点位置分别为：

$$L = \frac{n+n'}{n}, \; L' = \frac{n+n'}{n'} r \qquad (4.3.22)$$

显然，这一对无球差的共轭点均位于球心的同一侧，并且它们都处在球心之外的位置。在此情况下，仅可能实现实物形成虚像的结果，其中物像之间的对应关系满足：

$$\frac{\sin u'}{\sin u} = \frac{\sin i'}{\sin i} = \frac{n'}{n} = \frac{L}{L'} \qquad (4.3.23)$$

由上述公式中可以看出，在光学镜头满足 $i' = u$ 时，无论孔径角的大小如何，物像共轭点的 $\sin u'/\sin u$ 和 L/L' 均为恒定值，也就不会产生球差。这一对共轭点不仅能够对轴上点以任意宽的光束形成清晰的像，而且对于与该点非常接近的垂轴平面上的点，也能以同样宽度的光束形成清晰像。因此，它们被称为齐明点或不晕点。利用这一特性，我们可以在不产生球差的前提下减小孔径，这在光学系统中，特别是在高倍显微物镜中，具有重要的应用价值。

4.3.2　在 Zemax 中观察球差

第 3 章已经对 Zemax 软件做了初步的介绍，在 Zemax 软件中，不仅可以画出二维光路图，还能以 3D 的形式直观观察整个光学系统，帮助我们对各种像差的形成光路、光斑的形状进行直观的认知。

在 Zemax 中观察球差的操作步骤如下。

（1）初始化设置

① 首先双击桌面上的 Zemax 图标，打开 Zemax 主窗口，点击工具栏中的"NEW"，并将此文件保存。在主窗口上方的工具栏中单击"Gen"，在弹出"常规"对话框中，将

孔径类型设为"入瞳直径"，孔径值为 60，如图 4-11 所示。

▷ 图 4-11　孔径设置

② Zemax 默认在打开主窗口时会自动打开透镜数据编辑器窗口，若用户打开时没有透镜数据编辑器窗口，可以点击主窗口顶部的"编辑器"→"透镜数据"或用快捷键 Shift+F1 手动打开。在透镜数据编辑器窗口中，选中最后一栏任意一格，按"Insert"键插入 2 个面。然后按图 4-12 所示输入曲率半径、厚度以及材料数据，半直径不需要用户输入，Zemax 会根据用户设置的入瞳和透镜数据自动计算。双击第三面的厚度一栏，在弹出的"在面 3 上的厚度解"对话框后，选择"边缘光线高度"为求解类型，其他两个参数均设置为 0。

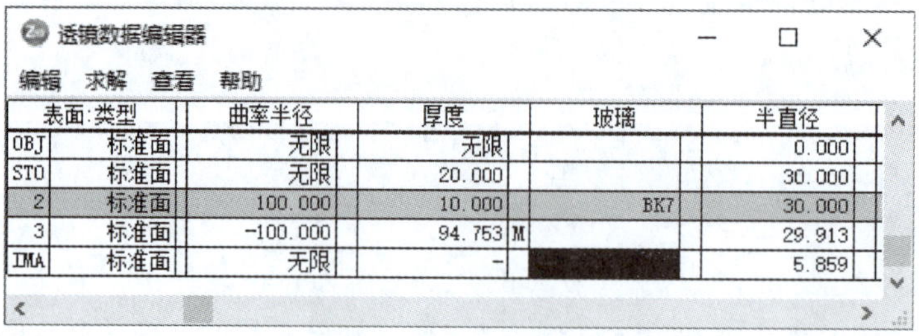

表面:类型		曲率半径	厚度	玻璃	半直径
OBJ	标准面	无限	无限		0.000
STO	标准面	无限	20.000		30.000
2	标准面	100.000	10.000	BK7	30.000
3	标准面	-100.000	94.753 M		29.913
IMA	标准面	无限	-		5.859

▷ 图 4-12　透镜数据

（2）观察球差

① 单击工具栏"Lay"，打开光路布局图，可以观察到不同孔径区域的光线聚焦位置有所差异，如图 4-13 所示。

②点击"Spt"打开光斑图，可以观察到球差的光斑现象，如图 4-14 所示。

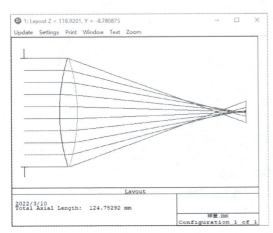
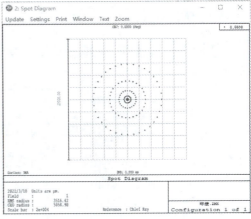

▶ 图 4-13　光路布局图　　　　　　　　▶ 图 4-14　光斑图

③在主窗口工具栏中单击"分析"→"像差系数"→"赛德尔系数"，可以查看由式（4.3.21）得到的每一面赛德尔系数的具体数值，赛德尔系数窗口中的第一列为光学系统中每一面对总体球差的贡献度，如图 4-15 所示。在 Zemax 中"SPHA"表示球差，同时 SPHA 也可以作为操作数使用，在评价函数编辑器中加入 SPHA 可以限制某一面或系统总体的球差数值大小。

④点击工具栏的"Ray"，打开光线光扇图，可以发现透镜上不同位置光线在理想像面上与主光线的垂直高度差是一条旋转对称的曲线（图 4-16）。

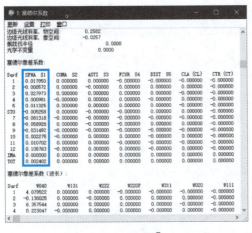
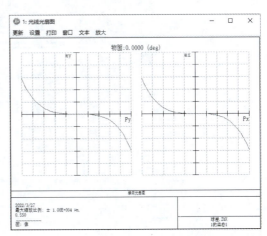

▶ 图 4-15　赛德尔❶系数　　　　　　　　▶ 图 4-16　光线光扇图

❶ 软件中"塞德尔"为旧译名，本书在叙述中使用推荐译名"赛德尔"。

4.3.3 在 Zemax 中优化球差

（1）优化设置

① 首先在透镜数据编辑器中选择镜头的曲率作为变量，如图 4-17 所示。

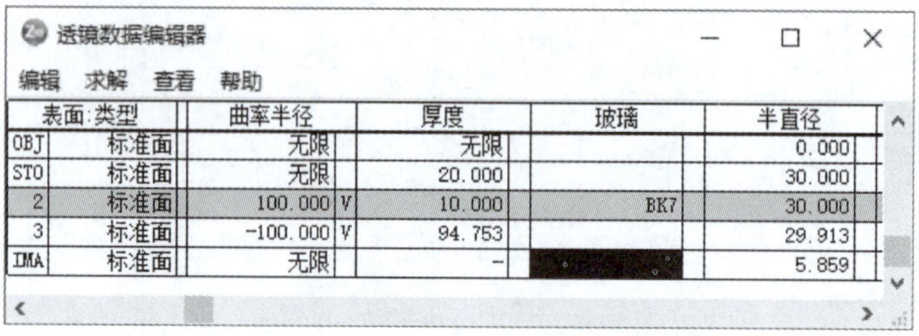

▶ 图 4-17 在透镜数据编辑器中设置优化变量

② 然后在菜单栏中点击"编辑器"→"评价函数"，打开评价函数编辑器，点击评价函数编辑器菜单栏"设计"→"序列评价函数（自动）"，打开如图 4-18 所示的默认评价函数设置窗口，在默认评价函数窗口中选择"Spot Radius"，即光斑半径。

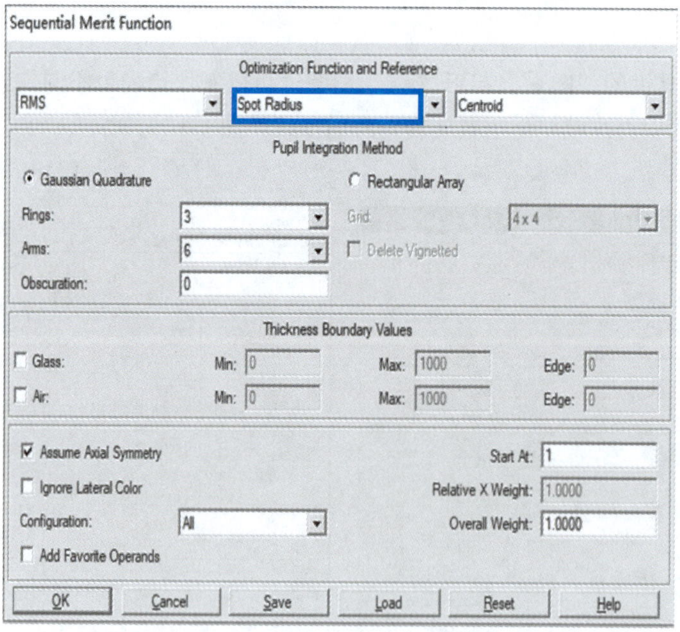

▶ 图 4-18 序列评价函数窗口

③ 点击"OK"后，评价函数编辑器会出现如图 4-19 所示的一系列优化操作数，这些优化操作数的目的都是通过不断更改用户设置的变量来减小光斑半径，其中"DMFS"

操作数表示默认的评价函数起始点，只是用来说明从这里加入评价函数，而不会对变量和优化目标起实际作用；"TRAC"操作数是一种只能在默认评价函数工具中输入到评价函数编辑器中的操作数，表示在像平面上测量的径向垂轴像差。在 Zemax 的优化流程中，首先会对具有共同视场点的所有 TRAC 光线进行集体追迹，基于这些光线的数据集合来计算所有光线的质心位置。随后，以这个计算得出的质心为基准点，系统将对每条光线进行独立的追迹处理。

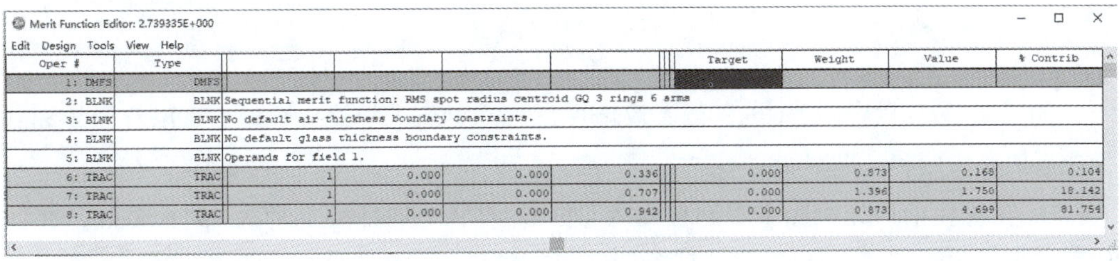

▶ 图 4-19 默认优化操作数

④ 同时可以在评价函数编辑器中添加"SPHA"评价函数操作数并点击工具栏中的"Upa"更新系统结构，然后在"Value"一栏中就可以直接查看球差的数值，如图 4-20 所示。

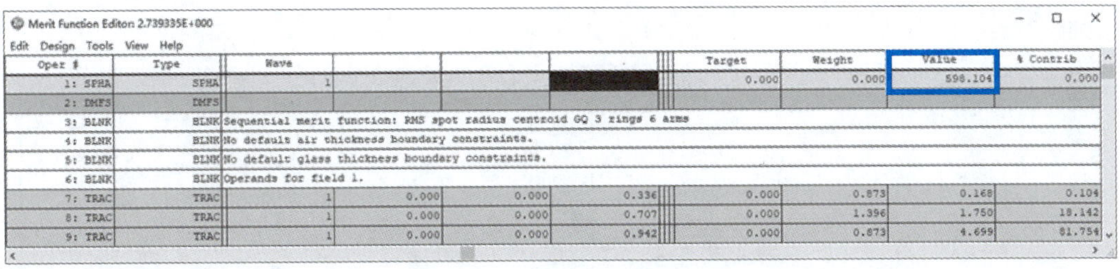

▶ 图 4-20 添加 SPHA 操作数

（2）第一次优化

① 设置完优化操作数后可以直接关掉评价函数编辑器，然后点击工具栏中的"OPT"，打开 Zemax 的局部优化功能，如图 4-21 所示，在算法一栏选择阻尼最小二乘法（Damped Least Squares）。

② 提前打开光线布局图、光斑图、光扇图等，并勾选优化窗口右下角的"Auto Update"选项；设置完成后选择"Automatic"，让 Zemax 自动优化即可。"Auto Update"功能可以在 Zemax 优化过程中每改一次变量就计算一次光学镜头的所有参数，但会降低 Zemax 的优化速度，如果我们需要实时查看 Zemax 的优化过程中光学镜头各个参数的变化情况，则可以打开这个功能。

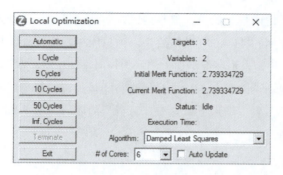

▶ 图4-21　优化窗口

③ 点击工具栏中的"Upa"或者双击窗口可以更新光学镜头布局，可以看到Zemax优化后的布局图和光斑图如图4-22与图4-23所示：

④ 在优化前后光斑图中看到像面的GEO半径由5858.90μm变为959.652μm，在操作数编辑器中看到"SPHA"一栏球差值由598.104μm降为300.576μm。此时可以看出只将透镜的半径设为变量时无法很好地优化球差。在光学设计实践中，球差的校正主要有两种方案。第一种是凹凸透镜补偿法，使用凸面透镜提供正的光焦度和正的球差，凹面透镜则提供负的球差，通过增加透镜来引入更多的凹凸面就可以实现球差的减小。若条件不允许增加透镜，就可以采用第二种方案：非球面校正法，工程师们常常采用二次曲面，也就是Conic非球面来消除球差。

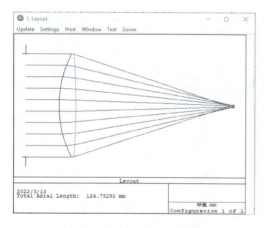

▶ 图4-22　初次优化后光路布局图

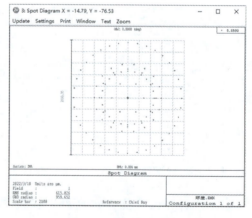

▶ 图4-23　初次优化后光斑图

（3）第二次优化

① 双击透镜编辑器中第三面的半径一栏，会弹出名为"在面3上的曲率解（Curvature solve on surface 3）"的对话框，将其中的"求解类型（Solve Type）"选项设置为"F数（F Number）"，并接着将F数调整为1.5，并将第三面的Conic系数设置为变量，结果如图4-24所示，镜头的面型数据中的Conic系数为镜头的圆锥系数，Conic系数为0

表面:类型		曲率半径	厚度	玻璃	半直径
OBJ	标准面	无限	无限		0.000
STO	标准面	无限	20.000		30.000
2	标准面	63.377 V	10.000	BK7	30.000
3	标准面	-167.461 F	85.151 M		30.048
IMA	标准面	无限	—		4.860

▷ 图 4-24　再次设置变量

时标准面型为一个由半径（Radius）决定的球面，当 Conic 系数不为 0 时则为一个非球面。

　　② 再次打开 Zemax 的局部优化功能进行优化，优化完成后更新布局图，可以观察到此时光线已聚焦于一点，如图 4-25 所示。进一步分析，发现光斑的半径已经减小至 0，这标志着球差已被完全消除，如图 4-26 所示。

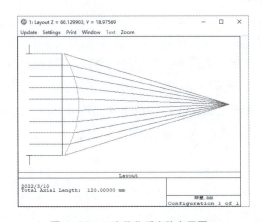

▷ 图 4-25　二次优化后光路布局图

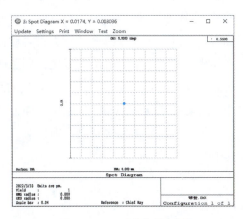

▷ 图 4-26　二次优化后光斑图

　　从以上两次优化过程中可以看出，非球面对于消除球差效果显著，但在实际设计中，由于非球面加工成本较高，一般设计要求中对非球面的数量会有一定限制。在实际的设计目标对球差要求较为严格时，应该尽量选择镜头曲率较大、多片透镜组合、初始球差较小的初始结构，并在此基础上进行优化，在优化过程中也可以通过镜头弯曲、镜头分割、凹凸镜头组合、采用非球面等方式来校正球差。

4.4　彗差

4.4.1　彗差与初级彗差

　　彗差是指理想平面上出现的类似彗星形状的光斑，特点是带有延伸的尾部。造成彗差的主要原因是轴外物点发出的锥形宽光束会通过光学系统成像，导致完美像点被破坏。根据外形差异可将彗差分为两种：一种是正彗差，特征是像斑的尖端指向视场中心；一种是负彗差，特征是像斑的尖端指向视场边缘。彗差实际上描述了轴外点光束相对于主光线的不对称性，这种像差仅在外视场中出现。由于不同光瞳区域的光线在像面上的入射高度各异，且彗差无对称轴，只能进行垂直度量，因此它属于垂轴像差的一种。

从几何光学的视角分析，由于外视场中不同孔径区域内的成像放大率不一致，使得来自不同区域的光束经过系统后聚焦在像面上不同的高度，从而形成彗差。外视场的聚焦光斑会因为彗差的存在而扩大，进而造成图像的外边缘像素被拉伸，从而表现出模糊不清的现象。

彗差现象在弧矢面和子午面呈现出不同的特征：在弧矢面，边缘光线的交点与主光轴不共面；而在子午面，边缘光线则相对于主光线呈现出不对称性。如图 4-27 所示，这一像差的成因得以清晰展现。轴外点 B 发出的子午光束中，上、主、下三条光线 a、p、b 在球面上的入射点因距辅轴高度不同，从而产生不同的球差。这使得原本相对于主光线对称的上、下光线在球面折射后失去对称性，其交点相对于主光线存在偏离量 K_t，它的大小反映了子午光束失对称的程度，即子午彗差。类似地，对于弧矢平面上具有相同孔径的一对弧矢光线，由于它们对称于子午平面，经球面折射后一定相交于辅轴上。然而，由于这对光线在效果上等同于子午平面上略高于主光线的一条光线 B_s，其球差较主光线大，因此，它们与辅轴的交点，即这对弧矢光线的交点，也会偏离主光线，这一偏离量即为弧矢彗差。

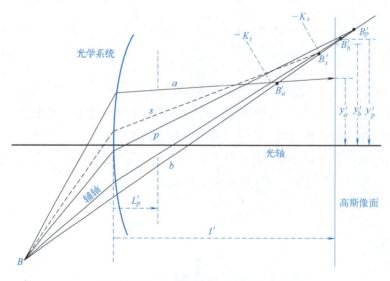

▶ 图 4-27 轴外宽光束引起的彗差现象

在探讨单个球面时，我们观察到彗差的产生与多方面因素相关。首先，球差是彗差产生的一个重要因素，具体表现为球差越大，彗差也随之增大。此外，折射球面产生的彗差还受到光阑位置的显著影响，这实际上与主光线的入射角紧密相连。值得注意的是，当光阑恰好位于球心时，主光线与辅轴重合，此时不论球差大小，彗差都不会产生。

在光学系统中，各类像差往往同时出现。因此，在计算彗差时，并非直接按照定义来求取一对对称光线相对于主光线的实际交点偏离，而是采用另一种方式。具体而言，我们是通过计算这对光线与高斯像面交点的平均高度与主光线交点高度之间的差值来表征彗差。对于子午彗差，这种差值可以表达为：

$$K_t = \frac{1}{2}(y_a' + y_b') - y_p' \tag{4.4.1}$$

在探讨弧矢彗差时，由于一对对称的弧矢光线与高斯像面的交点在某一特定方向（如 y 方向）上的坐标必定相等，我们可以得出以下结论：

$$K_s = y_s' - y_p' \tag{4.4.2}$$

子午面内上、下和主光线的像高 y_a'、y_b'、y_p' 可以写为：

$$y_a' = y' + \delta y_a', \quad y_b' = y' + \delta y_b', \quad y_p' = y' + \delta y_p' \tag{4.4.3}$$

把式（4.4.3）代入式（4.4.1）中，得：

$$K_t = \frac{1}{2}(\delta y_a' + \delta y_b') - \delta y_p' \tag{4.4.4}$$

在 4.2.2 节中我们已经知道空间光线的轴向像差和 $\Delta L'$ 垂轴像差的分量 $\delta y'$ 和 $\delta x'$ 一定是 y_1、ξ_1 和 η_1 的函数。在图 4-8 所示的轴外物点成像模型中，取上光线的初始坐标为：$y=y_1$，$\xi_1=0$，$\eta_1=\rho$；下光线的初始坐标为：$y=y_1$，$\xi_1=0$，$\eta_1=-\rho$；主光线的初始坐标为：$y=y_1$，$\xi_1=0$，$\eta_1=0$，代入式（4.2.6）可得：

$$\delta y_p' = \frac{1}{n'u'} y_1^3 D_1 \sum S_{\mathrm{V}} \tag{4.4.5}$$

把式（4.4.5）代入式（4.4.4）并简化，可得到初级子午彗差公式：

$$K_t = -\frac{3}{2n'u'} \sum S_{\mathrm{II}} \tag{4.4.6}$$

同理，得初级弧矢彗差公式：

$$K_s = -\frac{1}{2n'u'} \sum S_{\mathrm{II}} \tag{4.4.7}$$

可以看出初级子午彗差与初级弧矢彗差的关系为：

$$K_t = 3K_s \tag{4.4.8}$$

即初级子午彗差是初级弧矢彗差的三倍，不止如此，实际上弧矢彗差总是比子午彗差小。由 4.2.2 节的介绍中我们知道表征光学系统各面对初级彗差贡献的是第二赛德尔系数，其具体形式为：

$$S_{\mathrm{II}} = luni_z(i-i')(i'-u) \tag{4.4.9}$$

式中，i_z 为主光线的入射角。从式（4.4.9）中我们可以看出光学系统对彗差贡献为 0，即光学系统不产生彗差的情况有：

① $i_z=0$，即光阑位于球面镜的曲率中心。

② $l=0$，即物点位于球面顶点。

③ $i=i'$，即物点位于球面镜的曲率中心。

④ $i'=u$，此时物点位于 $L=\dfrac{(n'+n)r}{n}$ 处。

从上述分析中可以看出彗差和光阑、物点的位置有关，所以在实际光学系统优化过程中，在物点位置无法改变的情况下，彗差优化的方案之一就是通过调整视场光阑，就是在优化过程中改变光阑相对于镜头的位置，从而来减少彗差现象。

4.4.2 在 Zemax 中观察彗差

在 Zemax 中观察彗差的操作步骤如下。

（1）初始化设置

① 双击桌面上的 Zemax 图标，打开 Zemax 主窗口，点击工具栏中的"NEW"，并将此文件保存。在主窗口上方的工具栏中单击"Gen"，在弹出"常规"对话框中，将孔径类型设为"入瞳直径"，孔径值为 40，如图 4-28 所示。

② 由于彗差属于轴外像差，所以为了观察彗差我们需要轴外的入射光线，在主窗口上方的工具栏中单击"Fie"，在弹出的"视场数据"中将 Y- 视场数值改为 15，如图 4-29 所示。

▶ 图 4-28 孔径设置

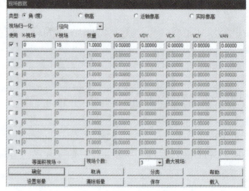

▶ 图 4-29 视场设置

（2）模拟彗差

① 接下来我们要模拟彗差的产生，彗差是由轴外物点发出的锥形光束通过光学系

统后，在理想像平面上所形成的成像偏差。Zemax 序列模式中默认物点发出的是球面波，为了观察彗差现象，我们需要用一个泽尼克面型对物点发出的球面波进行调制。在 Zemax 中，泽尼克面型可对任意系统的波前进行调制，最多可以用 37 项泽尼克边缘多项式来定义相位，得到我们想要的波前形状。

在透镜数据编辑器窗口中点中最后一栏任意一格，按"Insert"键插入 2 个面。然后按图 4-30 所示，将透镜数据编辑器的第二面和第三面的表面类型依次改为近轴面和泽尼克边缘相位面，将近轴面的焦距设为 100。理想面的放置是为了防止光学系统中出现其他像差，如球差、畸变等，影响我们观察彗差现象，我们让泽尼克边缘相位面紧密贴合于理想透镜之上，以直接对理想透镜产生的完美球面波进行调制处理。

表面:类型		曲率半径	厚度	玻璃	半直径	参数 0(未使用)	焦距	光程差模式
OBJ	标准面	无限	无限		无限			
STO	近轴面		0.000		20.000		100.000	1
	泽尼克边缘相位	无限	100.000		20.000	1.000	0	
IMA	标准面	无限	-		29.426			

▶ 图 4-30　透镜数据

② 由于泽尼克面型的数据项较多，它的数据输入需要采用一个单独的编辑器来处理附加数据。附加数值的含义由对应的面型决定。与透镜数据编辑器相同，当把光标从一个面移到另一个值时，附加数据编辑器标题栏也会随之改变。

按快捷键"F8"启动附加数据编辑器，随后在该编辑器中录入相关数据，如图 4-31 所示。

附加数据编辑器
编辑　求解　工具　查看　帮助

表面:类型		最大项数 #	归一化半径	泽尼克 1	泽尼克 2	泽尼克 3	泽尼克 4	泽尼克 5	泽尼克 6	泽尼克 7	泽尼克 8
OBJ	标准面										
STO	近轴面										
	泽尼克边缘相位	8	20.000	0.000	0.000	0.000	0.000	0.000	0.000	0.000	100.000
IMA	标准面										

▶ 图 4-31　附加数据编辑器面型数据

（3）观察彗差

① 单击工具栏"Lay"打开光路布局图，为了更好地观察不同入射角的光线，可以在布局图的设置中将光线数改为 20，如图 4-32 所示。

② 图 4-33 展示了光学系统的布局图，从中可以观察到，由于不同孔径区域在像面上的成像高度存在差异，导致了孔径边缘的光线相对于主光线产生了偏离。

③ 点击工具栏中的"Spt"可以看到一个典型的彗差光斑如图 4-34 所示，由于我们在观察彗差时用到的是用泽尼克面型调制的理想面，所以光斑图能够显现出一个非常典

型的拖着尾巴如同彗星形状的光斑，可以看到图 4-34 中，光斑的尖端指向视场中心，所以此光学系统表现出的是正彗差。

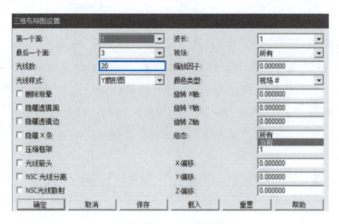

▶ 图 4-32　布局图设置

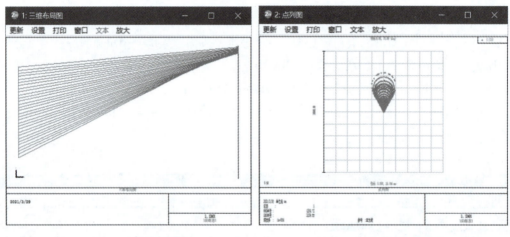

▶ 图 4-33　光路布局图　　　　　　　▶ 图 4-34　典型彗差图

④ 点击 Zemax 菜单栏中"分析"→"波前"→"波前图"，可以看到如图 4-35 所示的彗差波前图像，可以看出主光线同光斑质心的偏移造成了彗差的波前波面为一个倾斜的波面。

⑤ 点击工具栏中的"Ray"，打开图 4-36 所示的彗差的光线光扇图，在左图中可以看出子午面上随着子午光线入射高度增加，像面上主光线到实际子午光线距离的 y 分量总是大于 0，且孔径边缘光线对与主光线的偏离不是旋转对称的；右图中可以看到在弧矢方向像面上主光线与实际弧矢光线的距离总是为 0，这是因为泽尼克面型只对子午面上的光线进行了相位调制，而没有对弧矢面上的光线进行波前调制，弧矢光线经过理想透镜不产生像差。

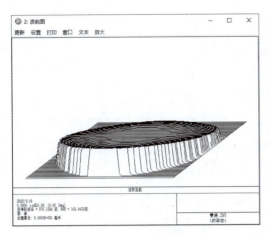

▷ 图 4-35　彗差波前图

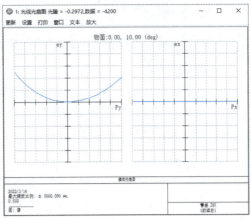

▷ 图 4-36　彗差光扇图

4.4.3　在 Zemax 中优化彗差

在 4.2.2 节中我们利用理想透镜面和泽尼克面型调制波前光线的方式观察到了典型的彗差光斑，在实际光学设计任务中，我们往往会先用理想透镜面进行模拟光学系统不产生像差时的各个参数，然后用标准面模拟实际透镜的构成。在模拟彗差的优化之前，需要点击 Zemax 工具栏中的"New"，创建一个新的文件。

（1）初始化设置

① 首先在新文件中点击"Gen"将入瞳直径设置为 20，并点击"Fie"，将 Y- 视场数值改为 13，如图 4-37 所示。

② 点击"Wav"，将波长设置为可见光，如图 4-38 所示。

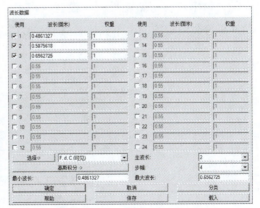

▷ 图 4-37　视场设置　　　　　　　　　　　　　　▷ 图 4-38　波长设置

（2）添加光阑

① 在透镜数据编辑器中点击第一面的任意一栏。

② 点击"Insert"，增加一行。

③ 双击物面之后的第一面中"表面类型"。

④ 在弹出的表面 1 设置界面中选中"使此表面为光阑"选项，如图 4-39 所示，此时就将第一面设置为了光阑面，第一面面型前会出现"STO"，表明此面为视场光阑。

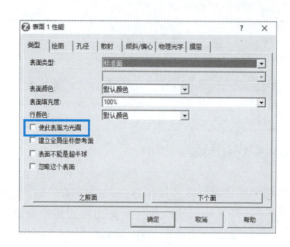

▶ 图 4-39　第 1 面表面类型选项

⑤ 然后双击第 3 面"曲率半径"一栏，出现如图 4-40 所示"在面 3 上的曲率解"界面，在求解类型中选择"F 数"，并输入 F 数为 5，在 Zemax 中，曲率求解 F 数的计算公式为：

$$F/\# = \frac{EFFL}{EPD} \qquad (4.4.10)$$

式中，EFFL 为 Zemax 的优化操作数，表示整个光学系统的有效焦距；EPD 表示入瞳直径，由用户在初始化设置时设置。将第三面的曲率半径设置为求解之后，Zemax 会自动计算符合设定的曲率半径值，并且可以看到底端状态栏中 EFFL 的值显示为 100。

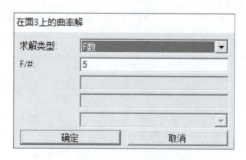

▶ 图 4-40　曲率求解设置

（3）查看彗差初始值

① 输入图 4-41 所示的透镜数据后，打开布局图，应看到如图 4-42 所示的光线布局图。

② 同时在菜单栏中选择"分析"→"像差系数"→"赛德尔系数"，查看赛德尔系数，如图 4-43 所示，其中第二列为光学系统中每一面对彗差的贡献度，即透镜每一面所对应的第二赛德尔系数。

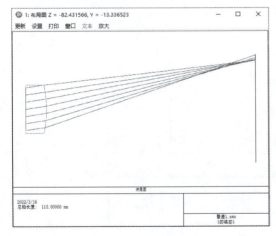

▶ 图 4-41　透镜数据

▶ 图 4-42　光线布局图　　　　　　　　　▶ 图 4-43　彗差的赛德尔系数

从第一、第二赛德尔系数的形式中可以看出光学系统对彗差的贡献程度等于光学系统对球差的贡献与折射角的乘积，也就是说轴外物点的彗差本质上还是由球差引起的，所以一方面要尽可能优化光斑半径，减小轴外物点的球差；另一方面从前述对初级彗差的分析中，也能看出彗差与光阑、物点的位置有关。在光学系统的优化实践中，当物点的位置固定不可变时，为降低彗差，我们可以采取调整视场光阑的策略。具体来说，就是通过对光阑与镜头之间相对位置的调整，来实现对彗差的有效优化。这种调整方法在不改变物点位置的前提下，显著提升了光学系统的性能。

（4）优化彗差

① 我们只在第 2 面的厚度设置变量，并将第 3 面的曲率半径设置为"固定"，结果如图 4-44 所示。

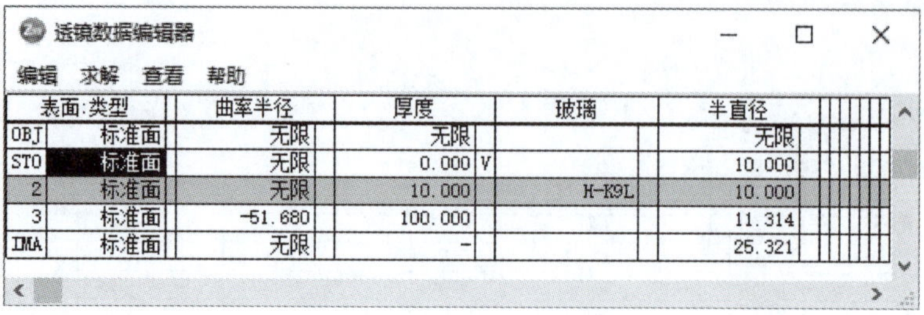

▶ 图 4-44　设置厚度变量

② 然后在菜单栏中点击"编辑器"→"评价函数"，打开评价函数编辑器；点击评价函数编辑器菜单栏"设计"→"序列评价函数（自动）"，打开如图 4-45 所示的默认评价函数设置窗口。将厚度边界值中的"空气"和"玻璃"都选中，并按照图 4-45 所示设置最小、最大值。"玻璃"即为有材料的标准面，"空气"为没有材料的标准面。

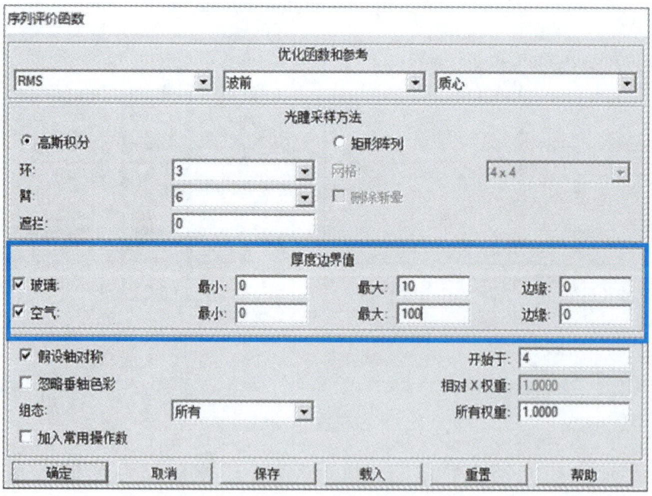

▶ 图 4-45　默认评价函数

③ 设置完默认评价函数后，评价函数编辑器会变成如图 4-46 所示的界面。在 Zemax 中，COMA 表示球差，同时 COMA 也可以作为操作数使用，在评价函数编辑器中加入 COMA 可以查看系统总体的彗差数值大小。在操作数 DMFS 上方添加两行，分别输入

“COMA”和“EFFL”，将 COMA 的目标设置为 0，即最终优化目标为完全消除彗差，将 EFFL 的目标设置为 100，即优化过程中要在不能改变光学系统原有的有效焦距的前提下进行，并将它们的权重都设置为 1。点击工具栏中的“Upa”，更新系统结构后，在“评估”一栏中就可以直接看到以波长表示的全部表面产生的彗差贡献值，是由赛德尔和数计算得到的第三级彗差。

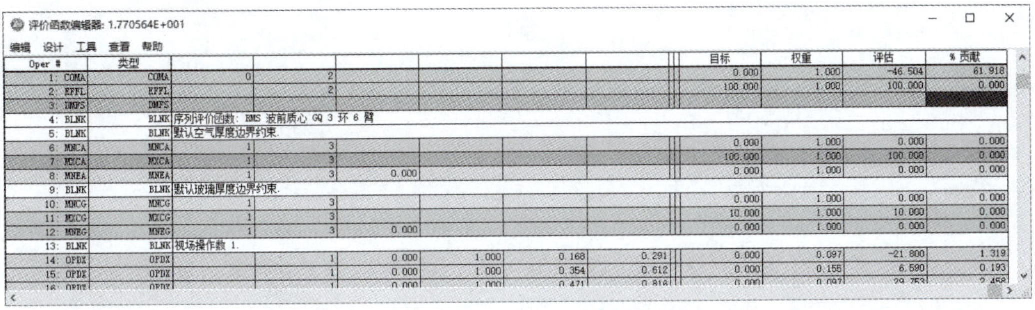

Oper #	类型							目标	权重	评估	% 贡献
1: COMA	COMA	0	2					0.000	1.000	-46.504	61.918
2: EFFL	EFFL		2					100.000	1.000	100.000	0.000
3: DMFS	DMFS										
4: BLNK	BLNK	序列评价函数: RMS 波前质心 GQ 3 环 6 臂									
5: BLNK	BLNK	默认空气厚度边界约束.									
6: MNCA	MNCA	1	3					0.000	1.000	0.000	0.000
7: MXCA	MXCA	1	3					100.000	1.000	100.000	0.000
8: MNEA	MNEA	1	3	0.000				0.000	1.000	0.000	0.000
9: BLNK	BLNK	默认玻璃厚度边界约束.									
10: MNCG	MNCG	1	3					0.000	1.000	0.000	0.000
11: MXCG	MXCG	1	3					10.000	1.000	10.000	0.000
12: MNEG	MNEG	1	3	0.000				0.000	1.000	0.000	0.000
13: BLNK	BLNK	视场操作数 1.									
14: OPDX	OPDX		1	0.000	1.000	0.168	0.291	0.000	0.097	-21.800	1.319
15: OPDX	OPDX		1	0.000	1.000	0.354	0.612	0.000	0.155	6.590	0.193
16: OPDX	OPDX		1	0.000	1.000	0.471	0.816	0.000	0.097	29.753	2.458

▶ 图 4-46　评价函数设置

④ 设置完优化操作数后点击工具栏中的“OPT”，打开 Zemax 的局部优化功能，点击“自动”，让 Zemax 自动优化即可。

⑤ 优化之后可以看到，光阑面到镜头面的距离由 0 变为 26.465mm，在评价函数编辑器中可以看到此时 COMA 操作数的评估值已经由 -46.5 变为 -1.726，而光学系统的有效焦距 EFFL 还是原来的 100，也就是说在不改变光学系统的基本特性的情况下，仅仅改变光阑的位置就可以有效减小彗差。

在针对实际设计目标进行优化时，选择具有对称结构的光学系统也是一个可行的策略。一些经典的系统，如经典的库克三片物镜和双高斯照相物镜，都采用了将视场光阑置于镜头组中央的策略，以此实现光阑两侧的结构对称性。这种设计策略在消除轴外视场的像差方面表现出色，不仅显著校正了彗差，还对像散、场曲和畸变等像差具有显著的校正效果，为光学系统的性能提升提供了重要支持。

第 5 章
像差及其校正（二）

在第 4 章中，已经对像差理论做了初步分析，并介绍了球差和彗差这两种像差，本章将继续介绍像散、场曲、畸变和色差，并对所有的像差进行总结。

5.1 像散

5.1.1 像散与初级像散

像散在我们的日常生活中很常见，人眼的散光就是一种像散，散光的人眼对不同方向的观察清晰度不同。当人眼角膜在上下左右各个方向具有不同的弯曲度，即屈光度不同时，将导致散光。

像散也是一种轴外像差，但像散与彗差的区别在于其受到视场的影响。当轴外物点发出锥形光束通过光学系统后，这些光束在像面上的聚焦过程会受到光程差异的影响。因此，在子午方向和弧矢方向上，光束会分别聚焦在光轴的不同位置，导致光斑在这两个方向上分离，形成所谓的弥散斑。这种由光斑分离造成的现象就是光学系统中的像散现象。详细来看，整个细光束在经过聚焦后，其结构会有所变化。在子午焦点处会产生一个一个垂直于子午平面的短线，也就是所谓的子午焦线。而在弧矢焦点处得到的垂直于子午焦线且位于子午平面上的短线则是所谓的弧矢焦线。在其他位置，光束的截面是呈现出椭圆形的弥散斑。如图 5-1 所示，当截面形状为圆形弥散斑时说明光束位于两焦线的中间位置。像散光束就是这种具有特定结构的光束，像散就是这种成像上的缺陷。

整个非对称细光束的聚焦情况在图 5-1 中进行了清晰的展示。出现子午光束的会聚程度更显著时就是负像散。此时，光束在子午像点位置聚焦为一条与子午平面垂直的短线段，我们称之为子午焦线。而在弧矢像点位置，光束则聚焦为一条位于子午平面上的铅

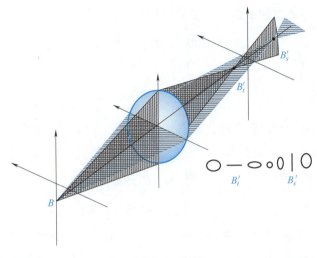

▶ 图 5-1　像散

垂短线段，我们称之为弧矢焦线。这两条焦线在空间中呈现相互垂直的态势。此外，在子午像点与弧矢像点之间的区域，光束的截面形态经历了从长轴与子午面垂直的椭圆，到圆形，再到长轴位于子午面上的椭圆的连续变化。这种具有非对称性且能在两个不同位置形成焦点的细光束，我们称之为像散光束。

　　子午像点和弧矢像点相对于高斯像面的轴向偏离 x'_t 和 x'_s 可以作为度量场曲程度的指标，x'_t 表示子午场曲，x'_s 则表示弧矢场曲。两者之间的差值 $\Delta x = x'_t - x'_s$ 则反映了某一特定视场条件下的像散程度。

　　图 5-2 所示为轴外物点成像的像散模型中，在 $\xi_1 = 0$ 的子午光束中，像面弯曲可以表示为通过入瞳上、下边缘的一对光线在像空间的交点到高斯像面的距离，有：

$$x'_t = \frac{y'_a - y'_b}{2u'} \tag{5.1.1}$$

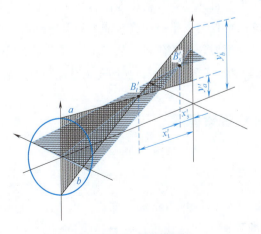

▶ 图 5-2　像散模型

子午面内上、下光线的像高 y'_a、y'_b 可以写为：

$$y'_a = y' + \delta y'_a, \quad y'_b = y' + \delta y'_b \tag{5.1.2}$$

把式（5.1.2）代入式（5.1.1）中，得：

$$x'_t = \frac{\delta y'_a - \delta y'_b}{2u'} \tag{5.1.3}$$

在 4.2.2 节中图 4-8 所示的轴外物点成像模型中，取上光线的初始坐标为：$y=y_1$、$\xi_1=0$，$\eta_1=a$；下光线的初始坐标为：$y=y_1$、$\xi_1=0$，$\eta_1=-a$；主光线的初始坐标为：$y=y_1$、$\xi_1=0$，$\eta_1=0$，代入式（4.2.6）得到 $\delta y'_a$ 和 $\delta y'_b$，并根据式（4.4.4）可得

$$x'_t = -\frac{1}{2n'u'^2}(\sum S_{\mathrm{I}} + 3\sum S_{\mathrm{III}} + \sum S_{\mathrm{IV}}) \tag{5.1.4}$$

同理，取上光线的初始坐标为：$y=y_1$、$\xi_1=a$，$\eta_1=0$；下光线的初始坐标为：$y=y_1$、$\xi_1=-a$，$\eta_1=0$；主光线的初始坐标为：$y=y_1$、$\xi_1=0$，$\eta_1=0$。可以求出弧矢宽光束的像面弯曲 x'_s 可以表示为：

$$x'_s = -\frac{1}{2n'u'^2}(\sum S_{\mathrm{I}} + \sum S_{\mathrm{III}} + \sum S_{\mathrm{IV}}) \tag{5.1.5}$$

则光学系统的像散可以表示为：

$$\Delta x' = x'_t - x'_s = -\frac{1}{n'u'^2}\sum S_{\mathrm{III}} \tag{5.1.6}$$

对于细光束来说，η_1 和 ξ_1 都无限小，式（5.1.4）与式（5.1.5）中与 η_1 和 ξ_1 成高次方的球差项可以略去，即忽略宽光束所引起的球差后，细光束的像面弯曲与像散分别为：

$$x'_t = -\frac{1}{2n'u'^2}(3\sum S_{\mathrm{III}} + \sum S_{\mathrm{IV}}) \tag{5.1.7}$$

$$x'_s = -\frac{1}{2n'u'^2}(\sum S_{\mathrm{III}} + \sum S_{\mathrm{IV}}) \tag{5.1.8}$$

$$\Delta x' = x'_t - x'_s = -\frac{1}{n'u'^2}\sum S_{\mathrm{III}} \tag{5.1.9}$$

第三赛德尔和数作为衡量光学系统初级像散的指标，常被称为初级像散系数。像散的产生，源于镜头系统在垂直与水平方向聚焦能力的差异。由于像散的存在，使得在调整成像光斑时往往难以找到最理想的焦点。从式（5.1.4）可以观察到，像散的大小与视场和孔径值的大小有着密切的关系，同时，视场光阑对像散的影响也不容忽视。

5.1.2 在 Zemax 中观察像散

（1）初始化设置

双击桌面上 Zemax 图标，打开 Zemax 主窗口，点击工具栏中的"File"→"Open"，这时会弹出打开窗口的界面，并自动将打开路径定位到了一个名为"Sample"的文件

夹下，这是在安装 Zemax 软件时自动安装的一些调试好的镜头结构，用户直接打开"Sample"文件夹下的".zmx"文件就可以看到 Zemax 官方给出的一些示例。下面我们选取 Zemax 软件内置的库克 3 片式物镜为例来展示子午面和弧矢面与像散之间的内在联系。

① 依次打开"Sample"文件夹下的"Sequential"→"Objectives"文件夹，选择"Cooke 40 degree field.zmx"文件打开，为避免在观察像散的过程中破坏原始数据和结构，在打开文件后选择工具栏中的"Save as"选项另存到本地。

② 在主窗口上方的工具栏中单击"Wav"，在弹出"波长"对话框中，设置为单个 0.55 的波长。

（2）观察像散

① 点击工具栏中的"L3d"，打开 3D 视图，即可查看库克 3 片式物镜的 *YZ* 平面视图，如图 5-3 所示，这就是子午面，是从正视于 *YZ* 平面观察到的光瞳剖面。

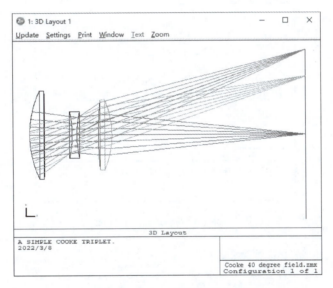

▶ 图 5-3　库克 3 片式物镜的子午面

② 打开 3D 视图工具栏中的设置界面，点击光线模式，我们可以看到有"XY Fan""X Fan""Y Fan"等光线模式，其中"X Fan"就是 *XZ* 平面的光扇，也就是弧矢面的光扇；"Y Fan"为 *YZ* 平面的光扇，也就是子午平面的光扇；而"XY Fan"为弧矢、子午平面光扇的叠加。为方便同时观察弧矢和子午平面的光线，我们将整个光学系统进行一定的旋转，做如图 5-4 所示的设置，设置后看到整个光学系统变为如图 5-5 所示。

③ 在中间视场光线与像面交界处附近拖动鼠标滚轮放大，分别将 3D 图切换为"X Fan"和"Y Fan"，可以观察到弧矢面与子午面的光线如图 5-6 所示。

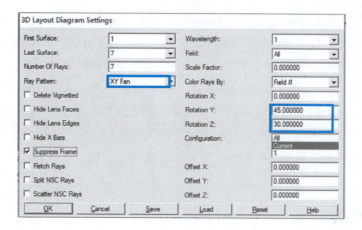

▷ 图 5-4　三维视图设置

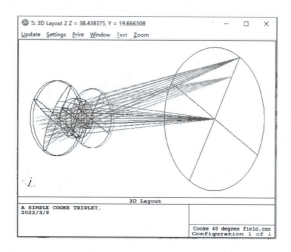

▷ 图 5-5　旋转后的 3D 视图

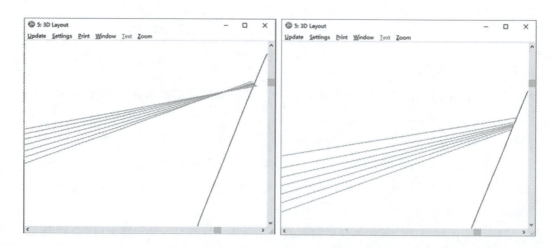

▷ 图 5-6　弧矢面（左）与子午面（右）光线情况

通过图 5-6 可以看出，在弧矢面上，光线在像面前已经聚焦，而此时子午面上的光线还处于未完全聚焦的状态，这就表明由于光学系统在上下方向与左右方向聚焦能力不同，造成了弧矢面与子午面的聚焦点不在同一位置。

④ 点击工具栏中的"Spt"，如图 5-7 所示为系统的光斑图，接下来进一步分析其形状。

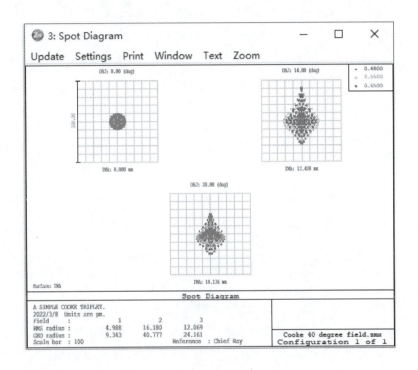

▷ 图 5-7　光斑图

通过观察光斑图，我们可以发现光轴上的视场光斑呈现出旋转对称的圆形特征，而轴外视场的光斑则具有显著非旋转对称性的形态。其中，中间视场的光斑明显具有椭圆形的特点，而最外侧视场的光斑则呈现为不规则的图案。值得注意的是，像散的弥散光斑形态并不固定，可能表现为线条状、弥散圆状或椭圆状等多种形式。因此，非旋转对称的弥散斑是像散的主要表现形式，当观察轴外视场的弥散斑时，若其展现出明显的非旋转对称性，这便意味着该光学系统存在较大的像散。

⑤ 使用光斑图中的离焦分析功能可以更直观地观察不同离焦位置的像散光斑，点击 Zemax 菜单栏中"分析"→"点列图"→"离焦"，打开离焦剖面图，在点列图设置中将离焦范围设置为 150mm，如图 5-8 所示，设置完成后可以看到不同距离的离焦剖面图排列（点列图）如图 5-9 所示。在像面前后观察到光斑的形状非常符合 5.1.1 节中对像散光斑的描述。

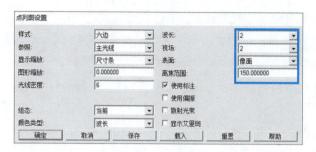

▶ 图 5-8　点列图设置

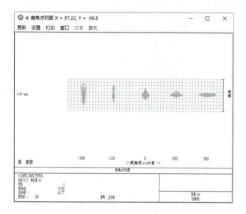

▶ 图 5-9　离焦点列图

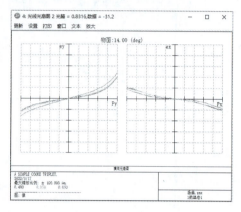

▶ 图 5-10　光线光扇图

⑥ 点击工具栏中的"Ray"，即可打开光线光扇图，如图 5-10 所示。第 2 个视场的像差曲线也被清晰展现，这是像散最具代表性的曲线形式。如果在其他系统中观察到类似的 Py 与 Px 像差曲线存在明显的不一致，这就表明该系统存在显著的像散问题。

⑦ 点击 Zemax 菜单栏中"分析"→"波前"→"波前图"，打开如图 5-11 所示的像散波前图像，可以看到类似于柱面的波前形状，这是子午面与弧矢面不同的光束光程差导致的。赛德尔系数界面中第三列为像散的赛德尔系数，如图 5-12 所示。

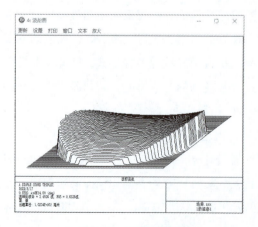

▶ 图 5-11　像散波前图

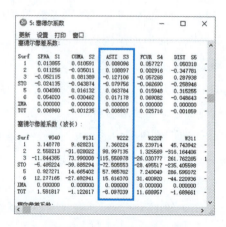

▶ 图 5-12　像散的赛德尔系数

5.1.3　在 Zemax 中优化像散

像散是轴外视场物点成像的不完美性造成的，在优化像散时可以参照彗差的优化过程，通过改变视场光阑的位置来优化像散，像散会随着视场光阑与镜头组之间的距离逐渐增大而减小。一般在实际光学设计任务中会采用对称的结构系统来校正像散，因为对称结构对于校正所有的轴外像差都非常有效。

（1）变量设置

下面我们在 5.1.2 节中库克 3 片式物镜的基础上进行优化。

① 首先将视场设置中 Y 方向的"0"与"20"取消选中，来针对像散最明显的中间视场进行优化。然后双击第 4 面的曲率半径一栏，在曲率半径求解类型中选择"跟随"，跟随表面（从表面）为第 3 面，缩放因子为 -1，如图 5-13 所示。

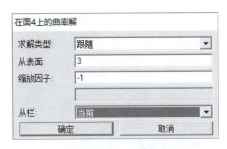

▶ 图 5-13　第 4 面曲率求解

这样第 4 面的曲率半径就固定为第 3 面曲率半径的负数，库克 3 片式物镜的中间透镜就会固定为一个关于透镜中心对称的结构，而且在 Zemax 优化的过程中，第 4 面的曲率半径会跟随第 3 面变化而变化。

② 以此类推，依次将第 5、6 面的曲率半径跟随第 2、1 面；将第 4、5 面的厚度分别以缩放因子为 1 跟随第 2、1 面，并将光阑面设置为第 3 面，如图 5-14 所示。

透镜数据编辑器

编辑　求解　查看　帮助

		曲率半径		厚度		玻璃	半直径	
OBJ	标准面	无限		无限			无限	
1*	标准面	22.014	V	3.259	V	SK16	15.000	U
2*	标准面	-435.760	V	6.008	V		15.000	U
*	标准面	-22.213	V	1.000	V	F2	10.000	U
4*	标准面	22.213	P	6.008	P		10.000	U
5*	标准面	435.760	P	3.259	P	SK16	15.000	U
6*	标准面	-22.014	P	42.208	V		15.000	U
IMA	标准面	无限		—			15.297	

▶ 图 5-14　对称结构透镜数据设置

③ 打开布局图，可以看到此时光学系统为一个关于中间透镜对称的结构，见图 5-15。

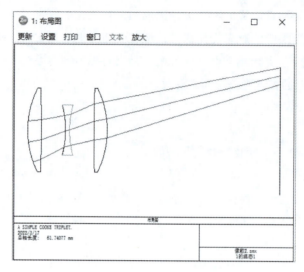

▶ 图 5-15　对称光学结构布局图

（2）优化像散

① 在菜单栏中点击"编辑器"→"评价函数"，打开评价函数编辑器。点击评价函数编辑器菜单栏"设计"→"序列评价函数（自动）"，打开如图 5-16 所示的默认评价函数设置窗口。将厚度边界值中的"空气"和"玻璃"都选中，并按照图 5-16 设置最小、最大值。

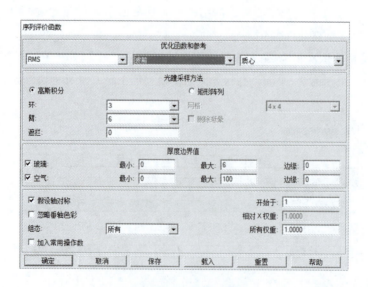

▶ 图 5-16　默认评价函数设置

② 设置完默认评价函数后，在操作数 DMFS 上方添加两行，分别输入“ASTI”和“EFFL”，将 ASTI 的目标设置为 0，即最终优化目标为完全消除像散；将 EFFL 的目标设置为 80，即优化过程中要在不能改变光学系统原有的有效焦距的前提下进行，并将它们的权重都设置为 1。

③ 点击工具栏中的“Upa”更新系统结构后，在“评估”一栏中就可以直接看到以波长表示的全部表面产生的像散贡献值，是由赛德尔和数计算得到的三级像散，可以看到此时光学系统的三级像散为 -9.942。

④ 设置完优化操作数后点击工具栏中的“OPT”，打开 Zemax 的局部优化功能，点击“自动”，让 Zemax 自动优化即可，优化完成后透镜数据如图 5-17 所示，评价操作数如图 5-18 所示。

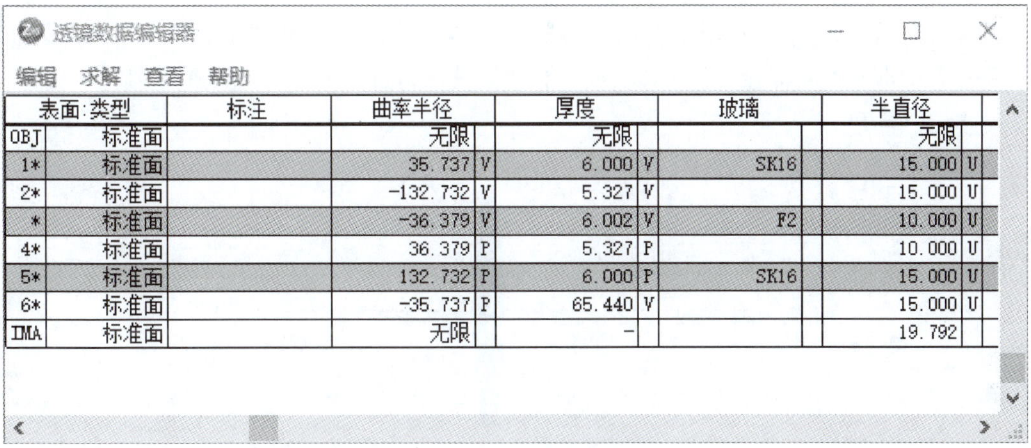

表面:类型		标注	曲率半径		厚度		玻璃		半直径	
OBJ	标准面		无限		无限				无限	
1*	标准面		35.737	V	6.000	V	SK16		15.000	U
2*	标准面		-132.732	V	5.327	V			15.000	U
*	标准面		-36.379	V	6.002	V	F2		10.000	U
4*	标准面		36.379	P	5.327	P			10.000	U
5*	标准面		132.732	P	6.000	P	SK16		15.000	U
6*	标准面		-35.737	P	65.440	V			15.000	U
IMA	标准面		无限		-				19.792	

图 5-17　优化后透镜数据

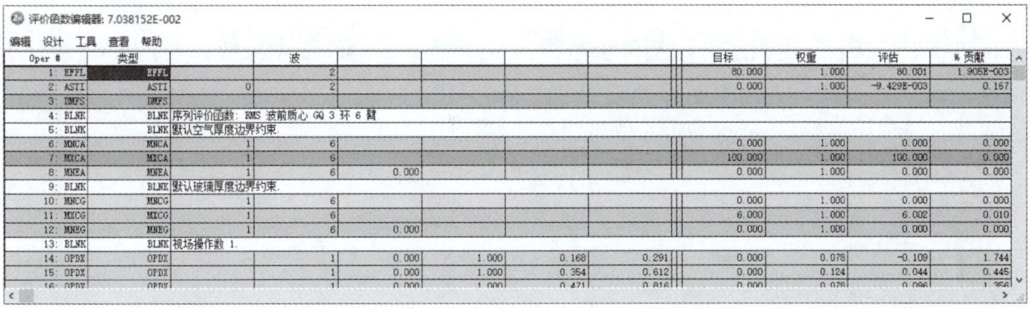

Oper #	类型		波					目标	权重	评估	% 贡献
1: EFFL	EFFL		2					80.000	1.000	80.001	1.905E-003
2: ASTI	ASTI	0	2					0.000	1.000	-9.429E-003	0.167
3: DMFS	DMFS										
4: BLNK	BLNK	序列评价函数: RMS 波前质心 GQ 3 环 6 臂									
5: BLNK	BLNK	默认空气厚度边界约束.									
6: MNCA	MNCA	1	6					0.000	1.000	0.000	0.000
7: MXCA	MXCA	1	6					100.000	1.000	100.000	0.000
8: MNEA	MNEA	1	6	0.000				0.000	1.000	0.000	0.000
9: BLNK	BLNK	默认玻璃厚度边界约束.									
10: MNCG	MNCG	1	6					0.000	1.000	0.000	0.000
11: MXCG	MXCG	1	6					6.000	1.000	6.002	0.010
12: MNEG	MNEG	1	6	0.000				0.000	1.000	0.000	0.000
13: BLNK	BLNK	视场操作数 1.									
14: OPDX	OPDX		1	0.000	1.000	0.168	0.291	0.000	0.078	-0.109	1.744
15: OPDX	OPDX		1	0.000	1.000	0.354	0.612	0.000	0.124	0.044	0.445
16: OPDX	OPDX		1	0.000	1.000	0.471	0.816	0.000	0.078	0.096	1.356

图 5-18　评价函数编辑器

可以看到优化之后光学系统的三级像散变为 -0.009，相比原始库克 3 片式物镜的像散（图 5-12）中的 -8.09 来说也有很大的提升。由此可见，完全对称式的光学结构具有很好的校正像散的能力。

5.2 场曲

5.2.1 场曲与初级场曲

场曲亦称为"像场弯曲"，是指当平面物体经过透镜系统成像时，其所有物点所成的像点并非落在一个理想的平面上，而是分布在一个弯曲的面上。换句话说，尽管通过透镜系统后每个物点都能在特定的位置呈现清晰的像点，但这些像点会组成一个曲面，而非平坦的像场，如图 5-19 所示。

场曲在使用成像仪器时常常出现，而我们自己观察物体却很少遇到，这是由于我们的视网膜本身具备曲面的结构特性，而传统的像面往往设计为平面，这导致在任何位置设置像面都无法获得整个物体的完全清晰成像。实际上，所得像面的清晰度会随着其位置的变化而逐渐改变，这无疑给我们的观察和摄影工作带来了极大的困扰。因此，为了确保成像的准确性和清晰度，对镜头或照相物镜进行场曲校正显得至关重要。

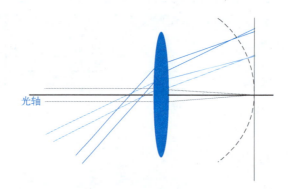

光轴

▶ 图 5-19 场曲示意图

在 5.1.1 节中，我们在讨论初级像散的过程中得出了轴外细光束成像时造成的子午方向像面弯曲 x_t' 与弧矢方向像面弯曲 x_s' 分别为：

$$x_t' = -\frac{1}{2n'u'^2}(3\sum S_{\text{III}} + \sum S_{\text{IV}}) \tag{5.2.1}$$

$$x_s' = -\frac{1}{2n'u'^2}(\sum S_{\text{III}} + \sum S_{\text{IV}}) \tag{5.2.2}$$

从式（5.2.1）和式（5.2.2）中可以看出像面弯曲主要和表征初级像散的第三赛德尔和数与匹兹凡面弯曲有关。像散和场曲是两种互相密切联系的像差，但像面弯曲不光是由像散引起，匹兹凡和也是一个重要的因素。一个光学系统要获取平坦且消除像散的清晰像面，必须同时满足条件 $\sum S_{\text{III}} = 0$ 和 $\sum S_{\text{IV}} = 0$。当 $\sum S_{\text{III}} \neq 0$ 而 $\sum S_{\text{IV}} = 0$ 时，随着视场的扩大，弯曲的子午像面和弧矢像面会因像散作用而分离，但它们在中心处会共同切于高斯像面；当 $\sum S_{\mathrm{III}}=0$ 而 $\sum S_{\mathrm{IV}} \neq 0$ 时，子午像面与弧矢像面会重合，进而实现像散的消除，尽管此时的像面依然呈现弯曲形态，这种弯曲的程度由 $\sum S_{\mathrm{IV}}$ 决定，以 x'_p 来表示，有：

$$x'_p = -\frac{1}{2n'u'^2}\sum S_{\mathrm{IV}} \tag{5.2.3}$$

曲面若由第四赛德尔和数 $\sum S_{\mathrm{IV}}$ 决定，则被称为匹兹凡面，它恰好是消除像散现象后真实像所在的平面，因此 $\sum S_{\mathrm{IV}}$ 也被命名为匹兹凡和。

在空气中，对于单一的薄透镜，其匹兹凡和可以通过式（5.2.4）进行变换，转化为以光焦度表达的更为简洁的形式：

$$\sum S_{\mathrm{IV}} = \sum J^2 \frac{\varphi}{n} \tag{5.2.4}$$

薄透镜的匹兹凡和主要由其光焦度和折射率所决定，而与透镜的具体形状无关。无论是单透镜系统还是由多个单透镜组成的系统，当透镜系统的光焦度为正时，正透镜的光焦度必然大于负透镜的负光焦度，此时匹兹凡和总是表现为正值。同理，对于具有负光焦度的透镜组，其匹兹凡和必定为负值。因此单个薄透镜组无法校正匹兹凡和。

分析匹兹凡和的表达式，单个透镜两个面的 $[(n'-n)/n'n]\,r$ 总是等值异号的，要使 $\sum S_{\mathrm{IV}}=0$，必须确保透镜两个面的半径具有相同的符号。通过精准地调控透镜的厚度，就可以同时实现透镜所需的光焦度。例如，如图 5-20 所示的弯月透镜，其设计使得正负光焦度得以分离，从而有效地校正匹兹凡和。

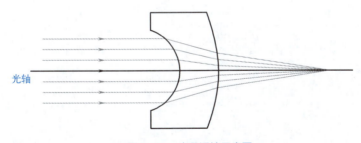

光轴

▶ 图 5-20　弯月透镜示意图

给定光焦度 φ 后，为了使弯月形厚透镜能产生要求的 $\sum S_{\mathrm{IV}}$ 值，需要同时满足：

$$S_{\mathrm{IV}} = J^2 \frac{n-1}{n}(\rho_1 - \rho_2) \tag{5.2.5}$$

$$\varphi = (n-1)(\rho_1 - \rho_2) + \frac{(n-1)^2}{n} d\rho_1 \rho_2 \tag{5.2.6}$$

透镜厚度 d 被确定后，透镜的半径就可以通过进一步计算来确定。根据上述公式，当 S_{IV} 为定值时，透镜的曲率会随着 d 的减小而增大，为了避免透镜曲率过大可能导致的严重变形、通光孔径缩减以及严重的球差等问题，要使用有一定厚度的弯月形厚透镜。为了校正照相物镜和平场显微物镜中的像面弯曲，通常会在设计中使用这种厚透镜。

5.2.2　在 Zemax 中观察场曲

（1）初始化设置

①　首先双击桌面上的 Zemax 图标，打开 Zemax 主窗口，点击工具栏中的 "NEW"，并将此文件保存到本地。在主窗口上方的工具栏中单击 "Gen"，在弹出 "常规" 对话框中，将孔径类型设为 "入瞳直径"，孔径值为 20，如图 5-21 所示。

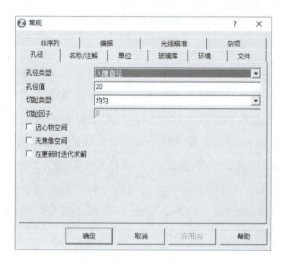

▶ 图 5-21　孔径设置

②　然后在快捷工具栏中点击 "Fie"，在图 5-22 所示的界面中输入最大视场为 20，然后点击 "等面积视场"，可以看到 Y- 视场数值分别改为 0、14.142136（$20/\sqrt{2}$）、20。

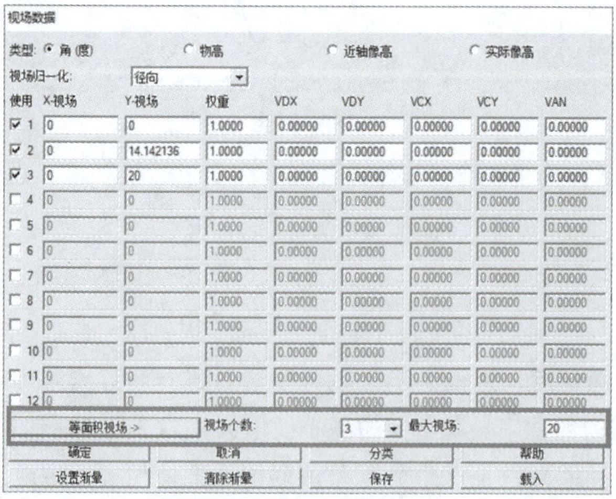

▶ 图 5-22　视场设置

（2）透镜数据设置

① 鼠标点击在透镜数据编辑器窗口中最后栏任意一格，按"Insert"键，插入 1 个面。双击第 2 面的曲率半径一栏，在弹出的"在面 2 上的曲率解"对话框中选择求解类型为"F 数"，并输入 F 数的数值为 5，如图 5-23 所示。关于 F 数的定义，读者可以查阅第 2 章。

② 然后双击第 2 面的"厚度"一栏，在弹出的"在面 2 上的厚度解"对话框中选择"边缘光线高度"，并将高度设置为 0，如图 5-24 所示。

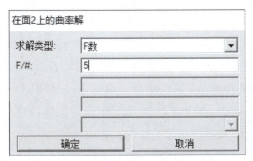

▶ 图 5-23　曲率解设置

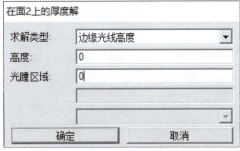

▶ 图 5-24　厚度解设置

③ 然后按图 5-25 所示输入曲率半径、厚度以及材料数据。

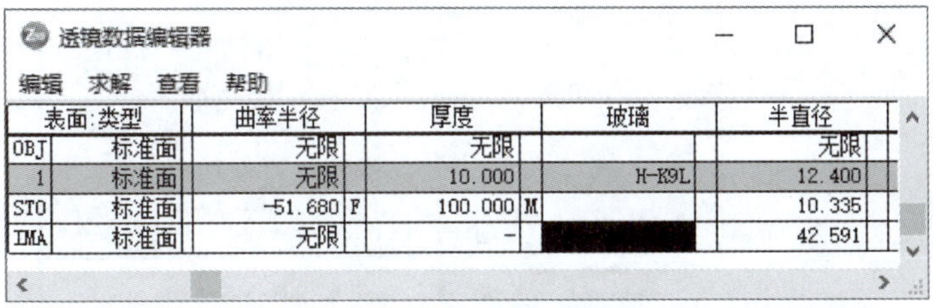

表面:类型		曲率半径	厚度	玻璃	半直径
OBJ	标准面	无限	无限		无限
1	标准面	无限	10.000	H-K9L	12.400
STO	标准面	-51.680 F	100.000 M		10.335
IMA	标准面	无限	-		42.591

▶ 图 5-25　观察场曲的透镜数据

（3）观察场曲

① 光路布局图：点击工具栏中的"Lay"，可以看到此时光路布局图如图 5-26 所示，仔细观察该图，可以发现三个视场的最佳焦点并非位于同一平面，而是位于一个曲面上，如图 5-27 所示。这个曲面被称为匹兹凡面。对于单透镜系统而言，这种场曲现象是固有的，这种场曲也被称为匹兹凡场曲。

② Zemax 提供了一个专门查看场曲的分析功能，在主窗口工具栏中点击"分析"→"杂项"→"场曲 / 畸变"，打开图 5-28 所示的场曲 / 畸变曲线，清楚地看到左边的场曲程度随着入射光的变化，通过坐标值可以看到此时场曲小于 50mm。

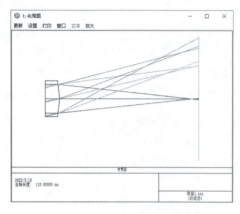

▶ 图 5-26 光路布局图 ▶ 图 5-27 匹兹凡面

③ 在主窗口工具栏的"分析"→"像差系数"→"赛德尔系数"中，可以查看到每一面对场曲的贡献值，赛德尔系数窗口中的第四列为光学系统中每一面对总体场曲的贡献度，如图 5-29 所示。在 Zemax 中 FCUR 表示场曲，同时 FCUR 也可以作为操作数使用，在优化函数编辑器中加入 FCUR 可以限制某一面或系统总体的场曲。

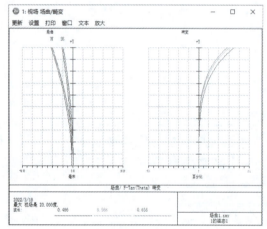

▶ 图 5-28 场曲 / 畸变曲线

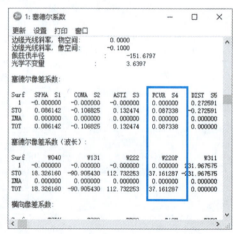

▶ 图 5-29 赛德尔系数

④ 使用 Zemax 的成像模拟功能，我们可以观察到实际物面在成像后的像面模糊情况，在主窗口工具栏的"分析"→"图像模拟"→"图像模拟"中打开图 5-30 所示的成像模拟界面，成像模拟界面会默认以一个栅格为物体，在"Fie"中查看第一视场条件下的成像情况，分别将第一视场的"Y- 视场"调整为 0、−20、20，并分别更新成像模拟界面，可以发现看到三个视场情况下图像模拟情况分别如图 5-30 ～图 5-32 所示。

场曲导致的像质退化在成像模拟图中展示得非常清晰，当像面位于光轴上时，由于像面位于近轴焦平面，成像模拟图的中心区域非常清晰，离中心越远越模糊；当像面位于

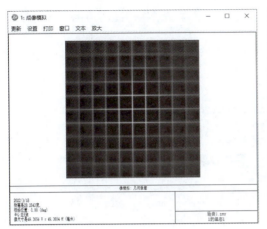

▶ 图 5-30　成像模拟图（Y=0°）

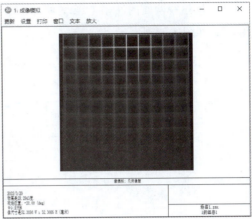

▶ 图 5-31　成像模拟图（Y=-20°）

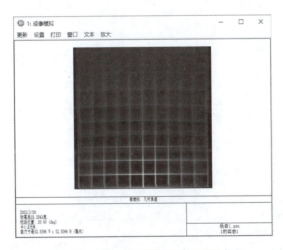

▶ 图 5-32　成像模拟图（Y=20°）

轴外时，则模拟得到只有一侧边缘清晰而其他区域模糊的图像，此时无法在任何位置得到完全清晰的像面。

5.2.3　在 Zemax 中优化场曲

在 5.1.1 节中，我们知道为了校正场曲，需要同时对光学系统校正像散及匹兹凡和，而弯月透镜可以使透镜两面的正负光焦度分离以校正匹兹凡和。下面我们在 5.1.2 节例子中的单透镜基础上改变两面的曲率半径，通过优化弯月透镜来校正场曲。

（1）改变初始结构

① 将第 2 面的曲率半径和厚度的求解类型改为"固定"。

② 把透镜两面的曲率半径改为正负统一，为了便于观察，将透镜两边的半直径设置为 20，如图 5-33 所示。

透镜数据编辑器

编辑 求解 查看 帮助

表面:类型		曲率半径	厚度	玻璃	半直径
OBJ	标准面	无限	无限		无限
*	标准面	-50.000	10.000	H-K9L	20.000 U
2*	标准面	-30.000	100.000		20.000 U
IMA	标准面	无限	-		36.506

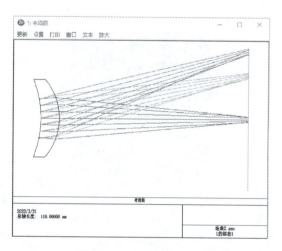

▶ 图 5-33 曲率设置

③ 点击工具栏中的“Lay”，打开布局图，可以看到图 5-34 所示的弯月透镜初始结构。

▶ 图 5-34 弯月透镜初始结构

（2）优化

① 将弯月透镜的参量和后截距设置为变量，如图 5-35 所示。

透镜数据编辑器

编辑 求解 查看 帮助

表面:类型		曲率半径	厚度	玻璃	半直径
OBJ	标准面	无限	无限		无限
*	标准面	-50.000 V	10.000 V	H-K9L	20.000 U
2*	标准面	-30.000 V	100.000 V		20.000 U
IMA	标准面	无限	-		36.506

▶ 图 5-35 变量设置

②　在菜单栏中点击"编辑器"→"评价函数"，打开评价函数编辑器，点击评价函数编辑器菜单栏"设计"→"序列评价函数（自动）"，打开如图 5-36 所示的默认评价函数设置窗口。将厚度边界值中的"空气"选中，并按照图 5-36 所示设置最小、最大值。

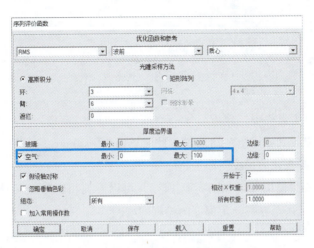

▷ 图 5-36　默认评价函数设置

③　在优化函数编辑器中添加两行，在第一行的"类型"一栏中输入"EFFL"，并将目标设置为 100，即优化过程中要在不能改变光学系统原有的有效焦距的前提下进行；在第二行的"类型"一栏中输入"FCUR"；将它们的权重都设置为 1。点击工具栏中的"Upa"更新系统结构后，在"评估"一栏中就可以直接看到以波长表示的全部表面产生的匹兹凡和，如图 5-37 所示。

Oper #	类型		波	Hx	Hy	Px	Py		目标	权重	评估	% 贡献
1: EFFL	EFFL		2						100.000	1.000	124.000	7.380
2: FCUR	FCUR	0	2						0.000	1.000	25.606	8.400
3: DMFS	DMFS											
4: BLNK	BLNK	序列评价函数: RMS 波前质心 GQ 3 环 6 臂										
5: BLNK	BLNK	默认空气厚度边界约束.										
6: MNCA	MNCA		2						0.000	1.000	0.000	0.000
7: MXCA	MXCA		2						100.000	1.000	100.000	0.000
8: MNEA	MNEA		2	0.000					0.000	1.000	0.000	0.000
9: BLNK	BLNK	非默认玻璃厚度边界约束.										
10: BLNK	BLNK	视场操作数 1.										
11: OPDX	OPDX		1	0.000	0.000	0.336	0.000		0.000	0.097	82.266	8.407
12: OPDX	OPDX		1	0.000	0.000	0.707	0.000		0.000	0.155	-6.373	0.061
13: OPDX	OPDX		1	0.000	0.000	0.942	0.000		0.000	0.097	-72.069	8.452
14: OPDX	OPDX		2	0.000	0.000	0.336	0.000		0.000	0.097	71.309	6.317
15: OPDX	OPDX		2	0.000	0.000	0.707	0.000		0.000	0.155	-6.220	0.054

▷ 图 5-37　评价函数设置

④　设置完优化操作数后点击工具栏中的"OPT"，打开 Zemax 的局部优化功能，点击"自动"，让 Zemax 自动优化即可，如图 5-38 所示。

⑤　优化完成后更新光路布局图，如图 5-39 所示，此时匹兹凡面已经非常接近一个平面。

▶ 图 5-38　优化

⑥ 点击主窗口工具栏中"分析"→"杂项"→"场曲/畸变",打开图 5-40 所示的场曲/畸变曲线,可以看到相比图 5-28 来说,此时场曲小于 20mm,且曲线的弯曲度降低了,也就是说随入射光线变化的程度变小了。

⑦ 更新后的成像模拟效果如图 5-41 所示,可以看到相比图 5-30 来说图像的边缘已经变得清晰可见,但还是存在一定程度的模糊和畸变。

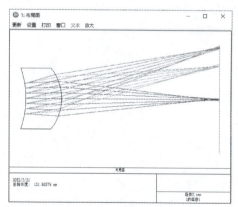

▶ 图 5-39　优化后的光路布局图

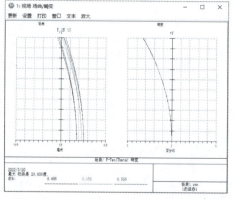

▶ 图 5-40　优化后的场曲/畸变曲线

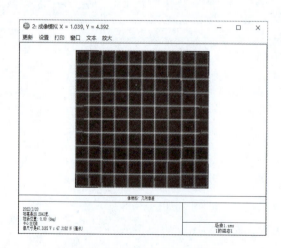

▶ 图 5-41　优化后成像模拟效果

5.3　畸变

5.3.1　畸变与初级畸变

畸变指物体通过镜头成像时，理想像面与实际像面间产生的形变。换言之，物体经过成像后，由于局部放大率的不一致，使得物体的像并不等于实际物体的等比例缩放，而是发生了形变。图 5-42 展示了畸变的两种类型，一种是正畸变，或者称之为枕形畸变；另一种为负畸变，也可以称为桶形畸变。无论是哪种类型的畸变，都揭示了系统成像的缺陷或不足之处，在设计时我们应尽量减小或避免其影响。特别值得注意的是，人眼对图像形变的敏感度通常高于对清晰度的感知。因此，在特殊镜头，如光刻物镜和计量物镜中，畸变的调校尤为重要，需要精确调整以达到最佳成像效果。

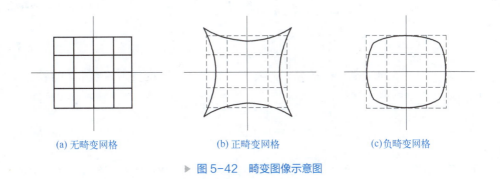

(a) 无畸变网格　　　　　(b) 正畸变网格　　　　　(c) 负畸变网格

▶ 图 5-42　畸变图像示意图

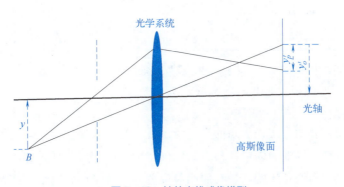

▶ 图 5-43　轴外光线成像模型

对于如图 5-43 所示的视场，定义其实际主光线与高斯像面相交时的高度为 y_p'，将成像光束的中央光线作为主光线，则 y_p' 代表实际像高。实际像高 y_p' 与理想像高 y_o' 之间的差异 $\delta y'$ 就是线畸变，即

$$\delta y' = y_p' - y_o' \tag{5.3.1}$$

通常用线畸变 $\delta y'$ 相对于理想像高的百分比来表示畸变，称相对畸变，即：

$$\frac{\delta y'}{y'_o} = \frac{y'_p - y'_o}{y'_o} \times 100\% \qquad (5.3.2)$$

如果实际放大率 y'_p/y 记为 $\overline{\beta}$，理想放大率 y'_o/y 为 β，则式（5.3.3）可以表示为：

$$\frac{\delta y'}{y'_o} = \frac{\overline{\beta} - \beta}{\beta} \times 100\% \qquad (5.3.3)$$

也就是说，某一视场条件下的畸变可以表示为实际放大率 $\overline{\beta}$ 和理想放大率 β 之差与 β 的比值。

在 4.3.1 节中，我们详细探讨了子午平面上任意近轴光线与远轴光线间的关联，这种关系可以通过 Kerber 球差分布式来具体表达。在式（4.3.12）中我们将远轴光线替换为主光线，从而得到一个新的表达式：

$$u'n'\cos U'\delta y' - nu\cos U\delta y = -\frac{1}{2}S_{\text{DIST}} \qquad (5.3.4)$$

$$S_{\text{DIST}} = 2[(L'\sin U' - L\sin U)ni + J(\cos U' - \cos U)] \qquad (5.3.5)$$

S_{DIST} 即为畸变在某一表面上的分布，表征该面对系统畸变贡献的大小，当物方无畸变，即 $\delta y=0$ 时，有：

$$\delta y' = -\frac{S_{\text{DIST}}}{2u'n'\cos U'} \qquad (5.3.6)$$

在 4.2.2 节中我们已经知道空间光线的轴向像差和 $\Delta L'$ 垂轴像差的分量 $\delta y'$ 一定是 y_1、ξ_1 和 η_1 的函数。在图 4-8 所示的轴外物点成像模型中，取主光线的初始坐标为：$y=y_1$，$\xi_1=0$，$\eta_1=0$，代入式（4.2.6）可得：

$$\begin{cases} \delta y'_{p0} = -\dfrac{1}{2n'u'}\sum S_{\text{V}} \\[2mm] \sum S_{\text{V}} = \sum (S_{\text{III}} + S_{\text{IV}})\dfrac{i_p}{i} \end{cases} \qquad (5.3.7)$$

可见，畸变主要由一定入射角的光线经过各个光学表面引起，畸变的形成既有球差的因素，也有像散、场曲的因素，初级畸变仅与物高的三次方成正比。作为轴外像差的一种，同样可以采用调整光阑与镜头的相对位置的方法来调整畸变，或者采用对称结构的光学系统。

5.3.2 在 Zemax 中观察畸变

为了观察到非常明显的畸变现象，我们以 Zemax 自带的一个 100° 视场的广角镜头为例。

① 打开 Zemax 主窗口，点击工具栏中的"File"→"Open"，寻找"Sample"文件夹并打开其中的"Sequential"文件夹，再次找到并打开"Objectives"文件夹，选择"Wide angle lens 100 degree field.zmx"文件打开，为防止在观察畸变的过程中破坏原始数据和结构，在打开文件后选择工具栏中的"Save as"选项，另存到本地。

② 点击工具栏中的"Lsh"，可以看到这个 100°的广角镜头组成情况如图 5-44 所示；点击主窗口菜单栏中"分析"→"杂项"→"场曲/畸变"，打开图 5-45 所示的场曲/畸变曲线，可以看到右边畸变百分比程度随着入射光的变化曲线，通过坐标值可以看到在当前视场条件下系统的最大畸变量接近 45%。

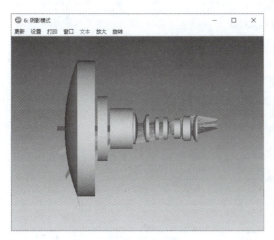

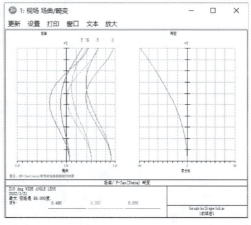

▶ 图 5-44　100°广角镜头　　　　　　　　　▶ 图 5-45　场曲/畸变图

③ Zemax 提供了一个网格畸变功能，可以直观观察畸变形状大小，点击主窗口菜单栏中"分析"→"杂项"→"网格畸变"，打开图 5-46 所示的网格畸变图，可以直观看到此系统存在非常明显的桶形畸变，即负畸变。

④ 点击主窗口工具栏中"分析"→"像差系数"→"赛德尔系数"，可以查看到每一面畸变的贡献，赛德尔系数窗口中的第五列为光学系统中每一面对总体畸变的贡献度，如图 5-47 所示。在 Zemax 中 DIST 表示畸变，同时 DIST 也可以作为操作数使用，在优化函数编辑器中加入 DIST 可以观察某一面或系统总体的畸变。

⑤ 利用 Zemax 的成像模拟功能，实际物面成像后像面模糊状况可以被很好地模拟并展示。点击主窗口工具栏中"分析"→"图像模拟"→"图像模拟"，打开成像模拟界面，点击"设置"，出现如图 5-48 所示的像模拟设置界面，在"导入文件"中选择"Demo pictrue"，在无任何像差条件（所有透镜的曲率半径都为无穷）和在有畸变的情况下，可以分别看到图 5-49 和图 5-50 的效果。

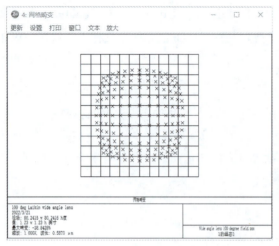

▶ 图 5-46 网格畸变图

Surf	SPHA S1	COMA S2	ASTI S3	FCUR S4	DIST S5
1	-0.000000	-0.000000	-0.000000	-0.000000	-0.000000
2	-0.000000	0.000022	-0.001536	-0.001893	0.239852
3	-0.000977	0.002793	-0.007987	-0.013557	0.061610
4	0.001052	-0.002597	0.006408	0.013909	-0.050135
5	0.000001	-0.000024	0.000581	0.000320	-0.021456
6	-0.002790	0.003483	-0.004347	-0.019587	0.029874
7	0.000000	-0.000060	0.010075	-0.010432	0.060046
8	-0.000004	0.000059	-0.000814	0.001141	-0.004488
9	-0.000001	0.000085	-0.007480	0.008007	-0.046377
STO	-0.000000	-0.000000	-0.000000	-0.000000	-0.000000
11	0.000075	0.000688	0.006310	-0.002639	0.033661
12	0.001262	-0.001838	0.002676	0.008857	-0.016793
13	0.000007	0.000099	0.001365	0.000681	0.028086
14	-0.004505	-0.000381	-0.000032	-0.001675	-0.000145
15	0.000531	-0.001171	0.002580	0.004575	-0.015765
16	-0.000002	-0.000041	-0.000833	0.002330	0.030092
17	-0.002552	-0.008793	-0.030294	-0.007946	-0.131741
18	0.002383	0.008282	0.028787	0.007131	0.124844
19	0.003344	0.000134	0.000005	0.005103	0.000205
20	-0.000070	-0.000636	-0.005751	0.008057	0.020853
21	0.003174	-0.000457	0.000066	-0.000519	0.000065
IMA	0.000000	0.000000	0.000000	0.000000	0.000000
TOT	0.000928	-0.000352	-0.000220	0.001862	0.342290

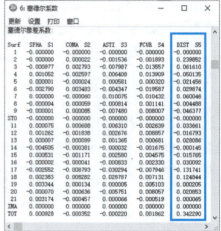

▶ 图 5-47 赛德尔系数

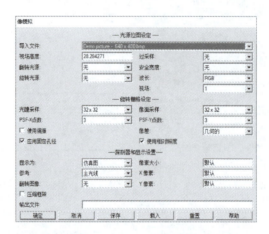

▶ 图 5-48 像模拟设置

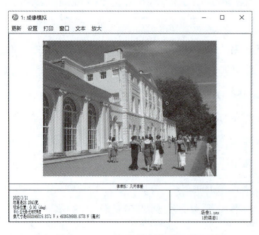

▶ 图 5-49 无任何像差条件下的照片

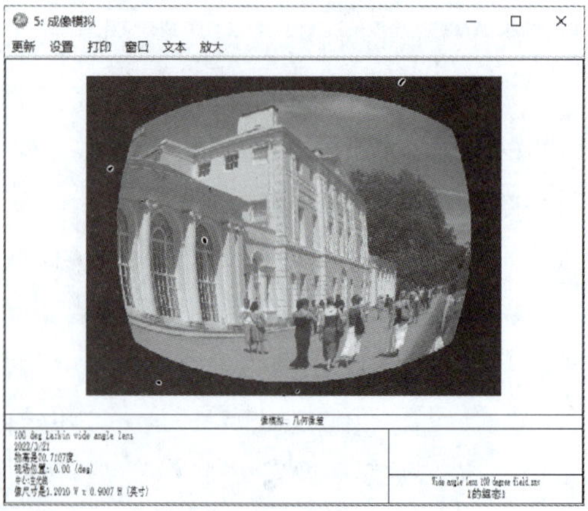

▶ 图 5-50 畸变效果

5.3.3　在 Zemax 中优化畸变

在 5.3.2 节中我们利用一个 100° 视场的广角镜头观察到了典型的畸变现象，在 5.3.1 节的分析中我们知道畸变主要由视场角引起，可以采用优化光阑位置或者采用对称光学结构的方法来校正畸变。接下来以 5.2.2 节例子中的单透镜为基础，在其前面添加一个单透镜形成对称式透镜组，通过对称结构来实现畸变优化。

（1）改变初始结构

① 在像面前添加三个面，并设第 3 面为光阑面。

② 在第 4 面曲率半径求解中选择"跟随"，跟随表面为第 2 面，缩放因子为 -1，如图 5-51 所示，这样第 4 面的曲率半径就固定为第 2 面曲率半径的负数。

▶ 图 5-51　第 4 面曲率求解

③ 以此类推，依次将第 4、5 面的曲率半径以负一倍跟随第 2、1 面；将第 3、4 面的厚度分别以缩放因子为 1 跟随第 2、1 面，并将第 1、2 面的曲率半径和厚度设置为变量，透镜数据如图 5-52 所示。

表面:类型		曲率半径	厚度		玻璃	半直径	
OBJ	标准面	无限	无限			无限	
1*	标准面	50.000 V	10.000 V		H-K9L	20.000 U	
2	标准面	110.000 V	25.000 V			20.394	
STO	标准面	无限	25.000 P			8.033	
4	标准面	-110.000 P	10.000 P		H-K9L	17.806	
5*	标准面	-50.000 P	100.000 V			20.000 U	
IMA	标准面	无限	-			55.337	

▶ 图 5-52　对称结构透镜数据设置

④ 打开布局图，可以看到此时光学系统为一个关于中间透镜对称的结构（图 5-53）；打开场曲/畸变图，通过畸变曲线可以看到当前视场条件下系统的最大畸变量小于 1%（图 5-54）。

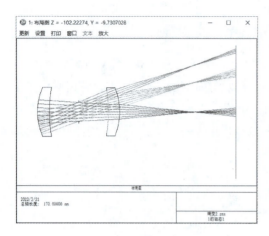

▶ 图 5-53 对称光学结构布局图

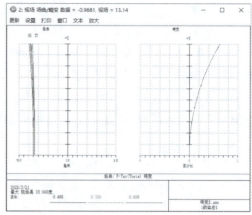

▶ 图 5-54 场曲 / 畸变图

（2）优化畸变

① 在菜单栏中点击"编辑器"→"评价函数"，打开评价函数编辑器，点击评价函数编辑器菜单栏"设计"→"序列评价函数（自动）"，打开如图 5-55 所示的默认评价函数设置窗口。将厚度边界值中的"空气"和"玻璃"都选中，并按照图 5-55 设置最小、最大值。

▶ 图 5-55 默认评价函数设置

② 设置完默认评价函数后，在操作数 DMFS 上方添加两行，分别输入 DIST 和 EFFL，将 DIST 的目标设置为 0，即最终优化目标为完全消除畸变，将 EFFL 的目标设置为 100，即优化过程中要在不能改变光学系统原有的有效焦距的前提下进行，并将它们的

权重都设置为 1。

　　③ 设置完优化操作数后点击工具栏中的"OPT"，打开 Zemax 的局部优化功能，点击"自动"，让 Zemax 自动优化即可，优化完成后透镜数据如图 5-56 所示，光路布局图则展示在图 5-57 中，畸变曲线见图 5-58。

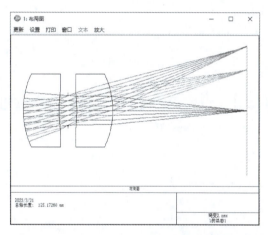

▶ 图 5-56　优化后透镜数据

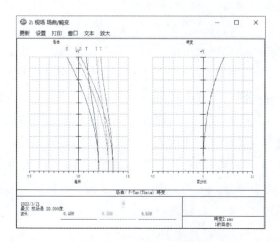

▶ 图 5-57　优化后布局图

▶ 图 5-58　优化后畸变曲线

④ 点击主窗口工具栏中"分析"→"图像模拟"→"图像模拟",打开成像模拟界面,点击"设置",在"导入文件"中选择"Demo picture",从图 5-59 可以看出相比图 5-50,对称结构的模拟图像中几乎没有畸变现象。

▶ 图 5-59 优化后成像模拟

可见,在实际光学设计任务中,可以采用优化光阑位置、使用对称光学结构的方式来校正畸变。

5.4 色差

对于不同波长的单色光,同种光学介质具有各异的折射率特性。具体来说,当光的波长较短时,折射率相对较高,反之,波长较长时,折射率则较低。这一特性导致多波长的光束在通过透镜后,不同波长的光在其传播方向上发生分离,此现象即为色散。白光光源是实际的光学镜头成像中使用最广泛的光源。如果入射角不为零,只要白光入射到介质分界面(不论形状),白光中包含的不同波长的光会受色散效应影响,从而沿着不同的路径传播。这导致不同色光在成像过程中拥有各自特定的成像位置和成像倍率。因此,当物点通过透镜聚焦于像面时,不同波长的光会聚于不同的位置,形成大小各异的色斑。这种因色光传播差异导致的成像不均一性,我们称为色差。在描述色差时,我们常依据接收器的特性选择特定的单色光。特别是在目视光学系统中,蓝色 F 光和红色 C 光常被选为参考。色差主要分为两种类型:一种是由于两种单色光在轴上物点的成像位置存在差异,称为位置色差;另一种则是由于不同色光在成像时倍率不同,导致物体像的大小产生差异,这种色差被称为倍率色差。

位置色差，亦可称为轴向色差，其本质在于不同波长的光束经过透镜后，在光轴上不同的位置聚焦。鉴于其形成机理与球差颇为相似，我们亦称之为球色差。当多色光通过透镜聚焦时，沿光轴会形成多个焦点，这使得无论像面置于何处，所见的像点总是呈现为色斑或彩色晕圈，无法观察到清晰的光斑。倍率色差，亦可称为垂轴色差，其本质是轴外视场不同波长光束通过透镜后，在像面不同的高度上聚焦，换言之不同波长的光成像后的放大率不同，故称为倍率色差。在像面高度方向上，多个波长的焦点会依次排列，导致最终观察到的像面边缘呈现出彩虹般的边缘带。

大多数光学系统都应用于可见光，波长约在 380 ～ 780nm，色差的存在严重地影响光学系统的像质，所以校正色差对于用于成像的光学系统都非常重要。

5.4.1 位置色差

如图 5-60 所示，一束近轴白光从轴上点 A 出发并通过光学系统后，高斯像点 A'_F 是白光中的 F 光与光轴的交点，而高斯像点 A'_C 则是 C 光与光轴的交点，这两点分别距离光学系统最后一面 l'_F、l'_C，这两个距离之间的差值就是近轴光的位置色差，即：

$$\delta l'_{pc}=l'_F-l'_C \tag{5.4.1}$$

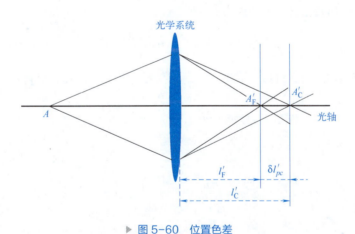

▶ 图 5-60　位置色差

假设 A 点同时发出了红、蓝两种单色光，则在过 A'_F 的垂轴光屏上将接收到中心蓝色像点外带着环形的红色散斑，而在过 A'_C 的垂轴光屏上，则是中心红色像点外带着环形的蓝色散斑。可见当不同波长的光入射时，即使是近轴光束也不能得到清晰像。当 A 点发出与光轴成一定角度的红、蓝两种单色光时，也会产生色差。在经过光学系统后，由于两种单色光的球差的影响，它们与光轴的交点并不会与各自的近轴像点完全重合。同时，由于这两种色光的球差值存在差异，因此它们所表现出的位置色差形式也会与近轴条件下由式（5.4.1）所描述的位置色差值有所不同。

与轴上点球差一样，位置色差也可表示成级数展开式，与球差不同的是，以光轴为对称轴，当光束的孔径角 u 或入射高度 h 由光轴一边变到另一边时，色差值不变，也就是说当 u 或 h 异号时色差不变，所以球差的展开式中应只包含 u 和 h 的偶次方项，以及当 u 或 h 为零时位置色差不为零，所以应该有常数项，且常数项就为近轴光的位置色差，据此可写出由孔径角 u 和入射高度 h 表示的位置色差的表达式：

$$\begin{cases} \delta l'_{pc} = a_0 + a_1 u^2 + a_2 u^4 + a_3 u^6 + \cdots \\ \delta l'_{pc} = b_0 + b_1 h^2 + b_2 h^4 + b_3 h^6 + \cdots \end{cases} \tag{5.4.2}$$

在第 2 章中我们知道单个折射球面对轴上点以近轴光成像时，满足以下关系：

$$\frac{n'}{l'} - \frac{n}{l} = \frac{n'-n}{r} \tag{5.4.3}$$

式（5.4.3）的微分式为：

$$\frac{\mathrm{d}n'}{l'} - \frac{n'\mathrm{d}l'}{l'^2} - \frac{\mathrm{d}n}{l} + \frac{n\mathrm{d}l}{l^2} = \frac{\mathrm{d}n'-\mathrm{d}n}{r} \tag{5.4.4}$$

以 F、d、C 光来计算色差时，中间波长色光（d 光）在像方介质的折射率为 n'，在物方介质的折射率为 n，那么可以用 $\mathrm{d}n'=n'_F-n'_C$ 来表示像方介质的折射率变化，同理 $\mathrm{d}n=n_F-n_C$，则 $\mathrm{d}l'$ 和 $\mathrm{d}l$ 即为初级位置色差，将它们分别用 $\delta l'_{pc}$ 和 δl_{pc} 表示，化简式（5.4.4），得到单个折射球面的初级位置色差公式为：

$$u'^2 n' \delta l'_{pc} - n u^2 \delta l_{pc} = -luni\left(\frac{\mathrm{d}n'}{n'} - \frac{\mathrm{d}n}{n}\right) \tag{5.4.5}$$

对于整个光学系统，将每一面用式（5.4.5）进行计算并求和，可得：

$$n'_k u'^2_k \delta l'_{pc,k} - n_1 u^2_1 \delta l_{pc,1} = -\sum luni\left(\frac{\mathrm{d}n'}{n'} - \frac{\mathrm{d}n}{n}\right) \tag{5.4.6}$$

即：

$$\begin{cases} \delta l'_{pc,k} = \dfrac{n_1 u^2_1}{n'_k u'^2_k} \delta l_{pc,1} - \dfrac{1}{n'_k u'^2_k} \sum C_{\mathrm{I}} \\ C_{\mathrm{I}} = luni\left(\dfrac{\mathrm{d}n'}{n'} - \dfrac{\mathrm{d}n}{n}\right) \end{cases} \tag{5.4.7}$$

式（5.4.7）即为初级位置色差表达式。式中，C_{I} 表征光学系统每一面对总体色差的贡献程度，与赛德尔和数类似，每个面的位置色差分布值的总和 $\sum C_{\mathrm{I}}$ 就是初级位置色差系数，或者称之为第一色差和数。当一个点光源通过光学系统成像时，物方的色差为零，则有：

$$\delta l'_{pc,k} = -\frac{1}{n'_k u'^2_k} \sum C_{\mathrm{I}} \tag{5.4.8}$$

对于薄透镜来说，第一色差和数可以表示为：

$$\sum C_I = \left(\frac{D}{2}\right)^2 \frac{\varphi}{\nu} \tag{5.4.9}$$

式中，D 为透镜的通光口径；φ 为透镜的光焦度；ν 为透镜玻璃的阿贝数。可以预见单个透镜不能校正色差：单个正透镜会有负色差，单个负透镜会有正色差，且色差的大小与光焦度成正比，与阿贝数成反比，与结构形状无直接关联。一般采用正负组合的双胶合透镜来消除色差，对于双胶合系统，消色差的条件是：

$$\left(\frac{D}{2}\right)^2 \left(\frac{\varphi_1}{\nu_1} + \frac{\varphi_2}{\nu_2}\right) = 0 \tag{5.4.10}$$

由于正负透镜组合的光焦度为：

$$\varphi = \varphi_1 + \varphi_2 \tag{5.4.11}$$

可以解出双胶合透镜的光焦度分布为：

$$\begin{cases} \varphi_1 = \dfrac{\nu_1 \varphi}{\nu_1 - \nu_2} \\ \varphi_2 = -\dfrac{\nu_1 \varphi}{\nu_1 - \nu_2} \end{cases} \tag{5.4.12}$$

5.4.2　倍率色差

轴外光束中包含不同波长的光，透镜会将这些不同的光聚焦在像面上不同的高度，换言之，透镜对不同波长的光产生了不同的放大率，这也是倍率色差的本质。

常用的倍率色差度量方式是计算二种色光的主光线与高斯像面的交点高度之差，在图 5-61 中，对 F 光和 C 光考虑倍率色差，则有：

$$\delta y'_{mc} = y'_F - y'_C \tag{5.4.13}$$

在第 2 章中我们知道单个折射球面的放大率满足：

$$\beta = \frac{y'}{y} = \frac{nl'}{n'l} \tag{5.4.14}$$

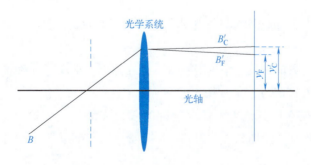

▶ 图 5-61　倍率色差

式（5.4.3）的微分式为：

$$\frac{\mathrm{d}y'}{y'} - \frac{\mathrm{d}y}{y} = \frac{\mathrm{d}n}{n} + \frac{\mathrm{d}l'}{l'} - \frac{\mathrm{d}n'}{n'} - \frac{\mathrm{d}l}{l} \tag{5.4.15}$$

式（5.4.10）中 $\mathrm{d}y'$ 和 $\mathrm{d}y$ 即为初级倍率色差，将它们分别用 $\delta y'_{mc}$ 和 δy_{pc} 表示，化简式（5.4.15），得到单个折射球面的倍率色差公式为：

$$u'n'\delta y'_{mc} - nu\delta y_{mc} = -luni_Z \left(\frac{\mathrm{d}n'}{n'} - \frac{\mathrm{d}n}{n} \right) \tag{5.4.16}$$

对于整个光学系统，将每一面用式（5.4.12）进行计算并求和，可得：

$$\begin{cases} \delta y'_{mc,k} = \dfrac{n_1 u_1}{n'_k u'_k} \delta l_{mc,1} - \dfrac{1}{n'_k u'_k} \sum C_{\mathrm{II}} \\ C_{\mathrm{II}} = luni_Z \left(\dfrac{\mathrm{d}n'}{n'} - \dfrac{\mathrm{d}n}{n} \right) \end{cases} \tag{5.4.17}$$

式中，C_{II} 为初级倍率色差系数或第二色差和数，对比式（5.4.7）和式（5.4.17）可见第一色差和数和第二色差和数之间的关系为：

$$C_{\mathrm{II}} = \frac{i_Z}{i} C_{\mathrm{I}} \tag{5.4.18}$$

倍率色差显然受到光阑位置的显著影响。特别地，当光阑与物镜的位置完全重合时，倍率色差将不会出现，在实际优化过程中，可以通过调整光阑位置的方式优化倍率色差。从式（5.4.18）中可以看出倍率色差和位置色差存在一定联系，在校正位置色差的过程中，倍率色差也会随之被校正。

5.4.3　在 Zemax 中观察色差

在 Zemax 中观察色差的操作步骤如下。

（1）初始化设置

① 双击桌面上 Zemax 图标，打开 Zemax 主窗口，点击工具栏中的"NEW"，并将此文件保存。

② 在主窗口上方的工具栏中单击"Gen"，在弹出"常规"对话框中，将孔径类型设为"入瞳直径"，孔径值为 30，如图 5-62 所示。

③为了方便观察倍率色差，需要轴外的入射光线，在主窗口上方的工具栏中单击"Fie"，在弹出的"视场数据"中将 Y- 视场分别设置为"0""5""10"，如图 5-63 所示。

④ 在快捷按钮栏中单击"Wav"，并选择"F，d，C（可见）"光，如图 5-64 所示。

▶ 图 5-62　孔径设置 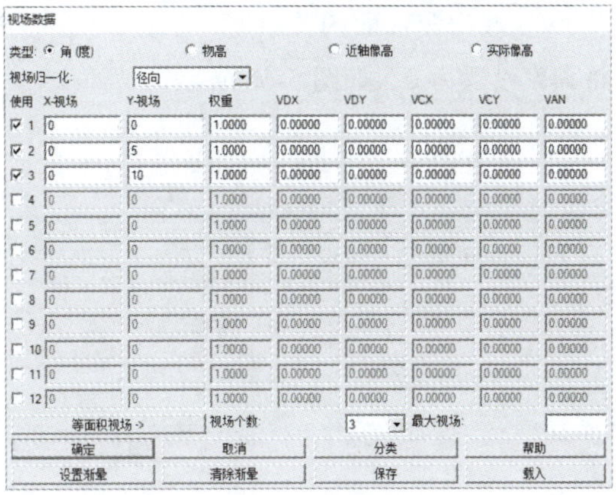　　　　　　　　　　　　　　　　　▶ 图 5-63　视场设置

▶ 图 5-64　波长设置

（2）透镜数据设置

① 在透镜数据编辑器窗口中点中最后一栏任意一格，按"Insert"键插入两个面。然后按图 5-65 所示，在透镜数据编辑栏中输入半径、厚度、材料相应数值。

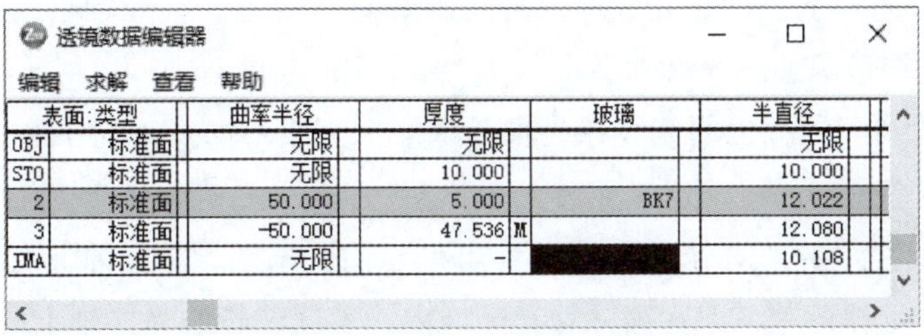

表面：类型	曲率半径	厚度	玻璃	半直径
OBJ　标准面	无限	无限		无限
STO　标准面	无限	10.000		10.000
2　标准面	50.000	5.000	BK7	12.022
3　标准面	-50.000	47.536 M		12.080
IMA　标准面	无限	-		10.108

▶ 图 5-65　透镜数据设置

② 双击第 3 面的"厚度"一栏,"在面 3 上的厚度解"中选择"边缘光线高度",并将高度设置为 0,如图 5-66 所示。

▶ 图 5-66　在面 3 上的厚度解

（3）观察色差

① 点击工具栏中的"Lay",点击布局图上的"设置",按照图 5-67 所示进行布局图设置,将"颜色类型"改为波长。

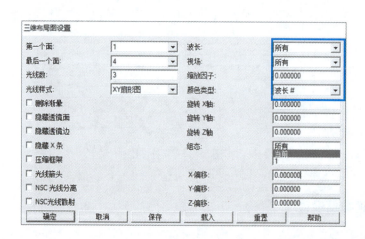

▶ 图 5-67　布局图设置

② 设置完后可以看到此时光线追迹情况如图 5-68 所示,在光轴附近拖动鼠标可以看到局部放大的光线情况如图 5-69 所示。

可以明显看到三种颜色的光线在光轴、像面上交于不同点,光学系统存在非常明显的位置色差和倍率色差。

③ 点击工具栏中的"Ray",呈现图 5-70 所示的光扇图,选择轴上视场进行观察,观察到轴上视场产生球色差,即在同一孔径区域内,不同波长的光在轴上的焦点位置各异,最大光瞳区域光线在光扇图上的纵坐标差异即为沿轴的焦点距离。

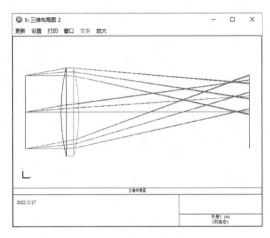

▶ 图 5-68　光线追迹情况

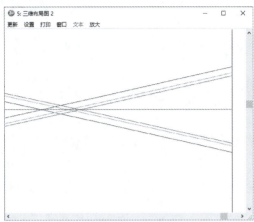

▶ 图 5-69　局部放大图像

④ 在图 5-71 所示的点列图中可以看到三种颜色的光斑分离的情况。

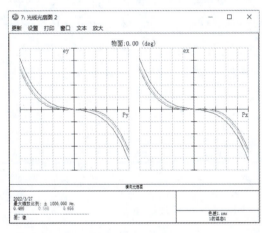

▶ 图 5-70　光扇图

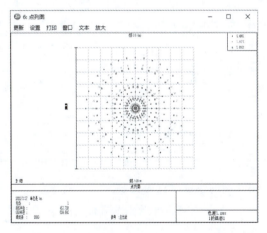

▶ 图 5-71　点列图

⑤ 点击菜单栏中"分析"→"杂项"→"纵向像差"，打开轴向像差的曲线。如图 5-72 所示，图中的横坐标表示像面两边沿轴离焦距离，纵坐标为不同光瞳区域，可以观察到三种波长光线的轴向像差随入射角变化的情况。

⑥ 点击菜单栏中"分析"→"杂项"→"垂轴色差"，并设置显示所有波长，打开如图 5-73 所示的垂轴色差曲线，可以看到三种波长光线的垂轴色差随入射角变化的情况。

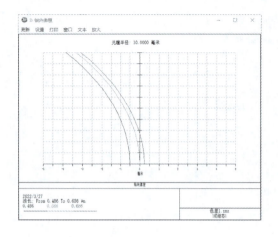

▶ 图 5-72 轴向像差

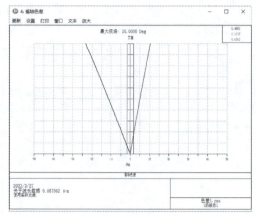

▶ 图 5-73 垂轴色差

5.4.4 在 Zemax 中优化色差

在 5.4.1 节中，已详细阐述了色差与光焦度、阿贝数及结构形状之间的关系。具体而言，单个色差的大小与光焦度成正比，而与阿贝数呈反比关系。至于结构形状，它与色差的大小并无直接关联。为了校正色差，一般采用正负组合的双胶合透镜来消除色差，下面在 5.1.3 节例子中的单透镜基础上改变两面的曲率半径，通过优化双胶合透镜来优化色差。

（1）改变初始结构

① 在第 2 面前添加一个面，并按图 5-74 所示设置双胶合透镜数据，并将曲率半径和第 3 面的厚度设置为变量。

② 设置完后可以在光路布局图中看到图 5-75 所示的双胶合透镜。

透镜数据编辑器

编辑 求解 查看 帮助

表面:类型		曲率半径		厚度		玻璃	半直径
OBJ	标准面	无限		无限			无限
STO	标准面	50.000	V	5.000		BK7	10.185
2	标准面	-50.000	V	3.000		SF1	10.306
3	标准面	-60.000	V	50.000	V		10.499
IMA	标准面	无限		-			10.162

▶ 图 5-74 改变初始结构

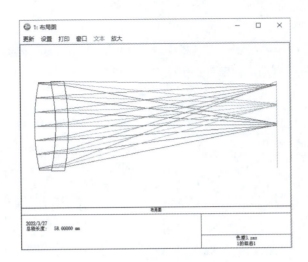

▶ 图 5-75　双胶合透镜

（2）优化光斑

① 在菜单栏中点击"编辑器"→"评价函数"，打开评价函数编辑器，点击评价函数编辑器菜单栏"设计"→"序列评价函数（自动）"，打开如图 5-76 所示的默认评价函数设置窗口。将厚度边界值中的"空气"和"玻璃"都选中，并按照图 5-76 设置最小、最大值。

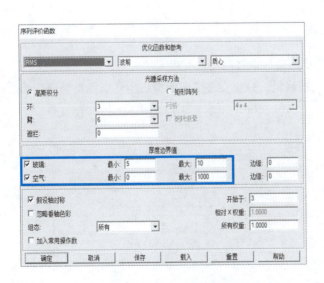

▶ 图 5-76　默认评价函数设置

② 设置完默认评价函数后，在操作数 DMFS 上方添加一行，输入 EFFL，并将 EFFL 的目标设置为 50，即优化过程要在不能改变光学系统原有的有效焦距的前提下进行，并

将权重设置为1。

③ 设置完优化操作数后点击工具栏中的"OPT"，打开 Zemax 的局部优化功能，点击"自动"，让 Zemax 自动优化即可，优化完后更新光线光扇图，可以看到此时光扇图曲线如图 5-77 所示。

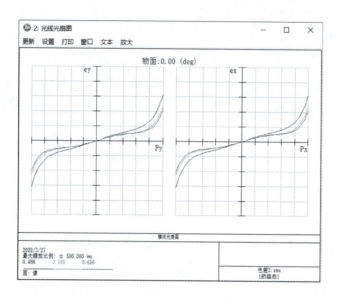

▷ 图 5-77　第一次优化后光扇图

（3）优化材料

色散与折射介质的折射率和阿贝数有很大的关系。

① 双击第 1、2 面材料，分别在玻璃解的窗口中将求解类型设置为"替代"，如图 5-78 所示。

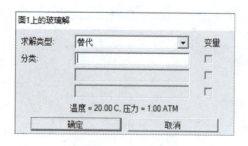

▷ 图 5-78　玻璃解

② 将之前设置的变量取消，此时透镜数据编辑器如图 5-79 所示，在"玻璃"一栏中出现了"S"的字样。

③ 在菜单栏中选择“工具”→“设计”→“锤形优化”，出现图 5-80 所示的锤形优化窗口。

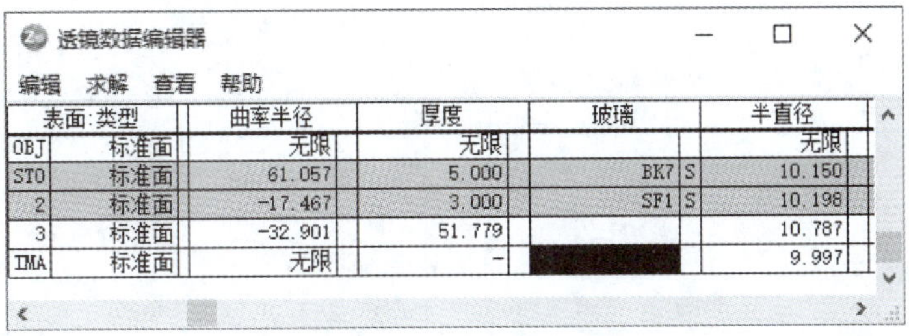

表面:类型		曲率半径	厚度	玻璃		半直径
OBJ	标准面	无限	无限			无限
STO	标准面	61.057	5.000	BK7	S	10.150
2	标准面	-17.467	3.000	SF1	S	10.198
3	标准面	-32.901	51.779			10.787
IMA	标准面	无限	-			9.997

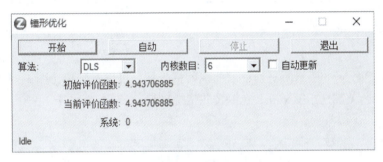

▶ 图 5-79　玻璃求解

▶ 图 5-80　锤形优化

④ 点击“开始”，在一定时间后点击“停止”，优化玻璃后的透镜数据如图 5-81 所示。

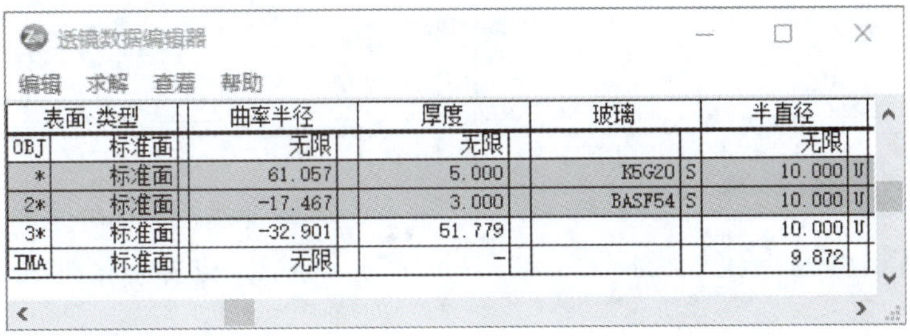

表面:类型		曲率半径	厚度	玻璃		半直径	
OBJ	标准面	无限	无限			无限	
*	标准面	61.057	5.000	K5G20	S	10.000	U
2*	标准面	-17.467	3.000	BASF54	S	10.000	U
3*	标准面	-32.901	51.779			10.000	U
IMA	标准面	无限	-			9.872	

▶ 图 5-81　优化后透镜数据

⑤ 此时透镜结构如图 5-82 所示。对比图 5-83 与图 5-70，可以发现此时光扇图中代表三种波长的曲线几乎重合在一起，已经很好地校正了色差。

⑥ 图 5-84 所示的点列图中可以看到三种颜色的光斑重合在一起。打开菜单栏中“分析”→“杂项”→“垂轴色差”，并设置显示所有波长。

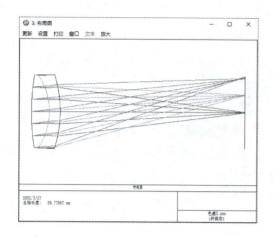

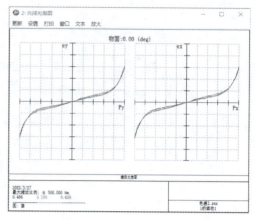

▶ 图 5-82 优化后透镜结构

▶ 图 5-83 优化后光扇图

⑦ 打开如图 5-85 所示的垂轴色差曲线的横坐标，可以看到相比图 5-73 来说此时三种颜色的垂轴色差都已小于 8μm，色差校正情况良好。

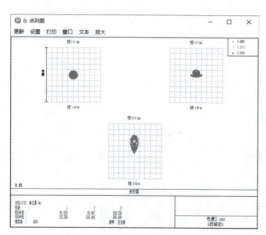

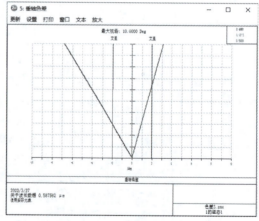

▶ 图 5-84 优化后点列图

▶ 图 5-85 优化后垂轴色差

5.5　像差总结

在第 4 章和第 5 章中，我们了解了五种单色像差和两种色差的现象、成因，并在光学设计软件中观察和校正了这些像差，表 5.1 按照一些规则对这些像差进行了归类，让我们对像差有更清晰的认知。

表 5.1　像差总结

像差	成因	现象		按不同规则分类			校正方法
		特征图	特征曲线	轴上/轴外	宽/细光束	是/否单色像差	
球差	轴上物点发出的光束通过球面透镜时,透镜不同位置的光会聚在光轴不同位置	光斑图: 光斑为一系列同心圆组成	光扇图: 光扇图为旋转对称的曲线,子午、弧矢面的曲线相同	轴上	宽光束	单色像差	1. 凹凸透镜补偿法; 2. 使用非球面校正
彗差	轴外物点发出的宽光束通过光学系统成像后,在理想像面形成像如拖着尾巴的彗星形状的光斑	光斑图: 光斑如同拖着尾巴的彗星	光扇图: 孔径边缘光线对与主光线的偏离不旋转对称	轴外	宽光束	单色差	1. 调整光阑和镜头的相对位置; 2. 视场光阑置于镜头组中间使光阑两边光阑对称

续表

像差	现象			按不同规则分类			校正方法
	成因	特征图	特征曲线	轴上/轴外	宽/细光束	是否单色像差	
像散	轴外物点的子午面光线和弧矢面的光线不能聚焦于同一点	光斑离焦图： 光束的截面的变化依次为长轴与子午面垂直的椭圆直线、圆、长轴在子午面上的椭圆、直线	 子午、弧矢面的两个曲线不相同	轴外	细光束	单色像差	1. 调节视场光阑位置（远离镜头）； 2. 使用对称结构
场曲	平面物点聚焦后的理想想像面为一个曲面（匹兹凡面）	成像模拟图： 在像面面附近位置无法得到完全清晰的成像	场曲曲线： 场曲程度随着入射光的变化曲线	轴外	细光束	单色像差	1. 优化视场光阑位置； 2. 采用对称结构； 3. 采用匹兹凡镜头

续表

像差	成因	现象		按不同规则分类			校正方法
		特征图	特征曲线	轴上/轴外	宽/细光束	是/否单色像差	
畸变	由于局部放大率不等，导致所成像产生变形	网格畸变图：	畸变曲线：畸变百分比程度随着入射光的变化曲线	轴外	细光束	单色像差	1. 优化视场光阑位置；2. 采用对称结构
位置色差（轴向色差）	光学介质对不同波长的光有不同的折射率，导致不同颜色的光线交光轴于不同位置	光路图：	轴向色差曲线：	轴上与轴外	细光束	色差	1. 优化光阑位置；2. 双胶合透镜；3. 选择合适的玻璃材料
倍率色差（垂轴色差）	不同颜色的光线交像面于不同位置	三种颜色的光线在光轴、像面上交于不同点	垂轴色差曲线：	轴外	细光束		

第 6 章
望远成像系统设计

　　对于相对人眼视角小于 60″ 的物体，人们可以借助放大镜或显微镜观察位于近处的物体，而对于处于远处的物体，应该借助于望远镜进行观察。望远镜作为一种常见光学仪器，其核心功能在于观测远距离的物体。具有特定的放大倍率的望远镜能够将远处物体微小的张角显著放大，在成像空间中形成更大的张角，进而让原本肉眼难以辨认或分辨不清的物体变得清晰可辨。正因如此，望远镜在天文观测、地面勘测以及军事等领域都发挥着不可或缺的作用，成为这些领域中的重要工具。

6.1　望远镜概述

6.1.1　望远镜的工作原理与类型

　　望远系统的基本组成为物镜和目镜，要求物镜的像方焦点要与目镜的物方焦点保证重合，也就是光学间隔 $\Delta=0$。当远处的物体通过物镜时，会在物镜的像方焦面上形成实像，这一实像同时也位于目镜的物方焦面处，随后目镜将这一实像进一步放大，使其成像于无穷远处。与显微镜的设计有所区别，望远镜的物镜由于焦距较长，使得目镜在构造上有了更多的选择，既可以采用正光组设计，也可以采用负光组设计，这两种设计方式分别构成了望远镜系统的两种主要类型。采用正光组目镜的望远镜被称为开普勒望远镜（图 6-1），而采用负光组目镜的望远镜则被称为伽利略望远镜（图 6-2）。

　　随着望远技术的进一步发展，望远镜的种类逐渐丰富，目前，望远镜主要分为折射式、反射式以及折反射式等几种类型。伽利略望远镜和开普勒望远镜是典型的折射式望远镜，反牛顿望远镜和卡塞格林望远镜则是典型的反射式望远镜，至于折反射式望远镜，最典型的就是施密特望远镜。

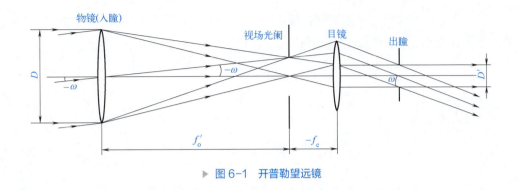

▶ 图 6-1　开普勒望远镜

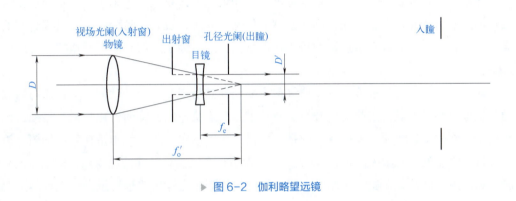

▶ 图 6-2　伽利略望远镜

6.1.2　望远镜的重要概念

（1）望远镜的视觉放大率

望远镜的视觉放大率指人眼通过望远系统看到的像对人眼的张角，与人眼直接观察物体时物体对人眼的张角之间的比值。人眼直接观察远距离物体时，物体对人眼的张角 $\tilde{\omega}$ 与望远镜对物体成像的物方视场角 ω 相同，即 $\tan\tilde{\omega} = \tan\omega$。人眼通过望远镜看到的像对人眼的张角即为望远镜对物体成像的像方视场角 ω'，视觉放大率可以表示为：

$$\Gamma = \frac{\tan\omega'}{\tan\tilde{\omega}} = \frac{\tan\omega'}{\tan\omega} = \gamma$$

换言之，望远镜的视觉放大率等于望远系统的角放大率 γ。因此，望远镜的视觉放大率可以通过计算角放大率得到。

首先假设远处物体成像在物镜的像焦面上，其大小为 y'_o，望远镜的物方视场角可以通过像高计算得到：

$$\tan\omega = -\frac{y'_o}{f'_o}$$

接下来物镜的像作为物体通过目镜成像，即 $y_o' = y_e$，当其位于目镜物方焦面时，目镜的像方视场角可以通过物高计算得到：

$$\tan \omega' = \frac{y_e}{f_e'}$$

结合上述公式可得：

$$\Gamma = \frac{\tan \omega'}{\tan \omega} = -\frac{f_o'}{f_e'}$$

通过上式可以得到望远镜放大率是由物镜与目镜的焦距之比决定的。望远镜的物镜为正光组，而目镜既可以是正光组也可以是负光组，因此视觉放大率可能会呈现出正值或负值的不同情况。若 Γ 为正，则观察到的像是正立的；反之，若为负值，则观察到的像为倒立的。比如开普勒望远镜的目镜成像是倒立的，为正光组，而伽利略望远镜的成像是倒立的，为负光组。

通过以上分析，望远镜的视觉放大率主要受到其物镜和目镜特性的影响，而与物像的共轭位置并无关联。因此要提升视觉放大率，需要从增加物镜的焦距和减小目镜的焦距两个方面入手。然而，需要注意的是，目镜的焦距不宜过小，特别是在开普勒望远镜中，目镜的焦距必须保持在 6mm 以上，以确保望远系统具备足够的出瞳距，使之与人眼瞳孔相匹配。因此，在实际应用中，增大物镜的焦距成为提高望远镜视觉放大率的主要方法。考虑到手持望远镜在使用过程中容易抖动，其放大倍率一般被限制在 10 倍以内。相较之下，大地测量仪器中的望远镜通常具备约 30 倍的视觉放大率。至于天文望远镜，由于其对放大倍率的高要求，其物镜焦距往往设计得很长，因此多采用反射式结构。此外，一个光学系统的角放大率与垂轴放大率之间互为倒数关系，根据这一原理，我们可以推导出望远镜的垂轴放大率为

$$\beta = \frac{1}{\gamma} = \frac{1}{\Gamma} = -\frac{f_e'}{f_o'}$$

分析上式可以发现，望远镜的垂轴放大率绝对值小于 1（因为 $|\Gamma| > 1$），这意味着，从物体成像的几何尺寸这一维度来看，望远镜系统并非放大了物体，反而是缩小成像。然而，望远镜的真正作用在于通过视角的放大，使得人眼能够清晰地观察到远处的物体，而非直接放大物体的实际尺寸。值得注意的是，垂轴放大率的大小并不受物体位置的影响，它可以通过任意一对共轭物像关系进行计算得出。进一步地，我们可以利用入瞳和出瞳这一对系统的共轭物像关系，来计算望远镜的视觉放大率，即

$$\Gamma = -\frac{f_o'}{f_e'} = -\frac{D}{D'}$$

式中，D 是望远镜的入瞳大小；D' 是出瞳大小。

（2）望远镜的分辨力和有效放大率

分辨力是评价望远系统性能的重要指标之一，通常使用极限分辨角 ψ 来量化表示。根据经典的瑞利判据，可以得到极限分辨角为：

$$\psi = \frac{a}{f_o'} = \frac{0.61\lambda}{n'f_o'\sin U'}$$

式中，a 为艾里斑的半径。将像空间的折射率 $n'=1$ 代入公式中，得到 $\sin U'=D/(2f_o')$，取 $\lambda = 0.000555\,\text{mm}$，并对弧度值和角度值（″）进行转化，上式转化为

$$\psi = \frac{140}{D}(″)$$

式中，D 的单位为 mm。

根据道威（Doves）判据（即两个相邻像点之间的距离等于 $0.85a$ 时，能被光学系统分辨），则分辨角为

$$\psi = \frac{120}{D}(″)$$

即望远镜的极限分辨角取决于入瞳直径，呈现反比关系。入射光瞳直径的扩大会增强其极限分辨能力。在望远镜的设计中，必须符合有效放大率（见下文）的要求，换言之，为了能使望远镜的分辨力被有效利用，两个能被望远镜分辨的物点通过望远镜有效放大后，其视角必须达到人眼的视觉分辨力极限 60″。因此视觉放大率和分辨力应满足：

$$\psi\Gamma \geqslant 60″$$
$$\Gamma = 60″/\psi = D/2.3$$

经过上述公式计算得出的视觉放大率，是确保能达到人眼分辨能力的最小值，通常被称为有效放大率或正常放大率。然而，当人眼在接近分辨极限（60″）的条件下观察物像时，可能会感到疲劳。因此，在望远镜的实际设计中，视觉放大率通常会设定为上述计算值的 $2 \sim 3$ 倍，保证人眼的舒适度。这种增大后的放大率又称为工作放大率，如果取 2.3 倍，则工作放大率为

$$\Gamma = D$$

（3）望远镜的光束限制

对于开普勒型和伽利略型两类不同的望远镜，其光束限制需要分别进行讨论。

1）开普勒望远镜

开普勒望远镜中，物镜不仅是成像的关键元件，还通常被设定为孔径光阑，即入瞳。由于望远镜中物镜焦距显著大于目镜，当孔径光阑经过目镜成像后，形成的出瞳会位于目镜像方焦点稍外之处，这样的布局旨在使出瞳与人眼瞳孔更易重合。为了达到与人眼

瞳孔的最佳匹配效果，出瞳的直径一般为 2 ～ 4mm。对于测量仪器而言，可以减小出瞳直径（小于 2mm），来有效提升测量的精准度。而对于特定类型的望远镜，如军用仪器，为了满足在恶劣环境下观察的需求，其出瞳直径则会被设计得相对较大。

出瞳到目镜后表面的距离称为镜目距，用 P' 表示。镜目距可以根据牛顿公式推导得到：

$$P'-l'_F=f'^2_e/f'_o=-f'_e/\varGamma$$

望远镜的物方视场角是由分划板决定的，分划板设置在物体经过物镜后将所成的实像处，分划板的边框构成视场光阑进而确定了物方视场角。分析开普勒望远镜的原理示意图，可以求出望远镜的物方视场角 ω 满足

$$\tan\omega=y'/f'_o$$

式中，y' 是分划板的半径，也就是视场光阑半径。

开普勒望远镜的视场 2ω 通常不超过 15°。为了确保观察者能够完整地捕捉到望远镜的视场范围，人眼在通过开普勒望远镜进行观测时，必须确保瞳孔位于系统的出瞳位置，这样才能有效地观察到望远镜所覆盖的全视场。

由于结构设计的限制，目镜框的尺寸通常无法过大，这导致其对轴外视场的光束产生一定的限制作用，从而目镜在系统中扮演了渐晕光阑的角色。考虑到在实际应用中，最大视场通常允许存在 50% 的渐晕现象，可以基于这一条件来计算目镜所需的最小口径。

2）伽利略望远镜

在伽利略望远镜的设计中将物镜作为孔径光阑是不可取的，将导致人眼无法与出瞳重合，因为出瞳将被负目镜成像于望远镜的内部。因此，伽利略望远镜的设计中，人眼的瞳孔不仅作为孔径光阑，同时也作为望远系统的出瞳。望远镜的入瞳经过系统成像，最终位于人眼的后方。此外，物镜框不仅担任视场光阑的角色，还是望远系统的入射窗口。由于望远系统的入射窗口并不与物面重合，这导致伽利略型望远系统在处理大视场时总是存在渐晕现象，如图 6-3 所示。

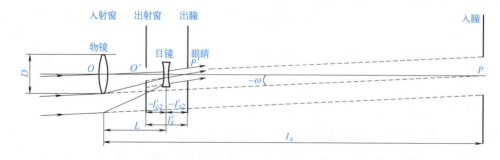

▶ 图 6-3 渐晕现象

在伽利略望远镜的设计中，一旦物镜的口径被确定，望远镜的视场大小将只受渐晕系数的影响。以下对于视场大小的计算是基于渐晕系数为 50% 的假设条件进行推导的。如图 6-3 所示，设物镜直径（入射窗）为 D，物镜的像（出射窗）直径为 D'，入瞳到物镜的距离为 l_z，出瞳（眼瞳）到出射窗的距离为 l'_z。渐晕系数 $K=0.5$ 的视场角满足

$$\tan \omega = -\frac{D}{2l_z}, \ \tan \omega' = -\frac{D'}{2l'_z}$$

利用视觉放大率公式 $\Gamma = \dfrac{\tan \omega'}{\tan \omega} = -\dfrac{D'}{D}$，有

$$l_z = \Gamma^2 l'_z = \Gamma^2 (-l'_{c2} + l'_{z2})$$

所以有

$$\tan \omega = -\frac{D}{2l_z} = -\frac{D}{2\Gamma(L + \Gamma l'_{z2})}$$

式中，$L = f'_o + f'_e$ 是望远镜的机械筒长；l'_{z2} 为眼睛到目镜的距离。

在伽利略望远镜中，其渐晕系数 $K=0$ 的极限视场的确定，是依据通过入射窗（即物镜框）边缘与入瞳（位于相反方向）边缘的光线来确定的，即

$$\tan \omega_{\max} = -\frac{D + D_p}{2\Gamma(L + \Gamma l'_{z2})}$$

式中，D_p 是入瞳的直径。

根据以上推导，伽利略望远镜的视场会随着视觉放大率的增大而减小，因此一般要设置合适的视觉放大率，不能过大。

6.2　望远物镜设计

6.2.1　望远物镜设计的特点

望远系统的设计中，望远物镜扮演着至关重要的角色，而其所需满足的光学特性是在整个系统外形尺寸计算阶段就确定的。具体来说，望远物镜具备以下几个显著特点。

（1）相对孔径不大

入射的平行光束经过望远系统以后仍为平行光束，因此物镜的相对孔径（$D/f'_{物}$）和目镜的相对孔径（$D/f'_目$）是相等的。出瞳直径 D' 和出瞳距离 l'_z 决定了目镜的相对孔径。当前，军用望远镜的出瞳直径 D' 一般为 4mm 左右，出瞳距离 l'_z 一般要求为 20mm 左右。通常目镜的焦距 $f'_目$ 一般大于或等于 25mm，以保证出瞳距离。目镜的相对孔径可以通过下式计算得到：

$$\frac{D}{f'_{目}} = \frac{4}{25} \approx \frac{1}{6}$$

实际上，望远物镜的相对孔径一般小于 1/5。

（2）视场较小

望远物镜的视场角 ω、目镜的视场角 ω' 和系统的视放大率 Γ 之间有以下关系：

$$\tan \omega = \frac{\tan \omega'}{\Gamma}$$

目前常用目镜的视场 $2\omega'$ 大多在 70° 以下，这限制了物镜视场的大小，无法获得很大的视场。以一个 8× 的望远镜为例，通过上式可求得物镜的视场 $2\omega \approx 10°$。大部分望远镜的视场都小于 10°。由于这种相对较小的视场，同时基于工程实践中的需求，可以对视场边缘成像质量适当放宽标准。望远物镜的设计中，像差校正主要针对的是球差、彗差以及轴向色差，而像散、场曲、畸变以及垂轴色差这样的像高 y' 的二次方以上的高阶单色像差并不会得到精确的校正。

在望远系统的设计中，需要考虑望远物镜与目镜、棱镜或透镜式转像系统的协同工作。因此在设计望远物镜时，必须充分考虑物镜与其他组件的像差补偿问题。当把棱镜加入物镜的光路中后，物镜的像差应当和棱镜的像差互相补偿。棱镜的相差来源并不是其反射面，而是等于棱镜展开后构成的玻璃平板的像差。由于玻璃平板所处的位置并不会影响其像差，因此只要物镜光路中插入的棱镜材质相同，就可以将它们都合成一块玻璃平板来计算像差，不需要棱镜的个数和具体位置。此外，目镜中往往存在少量的剩余球差和轴向色差，这需要物镜进行相应的补偿。因此，物镜的像差校正不会追求绝对零值，而是要求调整至指定的数值，以满足系统整体的性能要求。当系统配备分划镜时，分划镜前后两部分的光学系统应分别进行像差的优化和消除，以此来确保目标以及分划镜上的刻度线都能够被清晰地观察到。

6.2.2 望远物镜的类型和设计方法

典型的望远物镜有三种，即折射式、反射式和折反射式。这三种类型的结构都不复杂，这主要得益于望远物镜的光学特性。因为其相对孔径和视场都不大，在设计中要求校正的像差也少，所以大部分采用薄透镜组或薄透镜系统。本小节将分别介绍三种望远物镜的设计特点。

（1）折射式物镜

1）双胶合物镜

在望远镜物镜的设计中，轴向色差、球差和彗差是主要被校正的像差。根据薄透镜系统的初级像差理论，薄透镜组可以同时校正色差和两种单色像差，正好满足望远物镜在像差校正上的要求，因此薄透镜组常用于望远物镜。而双胶合透镜组是最简单的一种薄透镜组。通过合理选择玻璃组合，双胶合透镜组能够实现对三种主要像差的有效校正。因此，双胶合透镜组在望远镜物镜的设计中得到了广泛应用。

　　由于双胶合物镜固有的特性，其无法校正的像散和场曲将限制可用视场，因此双胶合物镜的可用视场一般不超过 10°。不过可以在物镜后端配置较长光路的棱镜，通过棱镜的像散与物镜像散符号的相反性，部分抵消物镜的像散效应，进而将视场扩大至 15°～20° 的范围。此外，在孔径高级球差控制方面双胶合物镜无能为力，这限制了物镜的可用相对孔径。表 6-1 中详细列出了不同焦距下双胶合物镜可能得到满意成像质量的相对孔径。

表 6-1　双胶合物镜可能得到满意成像质量的相对孔径

f'/mm	50	100	150	200	250	300	350
$\dfrac{D}{f'}$	1：3	1：3.5	1：4	1：5	1：6	1：8	1：10

　　在探讨双胶合物镜的设计时，必须注意其最大口径的限制。这一限制主要源于，若透镜的直径过大，其重量将显著增加，导致胶合效果变得不稳固，甚至可能引发胶合失效。此外，随着环境温度的变化，过大的透镜直径还易在胶合面上产生应力，这不仅会影响成像质量，极端情况下还可能导致脱胶现象。因此，在设计直径较大的双胶透镜组时，传统的直接胶合方式往往不被采用。相反，通常会在透镜之间引入一层极薄的空气间隔，同时确保空气层两侧的透镜曲率半径保持一致。从像差性质来看，这种设计在实际应用中与双胶合物镜的表现完全等同。

　　2）双分离物镜

　　由于孔径高级球差的存在，双胶合物镜的相对孔径被限制，只能达到 1/4 左右。然而，若能在双胶合物镜的正负透镜之间引入一定间隙，那么孔径高级球差有可能被校正，进而将相对孔径提升至 1/3。相对于双胶合物镜对玻璃组合的严格要求，双分离物镜会选用折射率差和色散差均较大的玻璃，以此来增大透镜半径并减小孔径高级球差。但是，这种物镜中也存在和双胶合物镜那样显著的色球差；此外，空气间隙的大小以及两个透镜的同心度对成像质量具有显著影响，这导致双分离物镜在装配和调整过程中面临很大挑战。鉴于上述因素，双分离物镜当前应用并不广泛。

　　3）双单和单双物镜

　　一个双胶合和一个单透镜组合的结构常常用于要求物镜的相对孔径大于 1/3 的场景下，这种组合依据两者在系统中的前后配置差异，被进一步细分为"双单"和"单双"两种类型，如图 6-4 所示。

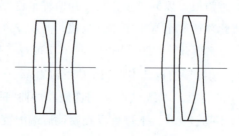

▶ 图 6-4　双单和单双物镜

在这种型式物镜的设计中，如果能合适分配双胶合组和单透镜之间的光焦度，且恰当选择透镜组的玻璃材质，可以有效地降低孔径高级球差和色球差，而且相对孔径最大可达 1/2 左右。因此，它成为了大相对孔径望远物镜目前广泛采用的方案。

4）三分离物镜

如图 6-5 所示，三分离物镜的结构设计旨在有效控制孔径高级球差和色球差，从而确保较大的相对孔径（最大可达 1/2）。然而，其装配和调整过程相对复杂困难，且存在较大的光能损失和杂光问题。

▶ 图 6-5　三分离物镜

5）摄远物镜

物镜的长度（物镜第一面顶点到像面的距离）通常大于物镜的焦距，但是在某些高倍率的望远镜中，物镜的焦距比较长，导致仪器的体积和重量都大大增加，此时对长度更短的物镜系统的需求应运而生。如图 6-6 所示为一种摄远物镜，包含一个正透镜组和一个负透镜组。

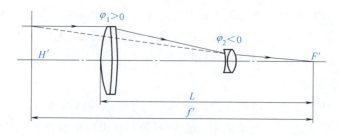

▶ 图 6-6　摄远物镜

　　摄远物镜的优势主要体现在两个方面，首先，其系统长度 L 显著小于物镜焦距 f'，通常可缩减至焦距的 $2/3 \sim 3/4$，可以使光学仪器更为紧凑。其次，由于该物镜系统由两个薄透镜组构成，具备校正多种单色像差的能力，能够有效校正球差、彗差、场曲和像散。这一特性使得摄远物镜的视场角更大，同时，可以通过充分利用其校正像差的能力来补偿目镜产生的像差，进而在简化目镜结构时提升整个光学系统的成像质量。

　　这种物镜前组的相对孔径往往显著大于整体系统的相对孔径，通常超过一倍以上，这也将整个系统的相对孔径限制在相对较小的数值。局限在于整个系统的相对孔径相对较小，以前组采用双胶合透镜为例，双胶合透镜的相对孔径大约为 $1/4$，则整个系统的相对孔径一般在 $1/8$ 左右。为了增大整个系统的相对孔径，就必须对前组结构进行复杂化改进，比如通过引入双分离、双单或单双的复杂构造来增大其相对孔径，从而优化整个系统的性能。

　　6）对称式物镜

　　如图 6-7 所示，对称式物镜一般由两个双胶合组构成。这种物镜的焦距短，视场角大（$2\omega > 20°$），视场可以达到 30° 左右。

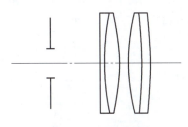

▶ 图 6-7　对称式物镜

　　7）内调焦物镜

　　如图 6-8 所示，用于测量的望远物镜通常会在其焦平面处配置分划板，为了使观察者通过目镜能够同时清晰地看到分划板的刻线和无限远物体的像，必须保证无限远物体的成像平面与分划板的刻线平面精确重合。然而这种重合状态将在观测物体发生位置变动的时候被破坏。为了恢复这种重合状态，需要通过调节手段使得分划板的刻线平面与成像平面再次重合，这一过程被称为调焦。在光学系统中，实现调焦的方法有两种主要途径：外调焦和内调焦。

　　外调焦的原理和结构都比较简单，通过整体移动目镜和分划板就可以完成调焦，使望远物镜在观察不同距离物体时，所成的像都能与分划板刻线重合。

　　内调焦望远物镜的结构则是通过正、负光组的组合来实现主面的前移，进而有效缩减了望远镜的筒长。调焦的过程只有中间负光组移动，使位于不同位置的远方物体像都能落在分划板的刻线平面上，而前组正光组相对于分划板的位置并不会改变。其结构形式展示在图 6-8 中，对处于无限远处的物体成像时，望远物镜正、负光组的间隔为 d_0，此

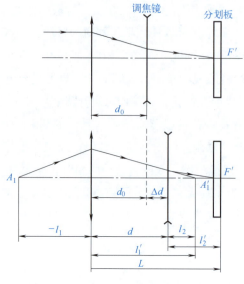

▶ 图6-8　内调焦物镜

时无限远物体的像落在分划板刻线平面上。当物在位于有限距离 $-l_1$ 时，需要移动调焦镜 Δd，使物体 A_1 的像落在分划板刻线平面上。利用高斯公式

$$\frac{1}{l_1'} - \frac{1}{l_1} = \frac{1}{f}, \ \ l_2 = l_1' - d$$

$$d = d_0 + \Delta d, \ \ l_2' = L - d$$

$$\frac{1}{L-d} - \frac{1}{l_1' - d} = \frac{1}{l_2'}$$

可以解得 Δd。式中，L 为物镜正光组到分划板的距离。

（2）反射式物镜

除了用透镜，反射镜也被广泛用于望远镜成像。在消色差物镜发明以前，反射镜被用于绝大部分的天文望远镜中。尽管目前在大部分场合中得到广泛应用的是透镜，但反射镜在许多方面仍展现出其独特的优越性，使得在某些特定仪器中，反射镜依然不可或缺。反射镜的主要优势体现在：

① 对所有波长光线所成的像是严格一致、完全重合的，不存在色差。

② 具备在广泛的波长范围内工作的能力，覆盖了从紫外到红外的大部分光谱。

③ 与透镜的材料相比，反射镜的镜面材料更易于制造，这使得制造大孔径的零件变得更可行。

反射式物镜主要有以下三种型式。

1）牛顿系统

如图6-9所示，牛顿系统包括一个抛物面主镜和一个平面反射镜，平面反射镜与光轴

成 45°。抛物面主镜的作用是把无限远的轴上点理想成像在它的焦点 F_1' 上。第二个平面反射镜则将其理想成像在 F'。

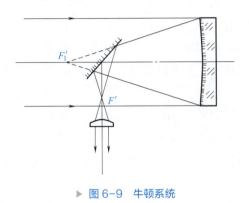

▶ 图 6-9 牛顿系统

2）格里高利系统

如图 6-10 所示，格里高利系统包含一抛物面主镜和一椭球面副镜。抛物面的焦点和椭球面的一个焦点 F_1' 重合。从无限远处射来的轴上光线首先被抛物面聚焦并理想成像于焦点 F_1'，随后被椭球面进一步反射，最终在另一个焦点 F_2' 处形成理想的像。

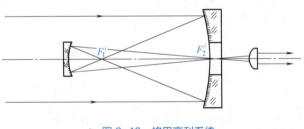

▶ 图 6-10 格里高利系统

3）卡塞格林系统

如图 6-11 所示，一个抛物面反射镜加一个双曲面反射镜就构成了卡塞格林系统，其中抛物面为主镜，双曲为副镜，抛物面焦点和双曲面的虚焦点都位于 F_1' 处，而 F_1' 通过双曲面后成像于实焦点 F_2'。

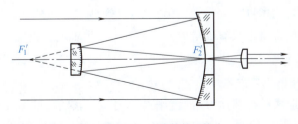

▶ 图 6-11 卡塞格林系统

卡塞格林系统具备两个显著的优势，第一就是长度短，第二是系统中主镜与副镜的场曲符号相反，有利于视场的扩大。目前卡塞格林系统已经被广泛应用于大多数光学系统。

对于上述反射系统，轴上点的光线传播满足等光程条件，成像符合理想情况。然而，当涉及到轴外点时，情况则有所不同，这些点往往受到彗差和像散的显著影响，这极大地限制了系统的可用视场。以抛物面为例，若要求由彗差导致的弥散斑直径小于 $1''$，当相对孔径 D/f =1/5 时，视场范围被限制在 ±2.2′；当相对孔径增大至 D/f =1/3 时，视场则进一步缩小至 ±0.8′。

通过设计主镜和副镜为高次曲面而非传统的二次曲面，可以有效地扩大光学系统的可用视场。然而，这种设计带来一个弊端，即主镜和副镜的焦点像差是同时校正的，导致主镜的焦面无法独立使用。同时，也不能简单地通过更换副镜的方式来调整整个系统的组合焦距。

此外，在像面附近放置透镜式的视场校正器也是一种有效的扩大系统视场方法，这可以有效校正反射系统中产生的彗差和像散现象。

（3）折反射式物镜

在光学系统设计中，为了克服非球面制造的复杂性并提升轴外成像质量，提出了折反射系统：采用球面反射镜作为主镜，随后利用透镜来补偿球面镜的像差。施密特校正板是最早的一种校正透镜，如图 6-12 所示。

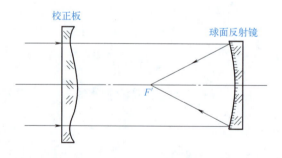

▶ 图 6-12　施密特校正板

在球面反射镜的球心位置上插入一块非球面校正板，将其作为整个系统的入瞳。非球面校正板的近轴光焦度近似等于零，用它校正球面反射镜的球差，可以使球面不产生彗差和像散。校正板本身也只有少量球差，并不会产生轴向色差和垂轴色差。这种系统的相对孔径可达到 D/f' =1/2，甚至达到 1。但其系统长度比较大，等于主反射镜焦距的两倍，成为限制其应用的主要因素。

还有一种折反射式透镜被称为马克苏托夫弯月镜，其结构如图 6-13 所示，特点在于利用一块由两个球面构成的弯月形透镜来校正球面反射镜的球差和彗差。

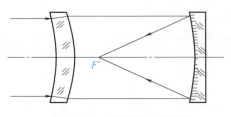

▶ 图 6-13 马克苏托夫弯月镜

与施密特校正板有所不同的是，这种透镜系统并非能同时校正整个光束的球差，而是像常规的球面系统那样，主要聚焦于边缘球差的校正，因此仍会存在剩余球差以及色球差的问题。尽管该系统能有效校正轴外彗差，但在像散校正方面则显得力不从心。此外，其相对孔径通常不会大于 1/4。

如果与主反射镜同心的球面构成一个同心透镜，并将其作为校正透镜，那么不仅能有效地校正反射面的球差，同时也不会引入轴外像差。

上面两种折反射系统共同的优势有两点：首要之处在于其校正镜的设计简单，仅由单片玻璃构成，且具备自我校正色差的能力，不需要考虑二级光谱色差，这一特性使其特别适用于大口径望远镜，可从数百毫米到一米；其次，这些系统易于采用特殊光学材料，如石英玻璃等，可以扩展至紫外与远红外波段，保持了反射系统工作波段宽的优点。但是它们共同的缺点也很明显，那就是像差校正能力有限，这在一定程度上限制了系统的相对孔径和视场大小。

此外，通过反射镜折叠光路，折反射系统可以缩小仪器的体积和减轻仪器的重量。与具备相似光学性能的透镜系统相比，折反射系统的主反射镜因其无色差特性，显著降低了二级光谱色差，因此，它在大孔径或超长焦距系统中得到了广泛应用。然而，对于口径不是很大的系统，为了进一步提升像差校正效果，可以采用构造更为复杂的校正透镜组。如图 6-14（a）所示，当这两块透镜采用同种玻璃材质时，系统中不存在二级光

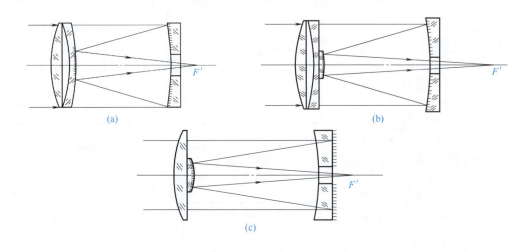

(a)

(b)

(c)

▶ 图 6-14 不同的校正透镜组

谱色差。如图6-14（b）所示，有些系统中把负透镜和主反射面结合成一个内反射镜。如图6-14（c）所示，有些系统将第二反射面和校正透镜组中的一个面结合。

6.2.3 设计案例

（1）望远物镜的设计要求

一个望远物镜的设计要求如下：

焦距为120mm；入瞳直径为30mm，视场为8°；工作区间为可见光（取d、F、C三种色光，d为主波长）；全视场调制传递函数在60lp/mm处大于0.3；全视场弥散斑直径小于0.2mm，畸变量小于3%；透镜中心厚度大于1mm，边缘厚度大于1mm。

提炼关键信息可得如下要求：

焦距为120mm，视场角（F.A.）=±4°，物高η=0.8in，入瞳直径30mm。

基本的设计思路主要是先查找资料寻找合适的初始结构，之后进行一系列曲率半径优化、厚度优化以及锤型优化等实现题目中的要求，具体设计步骤如下。

（2）设计步骤

步骤一：初始结构的选取

通过查阅《光学镜头手册》来寻找合适的初始结构，根据题目中焦距、入瞳直径、视场角等要求，寻找参数最接近的结构，结果如图6-15所示。

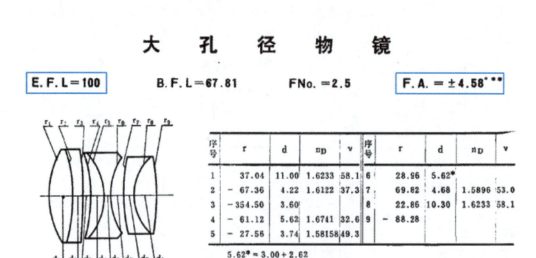

大 孔 径 物 镜

E.F.L=100　　　B.F.L=67.81　　　FNo.=2.5　　　F.A.=±4.58°**

序号	r	d	n_D	ν	序号	r	d	n_D	ν
1	37.04	11.00	1.6233	58.1	6	28.96	5.62*		
2	-67.36	4.22	1.6122	37.3	7	69.82	4.68	1.5896	53.0
3	-354.50	3.60			8	22.86	10.30	1.6233	58.1
4	-61.12	5.62	1.6741	32.6	9	-88.28			
5	-27.56	3.74	1.58158	49.3					

5.62* = 3.00 + 2.62

▶ 图6-15　初始结构的选取

步骤二：初始参数设置

1）入瞳直径 30mm

① 在快捷按钮栏中单击"Gen"→"孔径"。

② 在弹出对话框"常规"中，"孔径类型"选择"入瞳直径"，"孔径值"输入"30"，"切趾类型"选择"均匀"，如图 6-16 所示。

③ 单击"确认"按钮。

▶ 图 6-16　初始参数设置

2）视场设置

① 在快捷按钮栏中单击"Fie"。

② 在弹出对话框"视场数据"中，"类型"选择"角（度）"。

③ 在"使用"栏里，选择"1""2""3"。

④ 在"最大视场"中填入"4"，单击"等面积视场→"。

⑤ 单击"确认"按钮，如图 6-17 所示。

3) 波长设置为 d、F、C 三种色光（d 为主波长）

① 在快捷按钮栏中单击"Wav"。

② 在弹出对话框"波长数据"中点击"选择→"。

③ 单击"确认"按钮，如图 6-18 所示。

视场数据

类型：⊙ 角（度）　○ 物高　○ 近轴像高　○ 实际像高

视场归一化：　径向 ▼

使用		X-视场	Y-视场	权重	VDX	VDY	VCX	VCY	VAN
☑	1	0	0	1.0000	0.00000	0.00000	0.00000	0.00000	0.00000
☑	2	0	2.8284271	1.0000	0.00000	0.00000	0.00000	0.00000	0.00000
☑	3	0	4	1.0000	0.00000	0.00000	0.00000	0.00000	0.00000
☐	4	0	0	1.0000	0.00000	0.00000	0.00000	0.00000	0.00000
☐	5	0	0	1.0000	0.00000	0.00000	0.00000	0.00000	0.00000
☐	6	0	0	1.0000	0.00000	0.00000	0.00000	0.00000	0.00000
☐	7	0	0	1.0000	0.00000	0.00000	0.00000	0.00000	0.00000
☐	8	0	0	1.0000	0.00000	0.00000	0.00000	0.00000	0.00000
☐	9	0	0	1.0000	0.00000	0.00000	0.00000	0.00000	0.00000
☐	10	0	0	1.0000	0.00000	0.00000	0.00000	0.00000	0.00000
☐	11	0	0	1.0000	0.00000	0.00000	0.00000	0.00000	0.00000
☐	12	0	0	1.0000	0.00000	0.00000	0.00000	0.00000	0.00000

等面积视场 ->　视场个数：3 ▼　最大视场：4

确定　取消　分类　帮助

设置渐晕　清除渐晕　保存　载入

▶ 图 6-17　视场设置

波长数据

使用		波长（微米）	权重	使用		波长（微米）	权重
☑	1	0.4861327	1	☐	13	0.55	1
☑	2	0.5875618	1	☐	14	0.55	1
☑	3	0.6562725	1	☐	15	0.55	1
☐	4	0.55	1	☐	16	0.55	1
☐	5	0.55	1	☐	17	0.55	1
☐	6	0.55	1	☐	18	0.55	1
☐	7	0.55	1	☐	19	0.55	1
☐	8	0.55	1	☐	20	0.55	1
☐	9	0.55	1	☐	21	0.55	1
☐	10	0.55	1	☐	22	0.55	1
☐	11	0.55	1	☐	23	0.55	1
☐	12	0.55	1	☐	24	0.55	1

选择 ->　F, d, C（可见）▼　主波长：2 ▼

高斯积分 ->　步幅：4 ▼

最小波长：0.4861327　最大波长：0.6562725

确定　取消　分类

帮助　保存　载入

▶ 图 6-18　波长数据

4）输入镜头参数

在"透镜数据编辑器"中输入曲率半径、厚度、玻璃等相应数值。设置玻璃参数时，双击数据栏，在弹出窗口中，"求解类型"选择"模型"，"折射率 Nd"中填入对应的折射率，"阿贝数 Vd"中填入对应的阿贝数，单击"确认"按钮，物镜系统的初始结构数据如图 6-19 所示。

表面:类型		标注	曲率半径	厚度	玻璃	半直径	圆锥系数
OBJ	标准面		无限	无限		无限	0.000
1	标准面		37.040	11.000	1.62,58.1	17.007	0.000
2	标准面		-67.360	4.220	1.61,37.3	15.842	0.000
3	标准面		-354.500	3.600		14.456	0.000
4	标准面		-61.120	5.620	1.67,32.6	13.408	0.000
5	标准面		-27.560	3.740	1.58,49.3	12.852	0.000
6	标准面		28.960	3.000		11.161	0.000
STO	标准面		无限	2.620		11.119	0.000
8	标准面		69.820	4.680	1.59,53.0	11.087	0.000
9	标准面		22.860	10.300	1.62,58.1	11.245	0.000
10	标准面		-88.280	67.810		11.317	0.000
IMA	标准面		无限	—		7.076	0.000

▶ 图 6-19　物镜系统的初始结构数据

步骤三：镜头缩放

前面所选取的初始结构的焦距值为 100mm，与本设计要求的 120mm 有效焦距有差距，因此我们要进行焦距的缩放，缩放时所有的角量和相对量不变。

1）按焦距缩放

① 在"工具"菜单的下拉菜单中单击"修改"，在右侧菜单中单击"按焦距缩放"，弹出对话框"改变焦距"。

② 在弹出对话框中输入目标焦距值 120mm。

③ 单击"确认"按钮，如图 6-20 所示。

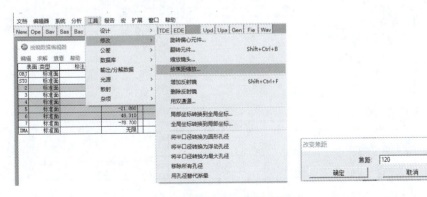

▶ 图 6-20　按焦距缩放

2）修改参数

焦距缩放完成后，观察入瞳直径由 30mm 变为 36.01449mm，如图 6-21 所示，不符合题目要求，我们将其重新设置为要求值。

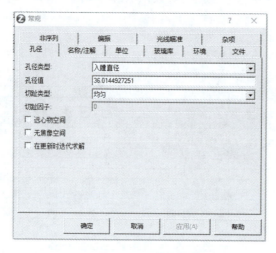

▶ 图 6-21　修改参数

基本设置完成后，在快捷按钮栏中单击"Lay"，查看物镜结构光路图，见图 6-22，光线光扇图如图 6-23 所示。

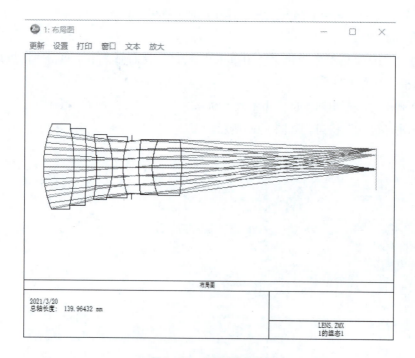

▶ 图 6-22　物镜结构光路图

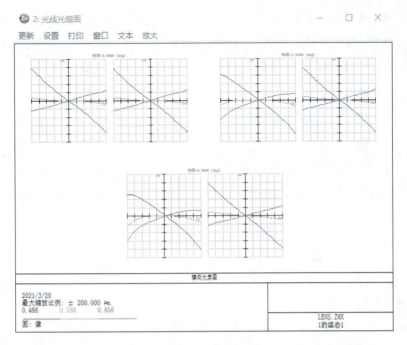

▶ 图6-23　光线光扇图

在快捷按钮栏中单击"Mtf"，查看物镜结构的 MTF 曲线，如图 6-24 所示。从 MTF 曲线中可以看出，该物镜的 MTF 值在 60 线对处约为 0.1，系统的衍射极限 MTF 值约为 0.83，距离题目要求还有较大的优化空间。

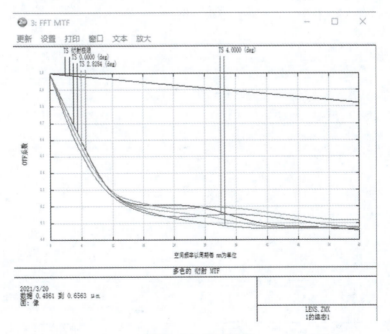

▶ 图6-24　MTF 曲线

在"分析"菜单的下拉菜单中单击"杂项"，在右侧菜单中单击"场曲/畸变"，查看物镜结构的场曲/畸变曲线，如图6-25所示，能够看出，系统的场曲和畸变都很小，都在2mm以内，系统的最大畸变值约为-0.05%。

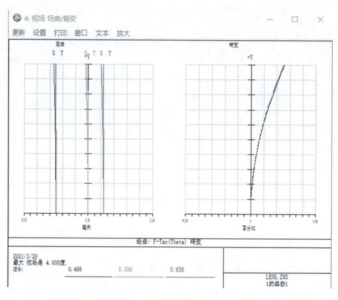

▶ 图6-25　场曲/畸变曲线

在快捷按钮栏中单击"Spt"，查看物镜光学系统的点列图，如图6-26所示。目前RMS半径在零视场约为70.489μm，GEO为164.738μm，已经满足题目中要求的小于0.2mm，后续可继续优化进一步缩小弥散斑半径。

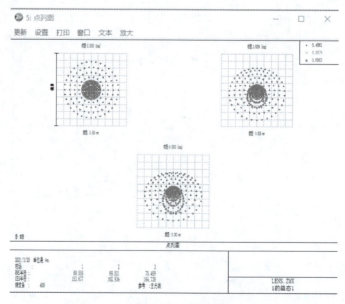

▶ 图6-26　点列图

步骤四：进行系统优化

下面我们继续按照光学系统的基本优化思路进行优化。

1）曲率半径的优化

① 在"分析"菜单的下拉菜单中单击"像差系数"，在右侧菜单中单击"赛德尔系数"，弹出"赛德尔系数"界面，如图 6-27 所示。从系数表中可以看出第 1 个面、第 3 个面、第 4 个面和第 6 个面的赛德尔系数比较大，说明其对于像质的影响较大，所以优先调整这些面的曲率半径，然后再优化其他面的曲率半径。

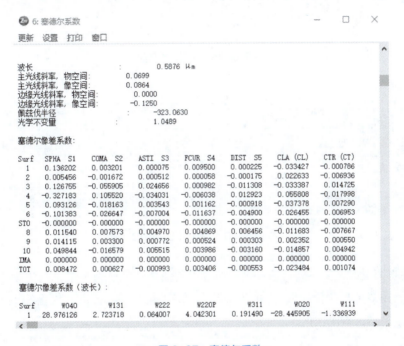

▶ 图 6-27　赛德尔系数

② 在"编辑器"菜单的下拉菜单中单击"评价函数"，弹出对话框"评价函数编辑器"，在对话框"设计"菜单的下拉菜单中单击"序列评价函数"，弹窗后，进行默认像质评价函数的设置，设置完成后点击"确认"。具体设置如图 6-28 所示。为了避免优化时透镜厚度无限制地增加，在默认评价函数中限制玻璃的最大厚度为 30mm。

设置中选择波前优化方法，以优化光线的光程差为目标，选择参考方式为光斑半径。由于本设计题目中要求透镜的中心厚度大于 1mm，边缘厚度大于 1mm，在此处给一个限制。保险起见，让玻璃的最小中心厚度和边缘厚度的值是 1.5mm，空气的最小厚度取1mm。

③ 在生成的评价函数中添加 EFFL 操作数对系统的有效焦距进行控制，设置 EFFL 目标值为设计要求值 120，权重设置为 1，如图 6-29 所示。

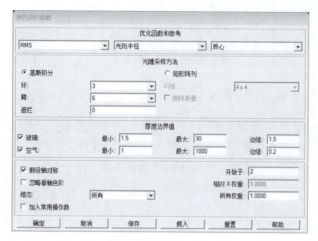

▶ 图 6-28　序列评价函数

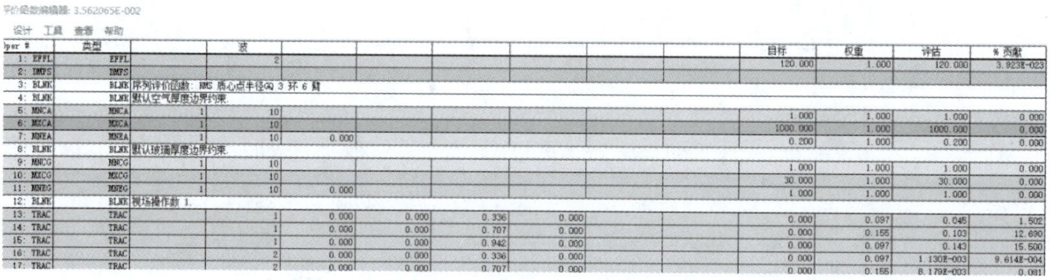

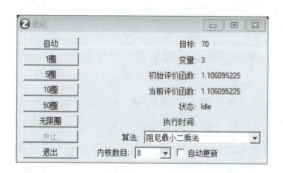

▶ 图 6-29　添加 EFLL 操作数

④ 先将第 1 面、第 3 面、第 4 面和第 6 面的曲率半径设为变量，在快捷按钮栏中单击"Opt"，出现弹框"优化"，点击"自动"，如图 6-30 所示，进行优化。优化结束后，点击"退出"结束本次优化。

▶ 图 6-30　优化

⑤ 继续将剩余几个面的曲率半径设为变量，进行优化。曲率半径优化结果和参数如图 6-31、图 6-32 所示。可以看到其弥散斑半径已经大大减小了，GEO 半径已经减小至 28.364μm，MTF 曲线有较大改善，系统的 MTF 值已经达到 0.5 以上，系统的色散大大减

小，场曲与畸变依旧控制良好。

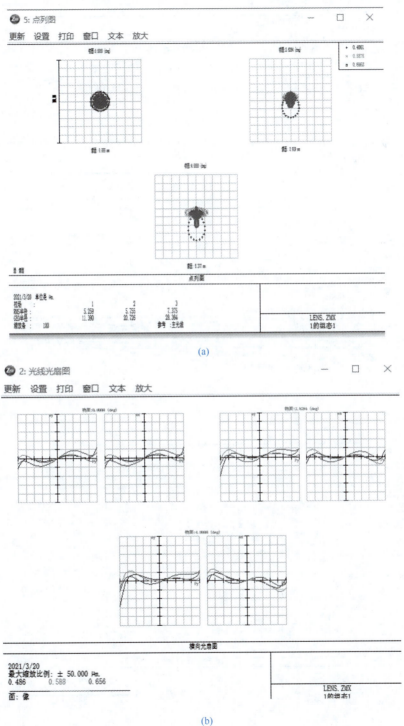

(a)

(b)

▶ 图 6-31

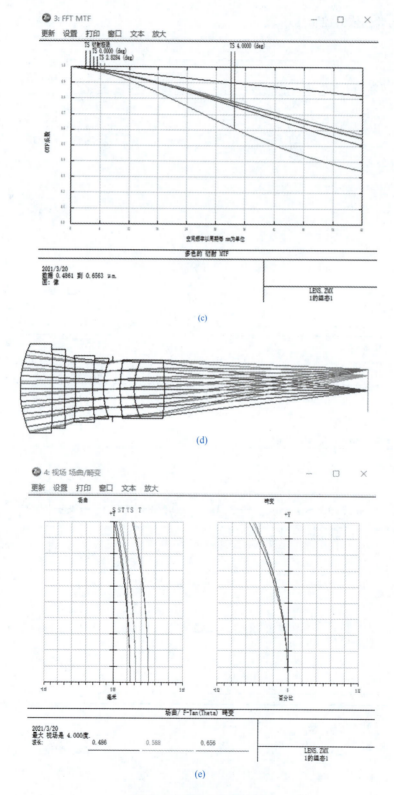

▶ 图6-31 曲率半径优化结果

表面:类型		标注	曲率半径		厚度	玻璃	半直径	圆锥系数	参数
OBJ	标准面		无限		无限		无限	0.000	
1	标准面		41.625	V	13.205	SK15	17.532	0.000	
2	标准面		-630.225	V	5.066	F3	15.548	0.000	
3	标准面		347.215	V	4.322		14.350	0.000	
4	标准面		-165.244	V	6.747	SF5	13.184	0.000	
5	标准面		89.282	V	4.490	BAFN6	11.907	0.000	
6	标准面		31.512	V	3.601		11.002	0.000	
STO	标准面		无限		3.145		10.940	0.000	
8	标准面		60.842	V	5.618	BALF4	11.192	0.000	
9	标准面		26.917	V	12.365	SK15	11.397	0.000	
10	标准面		-113.601	V	81.405		11.539	0.000	
IMA	标准面		无限		—		8.387	0.000	

▶ 图 6-32　曲率半径优化参数

2）厚度的优化

将所有面的曲率半径进行优化之后，开始进行厚度的优化。优化过程与曲率半径优化的过程相同，先优化对赛德尔系数影响比较大的面，然后再优化其他的面。最终的优化结果如图 6-33 所示。可以看到其弥散斑半径已经大大减小了，GEO 半径已经减小至 20.835μm，MTF 曲线继续提升，中心视场 MTF 值已经达到 0.6 以上，边缘视场 MTF 值也达到 0.45 左右。系统的色散、场曲与畸变依旧控制良好。目前系统已经满足题目中的所有要求，但还要继续优化，以提升系统像质。

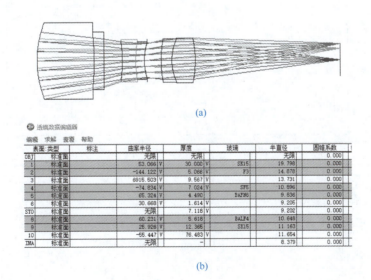

(a)

表面:类型		标注	曲率半径		厚度		玻璃	半直径	圆锥系数
OBJ	标准面		无限		无限			无限	0.000
1	标准面		53.066	V	30.000	V	SK15	19.798	0.000
2	标准面		-144.122	V	5.066		F3	14.878	0.000
3	标准面		6915.503	V	9.567	V		13.731	0.000
4	标准面		-74.834	V	7.024	V	SF5	10.896	0.000
5	标准面		65.324	V	4.490		BAFN6	9.636	0.000
6	标准面		30.668	V	1.614	V		9.205	0.000
STO	标准面		无限		7.118	V		9.202	0.000
8	标准面		60.231	V	5.618		BALF4	10.648	0.000
9	标准面		26.926	V	12.365		SK15	11.163	0.000
10	标准面		-55.447	V	76.483	V		11.654	0.000
IMA	标准面		无限		—			8.379	0.000

(b)

▶ 图 6-33

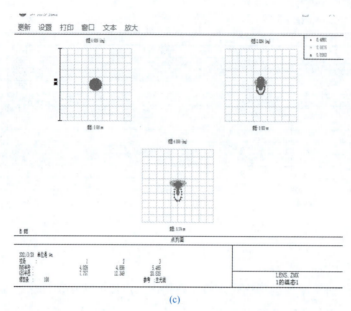

(c)

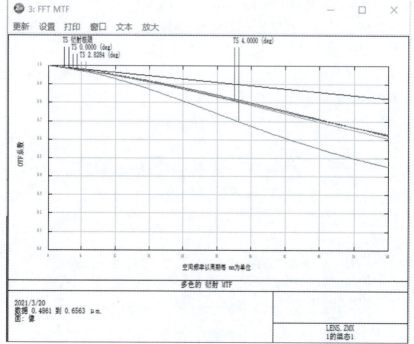

(d)

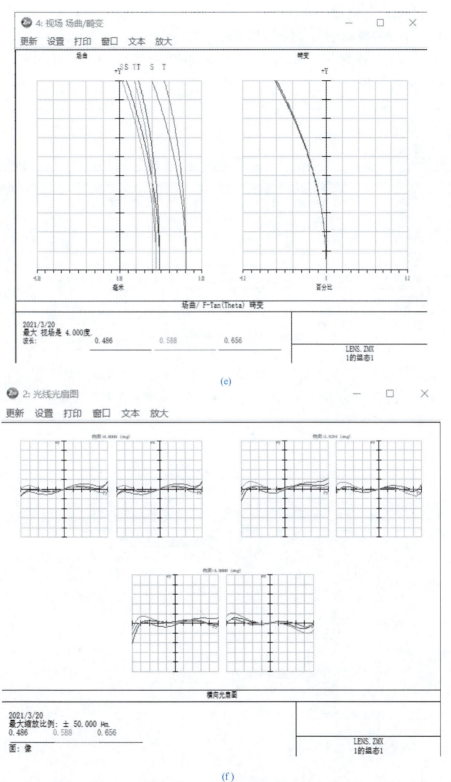

(e)

(f)

▶ 图 6-33　厚度的优化结果

3）更换玻璃，进行锤形优化

最后进行更换玻璃材料，进行锤形优化。在透镜数据编辑器窗口（图 6-34）中设置玻璃材料为“可替换的（Substitute）”，在快捷按钮栏中单击“Ham”，弹窗中点击“自动”，进行锤形优化。

透镜数据编辑器

编辑 求解 查看 帮助

表面:类型		标注	曲率半径	厚度	玻璃	半直径	圆锥系数
OBJ	标准面		无限	无限		无限	0.000
1	标准面		53.068 V	30.000 V	SK15 S	19.803	0.000
2	标准面		-143.868 V	5.108 V	F3 S	14.882	0.000
3	标准面		7848.267 V	9.561 V		13.727	0.000
4	标准面		-74.740 V	7.024 V	SF5 S	10.891	0.000
5	标准面		65.323 V	4.490	BAFN6 S	9.831	0.000
6	标准面		30.669 V	1.612 V		9.200	0.000
STO	标准面		无限	7.118 V		9.197	0.000
8	标准面		60.230 V	5.618	BALF4 S	10.643	0.000
9	标准面		25.927 V	12.365	SK15 S	11.156	0.000
10	标准面		-55.447 V	76.426 V		11.648	0.000
IMA	标准面		无限	-		8.380	0.000

▶ 图 6-34 透镜数据编辑器窗口

最终系统的优化结果如图 6-35 所示，弥散斑直径为 6.459μm，MTF 在 60lp/mm 处大于 0.45；畸变在 0.2% 以内，场曲在 0.2mm 以内；球差和色差调校良好，系统焦距为 120mm，满足题目要求。

透镜数据编辑器

编辑 求解 查看 帮助

表面:类型		标注	曲率半径	厚度	玻璃	半直径	圆锥系数
OBJ	标准面		无限	无限		无限	0.000
1	标准面		53.068	30.000	SK15	19.803	0.000
2	标准面		-143.868	5.108	F3	14.882	0.000
3	标准面		7848.267	9.561		13.727	0.000
4	标准面		-74.740	7.024	SF5	10.891	0.000
5	标准面		65.323	4.490	BAFN6	9.831	0.000
6	标准面		30.669	1.612		9.200	0.000
STO	标准面		无限	7.118		9.197	0.000
8	标准面		60.230	5.618	BALF4	10.643	0.000
9	标准面		25.927	12.365	SK15	11.156	0.000
10	标准面		-55.447	76.426		11.648	0.000
IMA	标准面		无限	-		8.380	0.000

(a)

面 : 11
光阑 : 7
系统孔径 : 入瞳直径 = 30
玻璃库 : SCHOTT
光线瞄准 : 关
切趾法 : 均匀，因子 = 0.00000E+000
温度（C） : 2.00000E+001
压强（ATM） : 1.00000E+000
调整折射率数据适应环境：关
有效焦距 : 120（在系统温度和压强的空气中）
有效焦距 : 120（在像方空间）
后焦距 : 62.83904
总长 : 160.1987

(b)

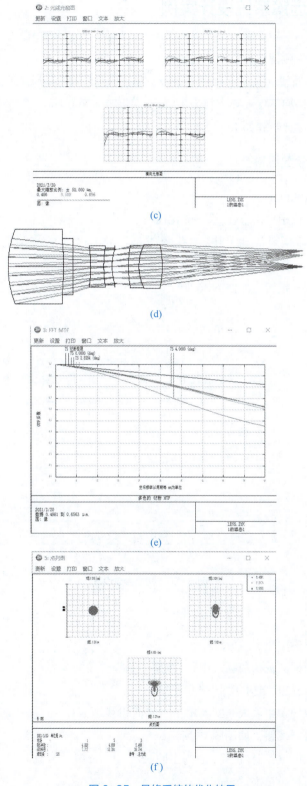

▷ 图6-35　最终系统的优化结果

6.3 牛顿望远镜系统设计案例

本节中将展示牛顿望远镜系统的设计过程。

前面介绍了牛顿望远镜是一种典型的反射式望远镜，我们将根据其成像原理设计一个牛顿望远镜，规格如下：入瞳直径为 100mm，焦距为 800mm，视场为 4°，工作范围为可见光波段。具体设计步骤如下。

步骤一：初始参数设置

1）入瞳直径 100mm

① 在快捷按钮栏中单击"Gen"→"孔径"。

② 在弹出对话框"常规"中，"孔径类型"选择"入瞳直径"，"孔径值"输入"100"，"切趾类型"选择"均匀"。

③ 单击"确认"按钮，如图 6-36 所示。

▶ 图 6-36　初始参数设置

2）半视场 2°

① 在快捷按钮栏中单击"Fie"。

② 在弹出对话框"视场数据"中，"类型"选择"角"。

③ 在"使用"栏里，选择"1""2""3"。

④ 在"最大视场"中填入"2"，单击"等面积视场→"。

⑤ 单击"确认"按钮，如图 6-37 所示。

3）波长为 d、F、C 三种色光，d 为主波长

① 在快捷按钮栏中单击"Wav"。

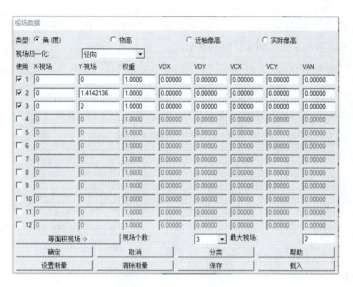

▶ 图 6-37 视场数据

② 在弹出对话框"波长数据"中点击"选择→"。

③ 单击"确认"按钮，如图 6-38 所示。

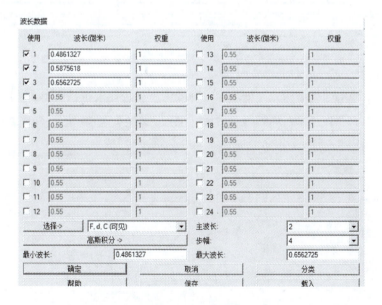

▶ 图 6-38 波长数据

步骤二：初始结构设置

① 通过牛顿望远镜的工作原理可以知道其核心聚焦元件实际上是一个抛物面反射镜，它独自承担着聚焦光线的重任，而平面镜则主要负责改变光线的行进方向。另外，进一

步比较反射镜和透镜的差异可知，透镜具有两个折射面，而反射镜仅有一个虚拟面，因此在不考虑平面反射的初始结构中只需要设置一个反射面。

在透镜数据编辑器界面，点击第 1 个面的"玻璃"栏，在其中输入"MIRROR"，将第一个设为反射镜类型。该面颜色变为 Zemax 默认的反射面颜色灰色。

平行于光轴的光线入射到抛物面镜上后，光线经反射会聚焦于抛物面的焦点处，而且反射镜不存在任何像差。因此点击第 1 个面的"圆锥系数"栏，将其设为定值 −1。

另外，抛物面反射镜的焦距 f 是曲率半径 R 的一半，根据设计要求中提到的焦距为 800mm，可以求得该反射面的曲率半径应设定为 R=−1600mm。

Zemax 光路设计中厚度的设置要遵循以下规则：如果光线遇到 N 个反射镜，则厚度符号为 $(-1)^N$。因此，本例中符号为 −1。系统焦距为 800mm，代表平行光被反射后传播 800mm 将聚于一点。因此，将厚度设定为 −800。

在快捷按钮栏中单击"New"，弹出对话框"透镜数据编辑器"，在其中的半径、厚度、材料等栏目下进行设置。如图 6-39 所示。

	标注	曲率半径	厚度	玻璃	半直径	圆锥系数
OBJ	标准面	无限	无限		无限	0.000
STO	标准面	−1600.000	−800.000	MIRROR	50.027	−1.000
IMA	标准面	无限	−		28.080	0.000

▶ 图 6-39 透镜数据编辑器

② 查看牛顿望远镜结构光路图与像差畸变图。在快捷按钮栏中单击"Lay"，查看结构光路图，单击"Spt"查看点列图，单击"Ray"查看光线光扇图，如图 6-40 ～图 6-42 所示。

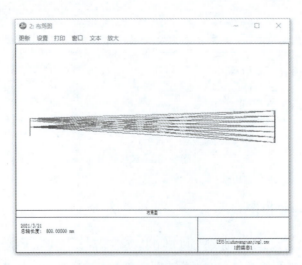

▶ 图 6-40 结构光路图

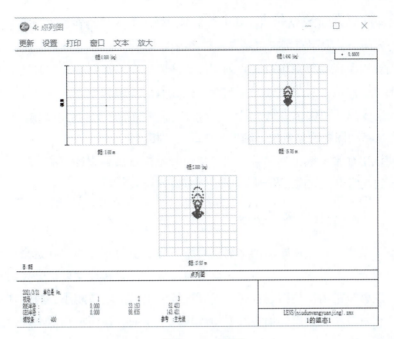

图 6-41　点列图

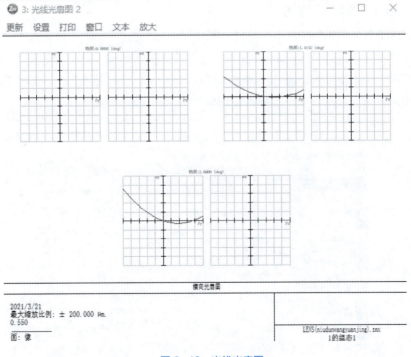

图 6-42　光线光扇图

如图 6-40 所示的光路结构图，其中 3 个不同视场的光线均在像平面上聚焦，抛物面反射镜作为光阑，其大小直接决定了入瞳直径的大小。

抛物面反射系统的特点可以在点列图和光线光扇图中得到很好的验证：沿光束的聚焦不产生像差，然而，对于离轴光束则会产生显著的像散和彗差。就当前成像系统的性能而言，无需采取任何优化措施，但该系统的成像视场范围的确会受到限制，不能过大。这一点可以从点列图中明显看出，轴外光斑的尺寸相当大。

为了使该望远镜系统更加完善，使其成像效果接近实际望远镜的结果，将一个平面反射镜加入到光路中，把像面折到上侧或下侧进行观察。

步骤三：添加反射镜及遮拦孔径

为了便于观察，我们需要借助平面反射镜将像面折射到侧面。在这个过程中，我们必须在聚焦的光路上安置一面反射镜。反射镜的放置位置和尺寸取决于像面与光轴的偏离高度。当反射镜距离抛物面越远时，像面被折射出的高度就越小，同时其对光线的遮挡影响也会相对较小。相反，如果反射镜越接近抛物面，像面偏离的高度就越大，但这种情况下其遮光效果就会更加明显。

我们需要将反射镜设置在一个较为适中的距离上，这里将反射镜放置在中心距离像面 100mm 处。将一个新的虚拟面插入透镜数据编辑器栏中，将厚度分为 -700 和 -100 两部分。具体操作如下。

1）添加反射镜及遮拦孔径

① 在透镜数据编辑器中，在"IMA"处单击左键，按"Insert"键插入 1 个面。

② 将厚度分为两部分：-700 和 -100。

③ 将第 2 个面设置为反射镜，在菜单栏点击"工具"→"修改"→"增加反射镜"，如图 6-43 所示，弹出对话框"添加转折反射镜"。

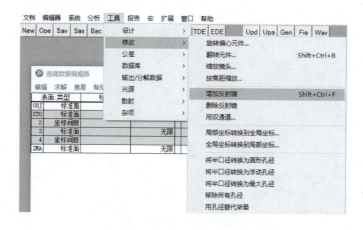

▶ 图 6-43　增加反射镜

④ 如图 6-44 所示，首先在对话框"添加转折反射镜"中的转折面下拉选择表面 2，接着在"倾斜类型"下拉框中选择"X 倾斜"，然后将反射角设置为"90.0"（顺时针旋转为正，逆时针为负，90°表示将像面旋转至正下方，便于观察）。

▶ 图 6-44　添加转折反射镜

⑤ 点击"OK"即可应用设置。观察透镜数据编辑器可以发现 Zemax 已经将这个虚拟面自动设置为"MIRROR"，并在虚拟面前后各自出现了一个坐标断点面。在快捷按钮栏中单击"L3d"即可打开三维布局图，可以观察到像面在添加反射镜后被旋转到正下方，如图 6-45 所示。

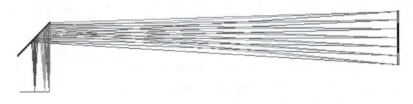

▶ 图 6-45　添加转折反射镜光路图

此时的光路图看起来并无问题，但光斑和 MTF 并不是最终的结果。在添加反射镜后，还未考虑其对入射光束的部分遮挡效应，这导致像面实际接收的光线少于我们目前所见。因此，接收面的照度会相应降低。为了直观展现这种光线被拦截的效果，可以绘制入射光束的示意图。因此在第一面之前引入一个新的虚拟面，并将其厚度设定为"800"，以便更全面地分析光线的传播路径和遮挡情况。

⑥ 在"STO"处单击左键，点击"Insert"键插入 1 个面，将厚度设置为"800"，如图 6-46 所示。

透镜数据编辑器
编辑　求解　查看　帮助

表面:类型		标注	曲率半径	厚度	玻璃	半直径	圆锥系数
OBJ	标准面		无限	无限		无限	0.000
1	标准面		无限	800.000		77.937	0.000
STO	标准面		-1600.000	-700.000	MIRROR	50.027	-1.000
3	坐标间断			0.000	-	0.000	
4	标准面		无限		MIRROR	44.664	0.000
5	坐标间断			100.000	-	0.000	
IMA	标准面		无限	-		28.080	0.000

▶ 图 6-46　步骤⑥

在 3D 视图上单击右键打开设置对话框，进行一系列设置来使新插入面及入射光线更清晰。

2）查看结构光路图

① 在快捷按钮栏中单击三维布局图"L3d"，如图 6-47 所示。

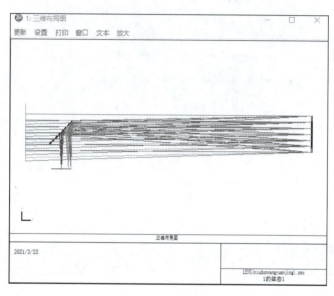

▶ 图 6-47　三维布局图

② 在弹出窗口"三维布局图"中单击"设置"菜单，弹出对话框"三维布局图设置"。

③ 在弹出对话框"三维布局图设置"中进行设置，如图 6-48 所示，更新系统的 3D 视图，如图 6-49 所示。

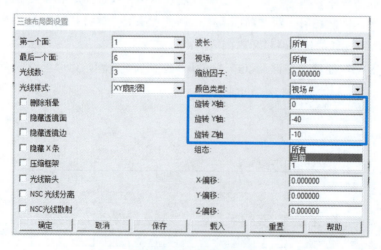

▶ 图 6-48　三维布局图设置

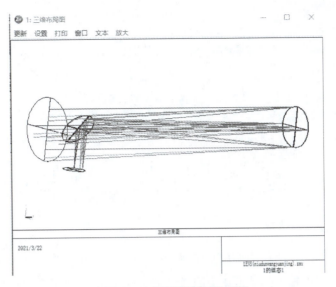

▶ 图 6-49　更新系统的 3D 视图

　　Zemax 序列光学设计的一个显著特点是，光线的传播遵循用户指定的表面顺序，而与元件的实际物理位置无关。对于本例，尽管反射镜在物理布局上位于入射光线和抛物面之间，按常理入射光线应先触及反射镜再触及抛物面。然而，在 Zemax 的编辑器中，由于抛物面的表面序号排在反射镜之前，因此入射光线会直接与抛物面相交，从而忽略了反射镜的存在及其影响。为了应对这种情况，需要进行手动调整。具体来说，可以将 3D 视图旋转至 XY 平面，以便观察反射镜在入射平面上的投影，这样就能清晰地看到其遮光范围。

　　④ 在 3D 视图上打开"三维布局图设置"对话框，将"旋转 Y 轴"设置为"90"度，如图 6-50 所示。

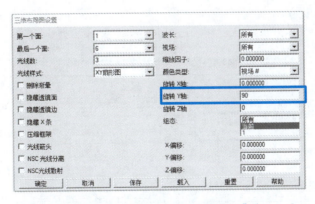

▶ 图 6-50　"旋转 Y 轴"设置为"90"度

　　更新 3D 视图后，结构如图 6-51 所示。

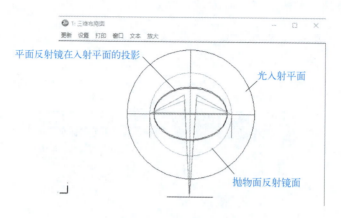

平面反射镜在入射平面的投影
光入射平面
抛物面反射镜面

▶ 图 6-51 更新 3D 视图

根据图 6-51，可以估算出椭圆形的遮光区域尺寸，其中 X 半轴（即 X 半宽）的长度约为 44.5mm，Y 半轴（即 Y 半宽）的长度约为 32.5mm。由于 Zemax 软件中的所有元件默认都是圆形口径，因此，在设计光路中必须在入射面上预先考虑这一椭圆形的遮光区域。具体来说，就是在第 1 个表面上，需要设定一个与估算出的椭圆尺寸相符的遮光孔径。

⑤ 在第 1 个表面最左端单击右键，弹出"表面 1 性能"对话框，找到对话框上方中的"孔径"标签并点击，在"孔径类型"下拉菜单中选择"椭圆遮光"孔径，完成设置。

⑥ 在"X- 半宽"中输入"44.5"，"Y- 半宽"中输入"32.5"，如图 6-52 所示。

⑦ 打开三维布局图，在"三维布局图设置"中进行设置，如图 6-53 所示，更新三维布局图，可以观察到反射镜在添加椭圆遮拦后的实际挡光效果，如图 6-54 所示。

通过 3D 视图，可以清晰地观察到光线被遮挡后的实际效果。此外，还可以利用 Zemax 提供的光线足迹图功能，来直观地看到光线在表面 1 和表面 2 上的分布。

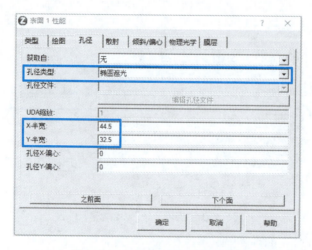

▶ 图 6-52 设置"X- 半宽""Y- 半宽"

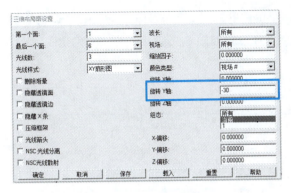

▶ 图 6-53　三维布局图设置

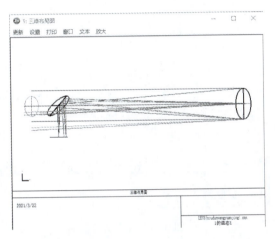

▶ 图 6-54　实际挡光效果

3）查看光线足迹（光迹）图

① 在菜单栏选择"分析"→"杂项"→"光迹图"，打开光迹图（图 6-55）。

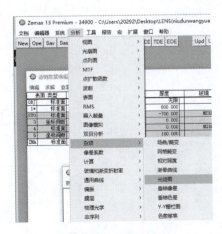

▶ 图 6-55　打开光迹图

② 在光迹图窗口菜单栏单击"设置",打开"光迹设置"对话框。

③ 对话框中各项指标设置如图 6-56 所示,点击"确定"完成,光迹图会进行更新,如图 6-57 所示。

▶ 图 6-56 光迹设置

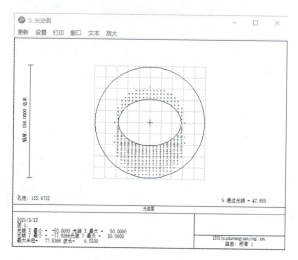

▶ 图 6-57 更新光迹图

④ 点击快捷键"Mtf",查看系统的 MTF 曲线。在进行了上述的修改之后,可以预见,系统的 MTF 相较于之前必然会有所降低。这种对比可以清晰地在图 6-58 中观察到。实际上,由于遮拦的存在,系统的光斑形状和 MTF 均会发生相应的变化。

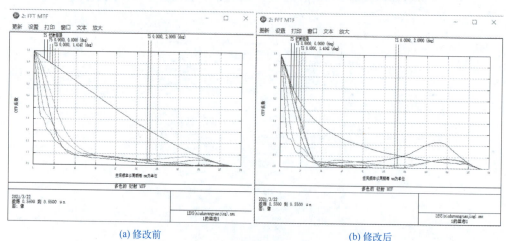

(a) 修改前　　　　　　　　　　　　　　　(b) 修改后

▶ 图 6-58 MTF 曲线

步骤四：修改反射镜以提高 MTF

要提升 MTF 的对比度，关键在于增强当前设计中像面的光照强度，而降低反射镜的遮光比是实现这一目标的一个解决方案。遮光比就是反射镜的遮光面积与入射光瞳面积之间的比例。

平面反射镜的最佳选择并不是圆形平面反射镜。选择反射镜的标准是确保所有视场的光线能够通过，同时实现最小的通光区域，从而有效降低遮光比。

通过前文提到的光线足迹图功能，我们可以观察光线在平面反射镜上的具体落点。通过分析可以看到要确保所有视场的光线能够顺利通过，需要进一步增加 X 和 Y 方向的边缘视场。操作如下。

① 在快捷按钮栏中单击"Fie"，弹出对话框"视场数据"，在"使用"栏中，选择"4""5""6"。

② 在"Y- 视场"栏输入数值"-2""0""0"，单击"确认"按钮完成。具体设置如图 6-59 所示。

③ 打开光线足迹图，选择平面反射镜 4，此时可以清晰地查看到所有边缘视场的光线在平面镜上的入射区域。相关设置可参考图 6-60 进行详细配置。完成设置后，更新并展示光迹图，详见图 6-61。

从图 6-61 中可以清晰观察到，平面镜并未被整个视场的光束所未覆盖，光束都集中在一个椭圆形的区域内。此时我们可以测量出这个椭圆区域的大致尺寸（X 轴半宽为 26.5，Y 轴半宽为 35.5）。可以设定这个平面反射镜的通光孔径为椭圆形来与该椭圆区域匹配，进而实现光线的充分利用。

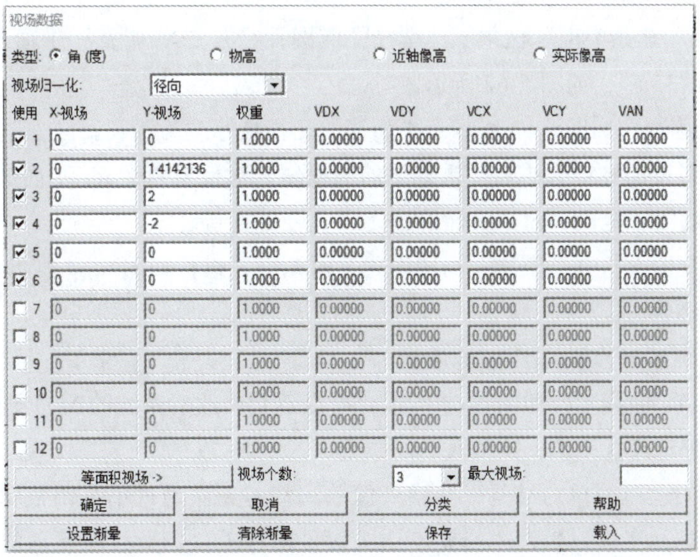

▶ 图 6-59　修改"Y- 视场"

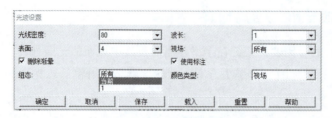

▶ 图 6-60　光迹设置

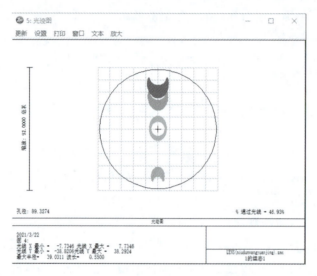

▶ 图 6-61　更新光迹图

④ 在透镜数据编辑器中"表面 4"处单击右键，在弹出对话框"表面 4 性能"中选择"孔径"。在"孔径类型"栏中下拉选择"椭圆孔径"，"X- 半宽"中输入"26.5"，"Y-半宽"中输入"35.5"，如图 6-62 所示。

⑤ 更新光迹图，如图 6-63 所示。平面镜的孔径被修改为椭圆。

调整完反射镜的孔径大小后，重复之前的操作，对反射镜在 XY 平面上的投影进行查看，并根据新的投影范围，对第 1 面的遮光区域进行重新设定。

⑥ 在 3D 视图上打开"三维布局图设置"对话框，进行如图 6-64 所示设置，更新 3D 视图，如图 6-65 所示。

⑦ 把第 1 面遮光修改为图 6-66 所示。

⑧ 打开 MTF 曲线图，如图 6-67 所示。可以看到修改后系统的 MTF 曲线虽然依旧差于初始结果，但已经优于第一次修改后的结果。

由于牛顿望远镜简单的结构，其轴外像散和彗差无法通过单纯调整反射镜来有效降低。需注意的是，平面反射镜本身并不引入额外的像差。因此，在目前的配置下，该系统已经构建完成。然而，为了进一步优化系统性能，可以考虑引入校正透镜或双曲面反射镜等更复杂的光学元件，以实现对轴外像差的高效校正，从而提升整体成像质量。

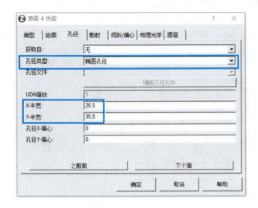

▶ 图 6-62　设置"表面 4"

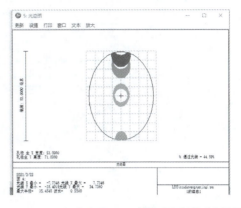

▶ 图 6-63　更新光迹图：平面镜的孔径被修改为椭圆

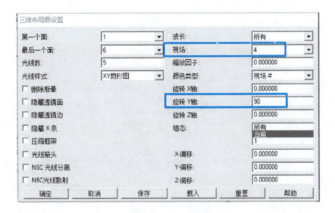

▶ 图 6-64　三维布局图设置

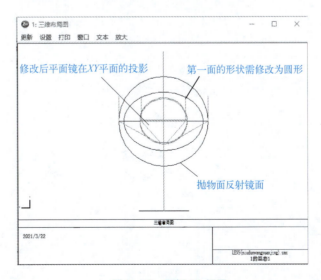

▶ 图 6-65　更新 3D 视图

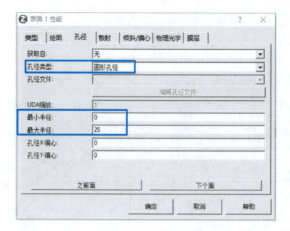

▶ 图 6-66　遮光修改

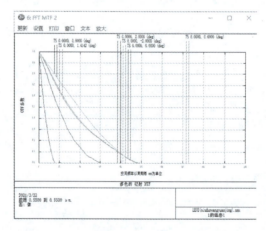

▶ 图 6-67　最终修改后系统的 MTF 曲线

第 7 章

显微成像系统设计

　　显微成像系统作为一种重要的光学成像系统，主要功能是利用光学原理，将那些人眼无法直接分辨的微小物体进行放大并清晰成像，从而极大地拓展了人类的视觉观察能力。而作为成像系统的最终光能接收器，人眼在显微成像过程中扮演着至关重要的角色。因此，在深入学习显微成像系统之前，有必要全面了解人眼的结构以及其所具有的光学特性。

7.1　人眼的构造及其光学特性

7.1.1　人眼的构造

　　人眼的结构如图 7-1 所示，类似于一个圆球，一般称之为眼球。成年人的眼球直径一般在 24 ～ 25mm。人眼结构复杂，本身就是一个功能强大的光学系统，其主要部分如下。

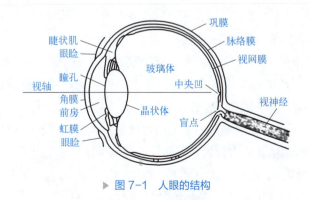

▶ 图 7-1　人眼的结构

① 角膜：角膜是位于眼球前部的透明状结构，其本质上可视为一块能够透射光线的透明晶片，光线能够穿透角膜并射入眼球内部。

② 前房：位于角膜后端与虹膜、晶状体之间的空隙被定义为前房，这个空间被一种无色且透明的液体完全填满，该种液体的折射率为 1.3374，而其深度大约可达到 3.0mm。

③ 虹膜：位于角膜和晶状体之间，扁圆形的环状薄膜就是虹膜，负责控制瞳孔的大小。

④ 视网膜：紧贴脉络膜内侧的一层柔软且透明的薄膜，其关键作用在于感知光线的刺激。视网膜的构成复杂，主要包含色素上皮细胞、感光细胞（又名视细胞，进一步细分为对弱光高度敏感的视杆细胞和对强光及色彩敏感的视锥细胞）、双极细胞、节细胞、水平细胞、无长突细胞、网间细胞以及 Müller 细胞等重要组成部分。

⑤ 脉络膜：作为一层富有弹性且血管丰富的柔软光滑棕色薄膜，其主要功能在于为视网膜外层提供必要的营养，并有效阻挡穿透巩膜进入眼内的多余光线，从而确保眼内成像的清晰度。

⑥ 眼睑：眼睑由皮肤、结缔组织、肌肉、腺体和结膜等多部分组成，其位于眼球的前部，具体可细分为上眼睑和下眼睑。眼睑在保护眼球抵御外部伤害方面起到至关重要的作用。

⑦ 瞳孔：瞳孔是一个大小可以收缩的圆孔，其位于虹膜的中央，是光线进入眼睛的必经之路。其大小变化受虹膜上的瞳孔括约肌与瞳孔开大肌的协同控制，以此来调节进入瞳孔的光线量。

⑧ 睫状肌：睫状肌是位于眼球前部巩膜内面与脉络膜上腔内的一种特殊肌肉纤维束，隶属于睫状体。它的核心功能是调控晶状体的形态变化，这种变化对于眼睛的视觉调节至关重要。

⑨ 晶状体：亦称水晶体，是位于虹膜与玻璃体之间的一个关键组件，它具有双凸形态，且后部凸起程度高于前部。这一透明弹性结构体内并无血管和神经分布。在其外周部分，组织较为柔软且纤维具有良好的弹性，被称为晶状体皮质，其折射率达 1.386。相较之下，中央区域的组织更为致密且硬度较高，弹性则相对较差，该部分被称为晶状体核，折射率为 1.406。通过睫状肌的作用可以改变晶体表面的曲率，进而改变屈光度，使不同距离上的焦点都能准确地落在视网膜上。

⑩ 玻璃体：玻璃体是充盈于晶状体与视网膜之间空隙中的一种胶状物质，没有颜色且呈透明状。这一特殊结构不仅具有屈光的重要功能，同时还在稳定视网膜位置方面发挥着关键作用，确保其处于正确的位置。

⑪ 视神经：作为中枢神经系统的重要组成部分，由视网膜的神经纤维汇集而成。其主要功能在于将视网膜捕获的视觉信息高效地传送到大脑，实现视觉感知。

⑫ 盲点：这一特定区域位于视网膜上，由于缺乏感光细胞，因而在人的视野中形成了一个固有的暗区，即无法通过此区域捕捉到任何视觉信息。

当人们观察物体时，来自外界的光线会穿过角膜和晶状体等结构，经过折射后在视网膜上形成图像。这一图像刺激了视神经，进而产生了我们的视觉感知。值得注意的是，由于晶状体的成像原理类似于凸透镜，因此在视网膜上所形成的实际上是倒立的图像。然而，得益于神经系统内部的高效调节机制，我们最终感知到的却是一个正立的图像。

为简化计算过程，我们可将眼睛的光学系统抽象为一个折射面来进行分析，其光学参数见表 7-1。

表 7-1　眼睛光学系统参数

光学参数	数值
介质的折射率	1.33
折射面曲率半径	5.77mm
物方焦距	-17.1mm
像方焦距	22.8mm
光焦度	58.48（屈光度）
视网膜的曲率半径	9.7mm

7.1.2　人眼的光学特性

（1）调节特性

人眼能够清晰看到物体的前提是，该物体的像能够在视网膜上清晰呈现。为了观察不同距离的物体，人眼会调整晶状体的曲率，进而改变其焦距，这一过程被称为眼睛的调节。

远点是指在眼睛处于放松状态时能够清晰看到的最远距离；近点则是当眼睛进行最大限度的调节时能够看清的最近距离。为了量化描述人眼对不同距离物体的调节和聚焦能力，引入了视度这一概念。若设人眼能清晰观察到的物体距离人眼的距离为 r（单位为 m），则视度即为该距离的倒数，用 SD 表示，单位为屈光度。近点距用 l_p 表示，远点距用 l_r 表示，相应地，近点和远点的视度则分别由 P 和 R 表示，即

$$\frac{1}{l_p} = P, \quad \frac{1}{l_r} = R$$

调节范围是远点视度与近点视度之间的差值，是用于评估人眼调节能力的指标。这一指标用 $\overline{A}$ 来表示，即

$$\overline{A} = R - P$$

人眼的调节能力具有个体差异和年龄差异，随着年龄增大，调节能力会减弱。

除了远点和近点之外，还存在一个被称为明视距离的概念，它指的是人眼在近距离

工作时的习惯距离。具体来说，明视距离是正常视力的眼睛在标准照明条件（50lx）下所习惯的工作距离，这一距离通常被设定为250mm。

（2）视敏特性

人眼所能观测到的光谱范围涵盖了从紫光到红光的部分，然而，对于不同波长的光，人眼的灵敏度并不相同。这意味着，即使不同颜色的光具有相同的辐射功率，人眼对它们的亮度感知也会有所差异。在相同的辐射功率下，人眼感觉最亮的光是黄绿光（波长为555nm），而对红光和紫光的感知则相对最暗。

（3）明暗视觉特性

视网膜上的视锥细胞和视杆细胞承担着不同的视觉功能。在明亮的环境中，视锥细胞发挥主导作用，使我们能够辨别物体的颜色和细节。而在较暗的条件下，则是视杆细胞开始工作，但它们无法区分颜色和细节。图7-2展示了明视觉的视见函数 $V(\lambda)$ 及其相应的暗视觉曲线 $V'(\lambda)$，从图中可以观察到峰值波长由原先的555nm向短波方向移动到了507nm。

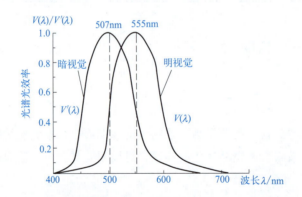

▶ 图7-2 明视觉的视见函数和与此相应的暗视觉曲线

人眼从明亮环境过渡到昏暗环境，或相反的过程，被称为眼睛的适应，可细分为暗适应与亮适应两种类型。当从明亮环境转至昏暗环境时，发生的是暗适应；相反，由昏暗转至明亮时，则为亮适应。由于人眼的适应过程需要一定时间，因此，当人们从光亮处步入暗室时，最初可能会感到一片漆黑，难以辨识周围物体。然而，随着暗适应的逐步进行，瞳孔会扩大，视网膜上的视杆细胞感受性也会逐渐增强，从而使得视觉能力得到提升。

（4）人眼的分辨率

人眼的分辨率是评估眼睛能够分辨两个相邻近的物点能力的指标。人眼分辨率的大小通常用分辨角来表示，是人眼能分辨的两物点之间的最小视角。假设人眼是一个理想的光学系统，并运用波动光学中的衍射理论进行深入分析，我们可以了解到，极限分辨角由艾里斑半径决定：

$$\psi = \frac{1.22\lambda}{D} = \frac{1.22 \times 0.00055}{D} \times 206265 \approx \frac{140''}{D(mm)}$$

式中，λ 表示波长，在这里取人眼最敏感的波长为 0.00055mm；D 为入射光瞳。白天，眼瞳的直径为 $D=2mm$，$\psi=70''$。在光照条件良好的情况下，人眼的极限分辨角可以达到 60''，也就是 1'。

实际上，视网膜上感光细胞的尺寸也会制约人眼光学系统的分辨率。仅当两个物点在视网膜上所形成的像分别在两个不同的视神经细胞上时，视神经方能辨别它们为两个独立的点。而黄斑区域的视锥细胞平均直径为大约 0.005mm，而极限分辨角 70'' 在视网膜上对应的两个像点之间的距离为 0.006mm，因此在良好光照条件下，能被眼瞳分辨的两个点也能被视网膜分辨。

鉴于人眼的分辨率具有局限性，当所观测的物体结构尺寸小于人眼的极限分辨角时，我们就需要利用放大镜、显微镜、望远镜等视觉辅助仪器。这些仪器的作用在于，将目标观察对象通过目视光学系统所形成的像放大至人眼能够清晰分辨的范围内。

7.2 放大镜

人眼观察物体时，目标与眼睛距离越近，物体对人眼所张视角（张角）越大，目标在视网膜上所成的像越大。尽管人眼的辨识能力卓越，但在特定情境下，当物体已趋近近点但张角仍未达到人眼极限分辨角时，必须借助目视光学系统来进一步增强视觉。目视系统的基本原理是物体经过目视系统的成像处理后会成一个放大的像，其相对于观察者的视角远远大于物体本身对人眼的张角。我们用视觉放大率来定义目视光学系统的视角放大效果。

7.2.1 视觉放大率

在实际应用中，目视光学系统的设计紧密围绕人眼的视觉需求。其放大效能并非随意设定，而是基于人眼对观测目标放大效果的主观判断。进一步来说，当评估人眼对物体的观察效果时，关键考量在于物体在视网膜上形成的图像大小。因此，我们定义目视光学系统的视觉放大率为：用目视光学系统观察物体时视网膜上的像高 y'_i 与用人眼直接观察物体时视网膜上的像高 y'_e 之比，用 Γ 表示，即

$$\Gamma = \frac{y'_i}{y'_e} \tag{7.2.1}$$

设人眼后节点到视网膜的距离 l' 不变，则可改写为张角正切之比，即

$$\Gamma = \frac{y_i'}{y_e'} = \frac{l' \tan \omega_i}{l' \tan \omega_e} = \frac{\tan \omega_i}{\tan \omega_e} \qquad (7.2.2)$$

式中，ω_i 代表目视光学系统对物体作用后的像对人眼所形成的视角；ω_e 则代表人眼直接观察物体时，物体对人眼所产生的张角。目视光学系统的视觉放大率都可按上式的定义进行计算。

图 7-3 展示的是放大镜成像的光路图。对于位于放大镜物方焦点以内高为 y 的物体，其经过放大镜后放大的虚像高为 y'，则虚像对眼张角 ω' 的正切为

$$\tan \omega' = \frac{y'}{-x' + x_z'}$$

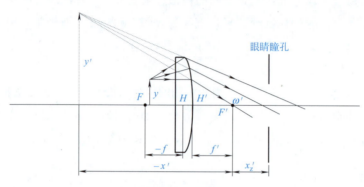

▶ 图 7-3 放大镜成像的光路图

在明视距离眼睛直接观察物体时，物体对眼睛张角的正切

$$\tan \omega = \frac{y}{250} \qquad (7.2.3)$$

放大镜的视觉放大率

$$\Gamma = \frac{\tan \omega_i}{\tan \omega_e} = \frac{250 y'}{(-x' + x_z') y} \qquad (7.2.4)$$

由于垂轴放大率

$$\beta = \frac{y'}{y} = \frac{-x'}{f'} \qquad (7.2.5)$$

代入式（7.2.4）可得

$$\Gamma = \frac{250}{f'} \times \frac{x'}{x' - x_z'} \qquad (7.2.6)$$

当物体和物方焦平面重合时，放大镜的放大率

$$\Gamma = \frac{250}{f'} \qquad (7.2.7)$$

式中，f' 的单位为 mm，此时透镜的焦距成为了决定放大率的唯一因素。当焦距缩短时，视觉放大率会随之增大。然而透镜的焦距并不可以无限缩短，它存在一个物理上的下限。因此，视觉放大率也会受到相应的限制，通常而言，这一放大率会被控制在 10 倍以内。

7.2.2 光束限制

在探讨由单透镜构成的低倍放大镜对于光束限制的问题时，我们通常会将眼瞳纳入分析范围。眼瞳在这里不仅作为孔径光阑，同时也扮演着出瞳的角色。而放大镜的边框则兼具视场光阑以及出、入射窗的功能。鉴于视场光阑无法与物体（或像）的平面重合，这必然导致在视场中出现渐晕。

如图 7-4 所示为不同渐晕的出射光线延长到像面的情况。三条光线分别为 A_1、A_2、A_3 点受视场光阑边缘限制的光束边界，由图可知，A_1、A_2、A_3 渐晕系数分别为 1、0.5、0，它们对眼瞳的张角分别为

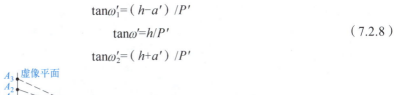

$$\tan\omega_1' = (h-a')/P'$$
$$\tan\omega' = h/P' \tag{7.2.8}$$
$$\tan\omega_2' = (h+a')/P'$$

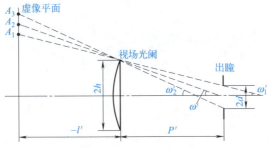

▶ **图 7-4 不同渐晕的出射光线延长到像面**

通常，放大镜的视场用 $2y$（也就是物方线视场）来表示，当物体被成像在无限远处，即物体在放大镜的焦面上时，可得

$$2y = 2f'\tan\omega' \tag{7.2.9}$$

如果选择渐晕系数 0.5 的 $\tan\omega'$ 代入式（7.2.9），整理后可以计算得到此时的物方线视场为

$$2y = \frac{500h}{\Gamma_0 P'}(\text{mm}) \tag{7.2.10}$$

式中，Γ_0 为放大镜的标称放大率。放大率的数值大小直接关系到线视场的范围，当放大镜的放大率增大时，线视场相应地会缩小。因此，在实际应用中，放大镜的放大率选择不宜过高，以维持合适的线视场范围。

7.3 显微镜概述

对于进一步分辨物体细节的需求，放大镜显然不能满足要求，必须使用具有更高视

觉放大率的显微镜才能实现近距离观察物体微小细节的目标。

7.3.1 显微镜的工作原理

如图 7-5 所示为显微镜成像的原理图。显微镜的结构主要包括物镜和目镜，其成像过程分为两个阶段。首先物体 AB 在物镜的聚焦下形成一个放大的实像 $A'B'$，其位于目镜的物方焦平面 F_2 附近，随后这个实像经过目镜的再次放大，转化为一个虚像 $A''B''$，以供观察者通过眼睛在无穷远或明视距离附近进行观测。目镜的功能与放大镜相似，然而，通过目镜所观察到的并非物体本身，而是经过物镜初步放大后的物体像。

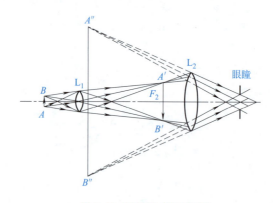

▶ 图 7-5　显微镜成像原理图

根据显微镜的成像原理，实际上将物镜的垂轴放大率 $\beta_物$ 与目镜视觉放大率 $\varGamma_H$ 相乘就可以得出显微镜的视觉放大率。在显微镜中还有一个重要的概念就是光学间隔，它其实就是物镜的像方焦点与目镜的物方焦点之间的一段特定距离，通常用 $\varDelta$ 表示。

物镜的垂轴放大率在物镜焦距为 f_1' 的情况下可以表示为

$$\beta_物 = -\frac{\varDelta}{f_1'} \tag{7.3.1}$$

目镜可以看成一个放大镜，焦距用 f_2' 表示，其放大率为

$$\varGamma_H = \frac{250}{f_2'} \tag{7.3.2}$$

由此，显微镜的总放大率为

$$\varGamma = \beta_物 \varGamma_H = -\frac{250\varDelta}{f_1'f_2'} \tag{7.3.3}$$

分析上述公式，可以明确得出显微镜的放大率与其光学筒长呈正相关，而与目镜和物镜的焦距则表现为负相关。进一步地，由于该公式中包含了负号，当显微镜采用正物

镜和正目镜时，最终形成的图像将是倒立的。

根据光学系统中组合系统的焦距计算公式，可知显微镜的总焦距为

$$f' = -\frac{f_1' f_2'}{\Delta} \qquad (7.3.4)$$

代入式（7.3.3）可得显微镜的总放大率为

$$\Gamma = \frac{250\Delta}{f'} \qquad (7.3.5)$$

7.3.2　显微镜的重要概念

（1）显微镜中的孔径光阑

在显微镜的设计中，孔径光阑的设置是依据物镜的结构特性而定的。随着物镜放大倍率的提高，其结构也越复杂。具体而言，低倍物镜构造相对简单，采用单透镜组设计，其物镜框本身即充当孔径光阑的角色。然而，对于高倍物镜，由于需要更高的光学性能，它们通常由多组透镜构成，并通常将最后一组透镜的框架作为孔径光阑使用。特别地，在追求精密测量的显微镜中，为了获得更准确的成像效果会搭建物方远心光路，就是专门设置孔径光阑放在物镜的像方焦平面上。

如图 7-6 所示，该显微镜的入瞳位置将位于物方的无限远处，而出瞳则位于整个显微镜的像方焦面之上，其相对于目镜像方焦点的距离为

$$x_F' = -\frac{f_2 f_2'}{\Delta} = \frac{f_2'^2}{\Delta} \qquad (7.3.6)$$

式中，f_2' 为目镜焦距；Δ 为光学筒长，并且总是正值。因此，$x_F' > 0$，此时显微镜的出瞳的位置就处在像方焦面，也就是目镜的像方焦点之外。

若在距离物镜的像方焦点 x_1' 的位置处设置孔径光阑，此时显微镜的出瞳相对目镜的像方焦点之间的距离将会发生变化，如下式所示：

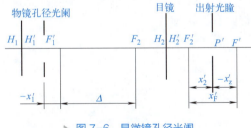

▶ 图 7-6　显微镜孔径光阑

$$x_2' = \frac{f_2 f_2'}{x_1' - \Delta} = \frac{f_2'^2}{\Delta - x_1'} \qquad (7.3.7)$$

则显微镜出瞳与显微镜像方焦点之间的距离为

$$x'_z = x'_2 - x'_F = \frac{f_2'^2}{\Delta - x'_1} - \frac{f_2'^2}{\Delta} = \frac{x'_1 f_2'^2}{\Delta(\Delta - x'_1)} \qquad (7.3.8)$$

式中，x'_1 和 Δ 的数值较小，故上式可表示为

$$x'_z = \frac{x'_1 f_2'^2}{\Delta^2} \qquad (7.3.9)$$

鉴于 x'_1 和 $\dfrac{f_2'^2}{\Delta^2}$ 均为极小的数值，x'_z 的值也会很小，这表明即使孔径光阑接近物镜的物方焦点，显微镜的出瞳仍可视为与像方焦面相重合，即它始终位于目镜的像方焦点之外距离 x'_F 处。因此，当使用显微镜进行观察时，观察者的眼瞳总能够轻松地与出瞳实现对齐。

（2）显微镜出瞳直径

如图7-7所示，假设像方空间内，出瞳和显微镜的像方焦平面重合，物体 AB 经显微镜成像后为 $A'B'$，成像大小为 y'。

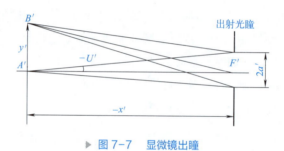

▶ 图7-7　显微镜出瞳

由图7-7可见，出瞳半径为

$$a' = x'\tan U'$$

当角度很小时，通常可以用正弦值来取代正切值，使得计算更方便。而显微镜的像方孔径角 U' 很小，那么可以得到：

$$a' = x'\sin U' \qquad (7.3.10)$$

显微镜满足正弦条件，有

$$n'\sin U' = \frac{y}{y'} n\sin U \qquad (7.3.11)$$

式中：

$$\frac{y}{y'} = \frac{1}{\beta} = -\frac{f'}{x'}$$

由于显微镜中 n' 总等于1，代入式（7.3.11）中可得

$$\sin U' = -\frac{f'}{x'} n\sin U \qquad (7.3.12)$$

将其代入式（7.3.10）中，可得

$$\alpha'=-f'n\sin U=-f'\mathrm{NA} \tag{7.3.13}$$

式中，$\mathrm{NA}=n\sin U$，称为显微镜物镜的数值孔径，是表征显微镜特征的重要参量。

如果将公式

$$f'=\frac{250}{\Gamma} \tag{7.3.14}$$

代入式（7.3.13）可得

$$a'=250\frac{\mathrm{NA}}{\Gamma} \tag{7.3.15}$$

式中的负号没有实际意义，直接省略。

根据式（7.3.15），可以明确得知，在已知显微镜的放大率和物镜的数值孔径条件下，能够计算出瞳直径 $2a'$ 的具体数值。表 7-2 详细列出了放大率、数值孔径以及对应的出瞳直径之间的对应关系。

表 7-2　放大率和数值孔径及出瞳直径之间的关系

Γ	1500 ×	600 ×	50 ×
NA	1.25	0.65	0.25
$2a'$/mm	0.42	0.54	2.50

根据表 7-2 中的数据，显微镜的出瞳直径通常较小，普遍小于人眼的瞳孔直径。然而，在特定情况下，即当显微镜的放大率处于较低水平时，其出瞳直径才有可能接近甚至达到人眼的瞳孔大小。

（3）显微镜的分辨率

分辨率是光学仪器和探测器识别并区分两个邻近点的最小间距。对于光学系统而言，当点光源经过系统时，由于衍射效应，其成像并非单点，而是一个由中心亮斑和周围区域构成的弥散斑，其中心亮斑被称为艾里斑（如图 7-8 所示），这一现象会对光学系统的分辨率产生显著影响。为了解决这一问题，瑞利判据对判断两个点光源能否被精确地分辨提出了一个标准，那就是一个点光源的衍射图样中央最亮区域与另一点光源衍射图样的第一级暗纹相重合。

根据瑞利判据，显微镜的分辨率为

$$\sigma_0=\frac{0.61\lambda}{\mathrm{NA}} \tag{7.3.16}$$

式中，λ 是观测时所用光线的波长；NA 是物镜的数值孔径。上式主要用于描述两个自发光点的分辨率。然而，当面对不能自发光的物体时，其分辨率的评估则更为复杂，因为它会随着照明条件的变化而发生变化。基于广泛的研究，我们发现这些物体的分辨率为

$$\sigma=\frac{\lambda}{\mathrm{NA}} \tag{7.3.17}$$

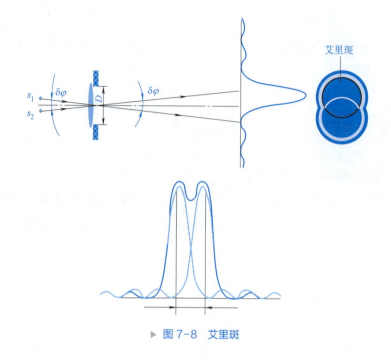

▶ 图 7-8 艾里斑

在斜射光照明时，其分辨率为

$$\sigma = \frac{0.5\lambda}{\mathrm{NA}} \qquad (7.3.18)$$

上述公式揭示了数值孔径与分辨率之间的正比关系，也就是分辨率会随着数值孔径的减小而降低。同时，公式也表明了分辨率与波长之间的反比关系，即波长越短，分辨率则越高。因此，为了提升显微镜的分辨率，可以通过增大数值孔径和减小光源波长这两种途径来实现。

（4）显微镜的有效放大率

在显微镜应用中，为了充分利用物镜的分辨率，需要确保显微镜具备适当的放大率。这样，经过显微镜分辨出的细节就能被有效放大，进而被眼睛清晰辨识。便于眼睛分辨的角距离为 $2' \sim 4'$，该角距离在眼睛明视距离（通常为250mm）下对应的线距离可表示为 σ'：

$$250 \times 2 \times 0.00029\,(\mathrm{mm}) \leqslant \sigma' \leqslant 250 \times 4 \times 0.0029\,(\mathrm{mm}) \qquad (7.3.19)$$

换算至物空间，$\sigma' = \Gamma\sigma$，取 $\sigma = \dfrac{0.5\lambda}{\mathrm{NA}}$，得

$$250 \times 2 \times 0.00029\,(\mathrm{mm}) \leqslant \Gamma \times \frac{0.5\lambda}{\mathrm{NA}} \leqslant 250 \times 4 \times 0.0029\,(\mathrm{mm}) \qquad (7.3.20)$$

设照明的平均波长为0.00055，代入式（7.3.20），可得

$$527\mathrm{NA} \leqslant \Gamma \leqslant 1054\mathrm{NA} \qquad (7.3.21)$$

或近似写为

$$500\mathrm{NA} \leqslant \Gamma \leqslant 1000\mathrm{NA} \qquad (7.3.22)$$

光学显微镜的有效放大率就是满足上式的放大率，普通显微镜的有效放大率最大只能达到 1500 倍。进一步分析，显微镜的有效放大率实际上是由物镜的数值孔径或分辨率所决定的。在使用的放大率比有效放大率下限（500NA）还要小的情况下，某些细节即使在物镜可以分辨的情况下也难以被人眼清晰地观察到。反之，如果使用的放大率超过了有效放大率上限（1000NA），这并不会使得观察物体的细节更加清晰，反而属于无效放大。

（5）显微镜的焦点深度

在显微镜中存在一个光轴上的特定距离范围，其中的物体能够被清晰地成像。然而，一旦物体超出这一范围，其成像就会变得模糊不清。这一关键的距离范围，它位于显微镜焦点极小的上下区间内，我们称之为焦点深度。

（6）显微镜的工作距离

如图 7-9 中所示，工作距离也称为物距，指的是物镜前透镜表面至待检测物体之间的距离。在物镜的数值孔径保持不变的情况下，较短的工作距离往往对应着较大的孔径角。而当物镜的数值孔径较大，尤其是那些用于高倍放大的物镜时，其工作距离会相对较短。

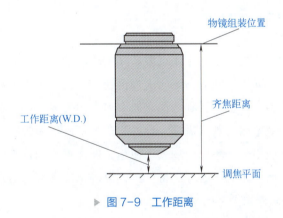

▶ 图 7-9　工作距离

7.3.3　显微镜的基本结构

图 7-10 中展示了一个典型的光学显微镜，其基本结构在其中进行了标注。普通的显微镜一般包括光学放大系统、照明系统、机械和支架等系统。

光学放大系统主要由目镜和物镜构成，其中目镜是供观测者使用以观察样本的镜头，而物镜则位于更接近被观察物体的位置。照明系统包括光源、反光镜、聚光镜、滤光片、遮光器、通光孔等。其余结构都属于机械和支架系统。

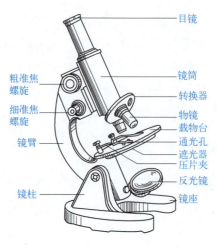

目镜

镜筒

转换器

物镜

载物台

通光孔

遮光器

压片夹

反光镜

镜座

粗准焦
螺旋

细准焦
螺旋

镜臂

镜柱

▶ 图 7-10　光学显微镜基本结构

7.4　显微物镜设计

7.4.1　显微物镜设计的特点

在显微镜系统中，物镜的设计至关重要。其主要功能是将待观察的物体放大，形成一个实像于目镜的焦平面上。随后，这一实像再通过目镜成像于无限远处，以便于人眼进行观察。显微镜的整体性能，特别是视觉放大率和衍射分辨率，在很大程度上取决于物镜的性能。为了适应不同的观察需求，会搭配多个不同倍率的物镜和目镜来实现显微镜放大率的变换，方便用户在不同的场景下使用。要注意不同倍率物镜的共轭距离（也就是从物平面到像平面的距离）必须保持一致，以确保能够顺利更换不同的物镜。我国规定通用显微镜的共轭距离为 195mm。

鉴于显微物镜特有的小视场和短焦距光学特性，轴上点和小视场内的像差校正，如球差（$\delta L'$）、轴向色差（$\Delta L'_{FC}$）以及正弦差（SC'）等应该是光学设计中的重点。然而，对于高倍率显微物镜的设计，校正工作随着数值孔径的增大就不能仅关注上述三种像差的边缘部分了，进一步校正它们的孔径高级像差也是重中之重，如孔径高级球差（$\delta L'_{sn}$）、色球差（$\delta L'_{FC}$）、高级正弦差（SC'_{sn}）。至于轴外像差，如像散、垂轴色差，由于视差比较小，而且通常允许一定程度的像质降低，因此在设计过程中，这些像差的校正应在前三类像差得到优先保证的前提下，根据实际情况进行考虑。

对于特定应用场景下需要高质量成像的研究用显微镜，为了确保整个视场都能获得清晰的成像质量，除了常规的球差、轴向色差和正弦差的校正外，还需要额外关注场曲、像散以及垂轴色差的校正。这类特别设计以优化成像质量的显微物镜，我们称之为"平像场物镜"。

作为目视光学仪器的一部分，显微物镜在设计中同样追求对 F 光和 C 光的消色差效果，并确保对 D 光进行单色像差的校正。

7.4.2　显微物镜的类型

显微物镜有多种类型和结构形式，首先，我们可以根据观察介质的不同将其分为干燥系物镜、水浸系物镜以及油镜系物镜等几类；其次，依据其放大率的高低和数值孔径的差异，显微物镜又能分为低倍物镜（ $3× ≤ |\beta| < 5×$ ， $0.04 ≤ NA ≤ 0.15$ ）、中倍物镜（ $5× ≤ |\beta| < 25×$ ， $0.15 ≤ NA ≤ 0.4$ ）、高倍物镜（ $25× ≤ |\beta| < 65×$ ， $0.35 ≤ NA ≤ 0.85$ ）以及浸液物镜等；更为常见的是，根据它们对色差和场曲校正的程度，显微物镜被归类为消色差物镜、复消色差物镜、平像场物镜以及平像场复消色差物镜。接下来，我们将对这些不同类型的显微物镜进行详细介绍。

（1）消色差物镜

消色差物镜以其相对简单的结构和广泛的应用性而著称。其主要特点是在设计过程中关注于轴上点的球差、轴向色差和正弦差的校正，而二级光谱色差则不在校正的范围内。这也是这类物镜被命名为消色差物镜的原因。根据不同的倍率和数值孔径，消色差物镜进一步细分为低倍、中倍、高倍以及浸液物镜四种类型。

① 低倍消色差物镜。这类物镜是一种倍率在 $3×$ ～ $4×$ 之间，数值孔径范围在 0.1 ～ 0.15 的显微镜。其相对孔径对应为 $1/4$ ～ $1/3$ 。由于其焦距相对较短，而视场也相对较小。鉴于这些特性，该类物镜在光学设计中主要侧重于校正边缘球差、正弦差和轴向色差，而无需考虑高级像差的校正。低倍消色差物镜通常采用最简单的双胶合组结构，如图 7-11（a）所示。

② 中倍消色差物镜。这类物镜的倍率范围在 $8×$ ～ $12×$ 之间，数值孔径则达到 0.2 ～ 0.4 。由于物镜的数值孔径的增大，相对孔径也随之增加，若仅采用单个双胶合组，其孔径高级球差和色球差可能超出公差范围，无法满足设计要求。因此，中倍消色差物镜通常采用两个双胶合组的结构，如图 7-11（b）所示。这两个双胶合组各自负责消色差，同时整个物镜还需校正轴向色差和垂轴色差。在这两个透镜组之间，通常存在一个较大的空气间隔。这是因为，若两透镜组紧密接触，整个系统则近似于一个薄透镜组，其校正能力仅限于两种单色像差；而两透镜组分离后，则相当于一个由两个分离薄透镜组构成的复杂系统，能够最多校正四种单色像差，从而显著增强了系统的像差校正能力。除了必要的球差和正弦差校正外，该系统还可能对像散进行校正，以进一步提升轴外像点的成像质量。

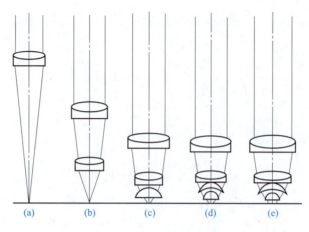

▶ 图 7-11　消色差物镜

③ 高倍消色差物镜。这类物镜的倍率范围在 40× ～ 60× 之间，数值孔径则在 0.6 ～ 0.8 的范围内，它们的结构如图 7-11（c）、（d）所示。该物镜是在中倍物镜的基础上发展而来，通过添加一至两个单透镜进行增强。这些附加的单透镜所产生的像差，随后由两个双胶合组进行有效校正，进而实现了物镜数值孔径的显著提升。

④ 浸液物镜。浸液物镜的设计原理突破了传统物镜在空气中的成像限制。传统物镜的数值孔径（$NA=n\sin U$）是不可能超过 1 的，主要原因在于成像物体位于空气中，物空间介质的折射率 $n=1$，目前传统物镜的最大数值孔径约为 0.95。为了突破这一限制，浸液物镜创新地将成像物体浸入液体中，使得物空间介质的折射率提升至液体的折射率水平。这种设计使得物镜的数值孔径能够达到 1.2 ～ 1.4，得到了显著提升。其最高倍率一般不超过 100×，结构如图 7-11（e）所示。

（2）复消色差物镜

在常规的消色差物镜设计中，随着放大倍率和数值孔径的增加，二级光谱色差现象逐渐加剧，这与望远物镜的二级光谱色差会在相对孔径扩大时超出公差的情况颇为相似。特别是在高倍率的消色差显微物镜中，二级光谱色差已成为制约成像质量的关键因素。因此，一些高端的显微镜系统要求对二级光谱色差进行严格的校正，这类物镜也就是所谓的"复消色差物镜"。如图 7-12 所示，比较了普通消色差物镜与复消色差物镜在三种颜色光线下的轴上球差曲线。显而易见，复消色差物镜在球差和色差的校正上表现更为出色。为了实现显微镜中二级光谱色差的精确校正，通常需要使用特殊的光学材料，早期的复消色差物镜就采用了萤石（CaF_2），它和常见的重冕玻璃（ZK）在相对色散上相同，但拥有足够的 v 值差和 n 值差。复消色差物镜的结构相较于同等数值孔径的消色差物镜更为复杂，这是因为其设计不仅要考虑到孔径的高级球差校正，还需确保色球差得到良好的控制，这一点在图 7-13 中得到了明确的体现。

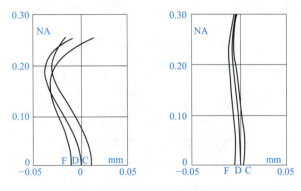

▶ 图 7-12　一般消色差物镜和复消色差物镜的轴上球差曲线

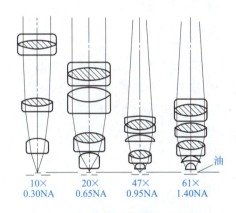

▶ 图 7-13　复消色差物镜结构

（3）平像场物镜

对于如显微摄影和显微投影等特定的显微应用系统，除了必要的轴上点像差（包括球差、轴向色差和正弦差）以及二级光谱的校正外，对场曲的精确校正同样至关重要，以确保获取更大范围的清晰视场。先前提及的物镜类型在场曲的校正上均存在不足，为能在实际应用中获得高清晰度的视场，平像场物镜应运而生。平像场物镜可进一步细分为平像场消色差物镜和平像场复消色差物镜。前者在倍率色差方面表现较好，无需依赖特殊目镜进行补偿；而后者则需借助目镜来补偿其较大的倍率色差。尽管这种物镜能够显著改善场曲和像散的校正效果，但其结构却相当复杂，通常依赖多个弯月形厚透镜来实现场曲的精确校正。随着物镜孔径角的增大，为达到理想的校正效果，所需加入的凹透镜数量也会相应增加。如图 7-14 所示，展示了两种平像场物镜的结构图。第一种 40× 物镜的场曲主要通过首个弯月形厚透镜的凹面进行校正；而第二种 160× 的浸液物镜则依赖于中间的两个厚透镜来有效校正场曲。

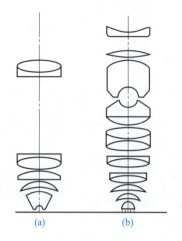

▷ 图 7-14　平像场物镜结构

（4）平像场复消色差物镜

在研究用高级显微镜中，既对成像质量的要求特别高，又要求整个视场同时清晰，平像场复消色差物镜就是为了满足了上述要求而发展起来的，它的结构形式基本上和平像场物镜相似，但必须在系统中使用特殊光学材料，以校正二级光谱色差。平像场复消色差物镜是当前显微物镜的发展方向。

7.4.3　设计案例

（1）中倍消色差显微物镜设计

物镜设计中的一种典型结构就是中倍消色差显微物镜，通过在中倍消色差显微物镜的基础上增加一个或两个前部单透镜就可以构成高倍显微物镜。因此，深入理解和熟练掌握中倍消色差显微物镜的设计方法，对于高倍物镜的设计而言，无疑是非常重要的。接下来，本部分将详细阐述一个中倍消色差显微物镜的设计过程。

设计要求如下：设计一个显微物镜，系统共轭距为 195mm，数值孔径为 0.25；放大倍数 10×，物高为 1mm；在可见光波段进行设计（取 d、F、C 三种色光，d 为主波长）；MTF 在 67lp/mm 处不应小于 0.3；畸变控制在 1% 以内；弥散斑直径不超过 10μm，球差和倍率色差调校良好；透镜中心厚度大于 1mm，边缘厚度大于 1mm。

提炼关键信息可得如下要求：

物像距为 195mm，$\beta=-10\times$，NA=0.25，物高 $\eta=1$mm。

（2）设计思路

如图 7-15 所示，在显微物镜的设计中，设计者们往往会根据反向光路的理念进行设

计。物距 l（即物平面到透镜组第一面顶点的距离）在系统像差计算的过程中是一个恒定值。然而，透镜的主面位置会在系统结构发生调整时随之产生变动，这会导致原先计算出的物平面至主面的距离也随之发生变化。进一步地，若按照正向光路计算像差，由于 $|\beta| > 1$，轴向放大率会显著增大（$\alpha = \beta^2$），从而导致共轭距和物镜倍率发生大幅度改变，这显然与物镜的光学性能要求相悖。相反，若采用反向光路计算，我们会发现垂轴放大率 $|\beta| < 1$，轴向放大率则更小，这种设计方式能显著减少共轭距和倍率的变化。

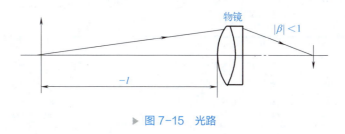

▶ 图 7-15　光路

同样，我们需要按照反向光路进行设计，物距和像距交换，像方的量作为物方的量来处理，放大率为 $1/\beta$。因此：

① 反向设计后放大率为 $\beta = -\dfrac{1}{10} = -0.1$；

② 像方数值孔径 $NA' = 0.25$，$u' = 0.25$，$u = |\beta|u' = 0.1 \times 0.25 = 0.025$，所以物方数值孔径 $NA = 0.025$；

③ 像高 1mm，$y = \dfrac{y'}{\beta} = \dfrac{1\text{mm}}{|-0.1|} = 10\text{mm}$，系统关于光轴对称，设置实际物高为 5mm。

（3）设计步骤

步骤一：初始结构的选取

光学系统初始结构的选择在光学设计中有非常重要的意义，好的初始结构可以更便于之后的设计和优化。对于有特定要求的光学系统，可以通过查阅《光学镜头手册》来寻找合适的初始结构。根据题目中焦距、出瞳直径、视场、出瞳距等要求，在手册中提供的镜头中寻找参数最接近的结构，寻找结果如图 7-16 所示。

步骤二：初始参数设置

1）物方数值孔径 0.025

① 在快捷按钮栏中单击"Gen"→"孔径"。

② 在弹出对话框"常规"中，"孔径类型"选择"物方空间 NA"，"孔径值"输入"0.025"，"切趾类型"选择"均匀"。

③ 单击"确认"按钮，如图 7-17 所示。

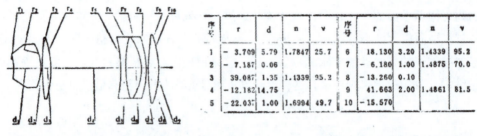

E.F.L=14.179 B.F.L=153.8055 N.A.=0.32 L_μ=0 η=1** β=-10 W.D.=0.638

序号	r	d	n	ν	序号	r	d	n	ν
1	-3.709	5.79	1.7847	25.7	6	18.130	3.20	1.4339	95.2
2	-7.187	0.06			7	-6.180	1.00	1.4875	70.0
3	39.087	1.35	1.1339	95.2	8	-13.260	0.10		
4	-12.182	14.75			9	41.663	2.00	1.4861	81.5
5	-22.037	1.00	1.6994	49.7	10	-15.570			

	ΣS_1	ΣS_2	ΣS_3	ΣS_4	ΣS_5	HI	QP(1ω)
	0.004432	0.000688	0.000108	0.000003	0.007731	0.999	1.2%

N.A.′或η′%	LA′	OSC′	ΔH′	x_t'	x_s'	$x_t'-x_s'$	K_{f_1}	$K_{f_{0.7}}$
100	0.0035	-0.00010	0.012	-0.0043	-0.0011	-0.0032	-0.00336	0.00022
70	0.0063	0.00027	0.004	-0.0006	-0.0001	-0.0005	-0.00234	0.00013

▶ 图7-16 物镜初始结构的选取

▶ 图7-17 初始参数设置

2）视场设置

① 在快捷按钮栏中单击"Fie"。

② 在弹出对话框"视场数据"中，"类型"选择"物高"。

③ 在"使用"栏里，选择"1""2""3"。

④ 在"最大视场"中填入"5"，单击"等面积视场→"。

⑤ 单击"确认"按钮，如图7-18所示。

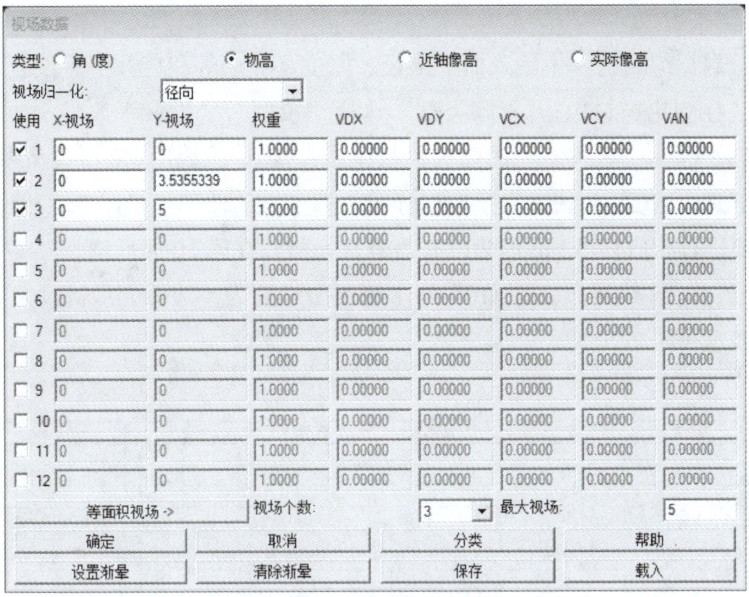

▶ 图 7-18 视场设置

3）波长为 d、F、C 三种色光，d 为主波长

① 在快捷按钮栏中单击"Wav"。

② 在弹出对话框"波长数据"中点击"选择→"。

③ 具体设置如图 7-19 所示，单击"确认"按钮应用设置。

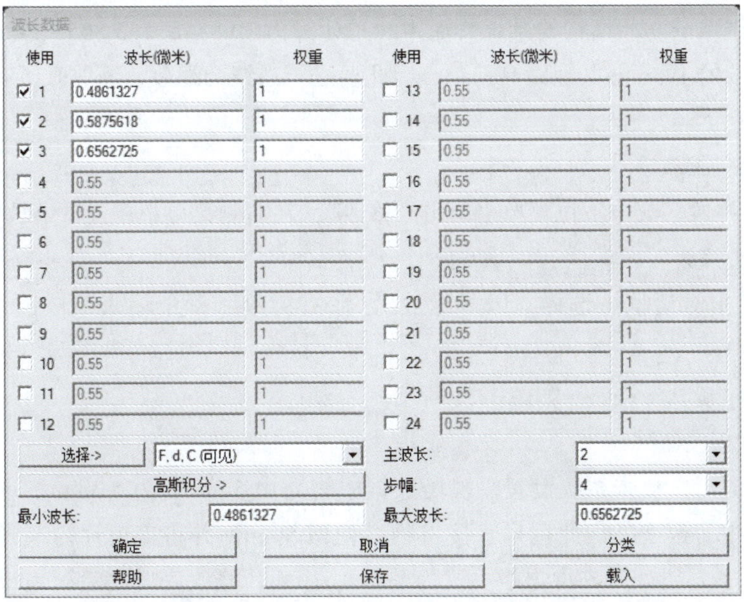

▶ 图 7-19 波长设置

4）输入镜头参数

在"透镜数据编辑器"中输入曲率半径、厚度、玻璃等相应数值。设置玻璃参数时，双击数据栏，在弹出窗口中，"求解类型"选择"模型"，"折射率 Nd"中填入对应的折射率，"阿贝数 Vd"中填入对应的阿贝数，单击"确认"按钮。填写镜头参数的过程中需要注意以下几个问题：a. 注意在反向设计中，每个面的曲率半径需要取相反数，厚度的填充位置也要进行相应移位；b. 因为没有盖玻片，所以在第 10 面后增加厚度 0.17mm，即 K9 材料的盖玻片；c. 最后一面即面 12 的求解类型设置为"边缘光线高度"。系统的初始结构参数就展示在图 7-20 中。

表面:类型	标注	曲率半径	厚度	玻璃	半直径	圆锥系数	参数 0(未使用)
OBJ 标准面		无限	153.805		5.000	0.000	
STO 标准面		15.570	2.000	1.49,81.5	3.875	0.000	
2 标准面		-41.663	0.100		3.814	0.000	
3 标准面		13.260	1.000	1.49,70.0	3.723	0.000	
4 标准面		6.180	3.200	1.43,95.2	3.463	0.000	
5 标准面		-18.130	1.000	1.70,49.7	3.178	0.000	
6 标准面		22.037	14.750		3.029	0.000	
7 标准面		12.182	1.350	1.13,95.2	1.956	0.000	
8 标准面		-39.087	0.060		1.861	0.000	
9 标准面		7.187	5.790	1.78,25.7	1.827	0.000	
10 标准面		3.709	0.638		0.856	0.000	
11 标准面		无限	0.170	B270	0.792	0.000	
12 标准面		无限	0.000		0.778	0.000	
IMA 标准面		无限	—		0.778	0.000	

▶ 图 7-20　初始结构参数

步骤三：镜头缩放

前面所选取的初始结构的系统共轭距经过计算为 30.8548+153.805=184.6598（mm），与本设计要求的 195mm 共轭距有差距，因此要进行透镜的缩放，缩放时所有的角量和相对量不变。

1）按因子缩放

① 在"修改"菜单下拉菜单中单击"修改"，在右侧菜单中单击"缩放镜头"，弹出对话框"镜头缩放"。

② 在弹出对话框中选择"因子缩放"，在右侧数字框中输入缩放因子 1.06（195/184.6598）。

③ 单击"确认"按钮，如图 7-21 所示。

2）修改相关参数

缩放完成后，检查系统设置，视场数据中物高由 5mm 变为 5.3mm，这表示系统求解的物高发生了改变，因此可以直接将物高变回 5mm，并将盖玻片的厚度仍旧修改为 0.17mm。为了方便计算，将物距更改为整数 163mm。修改完成之后，系统结构参数如图 7-22 所示。

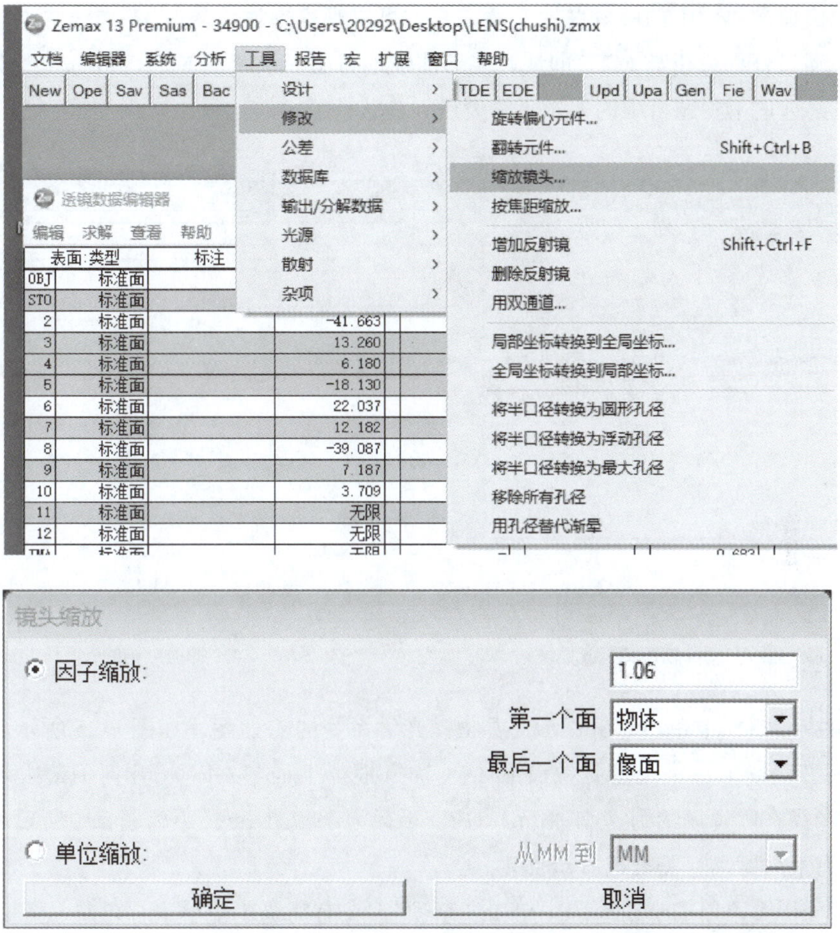

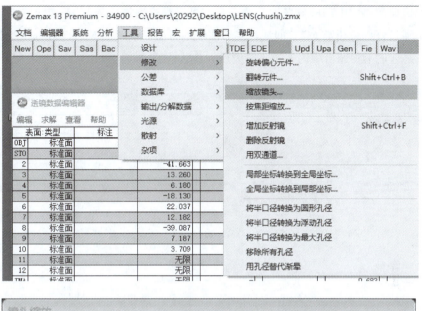

▶ 图 7-21　按因子缩放

表面:类型		标注	曲率半径	厚度	玻璃	半直径	圆锥系数	参数 0(未使用)
OBJ	标准面		无限	163.000		5.300	0.000	
STO	标准面		16.504	2.120	1.49,81.5	4.106	0.000	
2	标准面		-44.163	0.106		4.042	0.000	
3	标准面		14.056	1.060	1.49,70.0	3.946	0.000	
4	标准面		6.551	3.392	1.43,95.2	3.670	0.000	
5	标准面		-19.218	1.060	1.70,49.7	3.368	0.000	
6	标准面		23.359	15.635		3.210	0.000	
7	标准面		12.913	1.431	1.13,95.2	2.074	0.000	
8	标准面		-41.432	0.064		1.973	0.000	
9	标准面		7.618	6.137	1.78,25.7	1.936	0.000	
10	标准面		3.932	0.676		0.908	0.000	
11	标准面		无限	0.170	B270	0.839	0.000	
12	标准面		无限	0.000		0.826	0.000	
IMA	标准面		无限	-		0.826	0.000	

▶ 图 7-22　修改后的系统结构参数

　　基本设置完成后，在快捷按钮栏中单击“Lay”，查看物镜结构光路图，如图 7-23 所示。

单击快捷按钮栏中的"MTF"选项，我们可以观察到物镜的 MTF 曲线，具体可参考图 7-24。通过仔细分析该 MTF 曲线，能够清晰地得出，系统的 MTF 值在 70 线对处采样率很低，远远达不到题目中的要求，需要进一步优化。

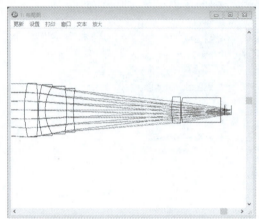
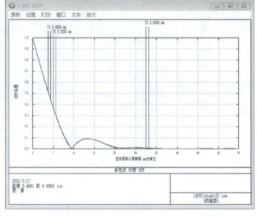

▶ 图 7-23　物镜结构光路图　　　　　　　▶ 图 7-24　物镜结构的 MTF 曲线

在快捷按钮栏中单击"Spt"，查看物镜光学系统的点列图，如图 7-25 所示。点列图的左下角可以读出每个视场弥散斑 RMS（均方根）半径与 GEO（几何）最大半径，目前 RMS 半径在零视场约为 56.404μm，GEO 半径为 79.751μm，距离题目中所要求的小于 10μm 仍有很大距离，需要进一步优化。

在"分析"菜单的下拉菜单中单击"杂项"，在右侧菜单中单击"场曲／畸变"，查看物镜结构的场曲／畸变曲线，如图 7-26 所示，能够看出，系统的场曲和畸变都较小，最大场曲值约为 0.05mm，最大畸变值约为 -0.5%。

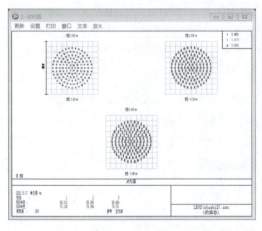
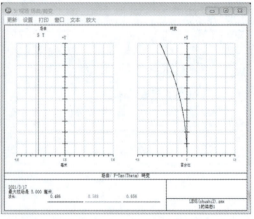

▶ 图 7-25　物镜光学系统的点列图　　　　　▶ 图 7-26　物镜结构的场曲／畸变曲线

步骤四：进行系统优化

光学设计中，对系统进行优化的基本思路是：首先，需要关注赛德尔系数，并将对赛德尔系数影响最大的面的曲率半径作为变量进行初步优化；随后，将剩余面的曲率半径也设为变量对其进行优化；紧接着，优化光阑面的位置，与上述步骤相似，将光阑面的位置设为变量，以确保光线传输的精确性；之后，透镜间距也被设定为变量进行优化，以调整光路布局；最后，透镜的厚度也被纳入变量进行优化，以完善系统的整体性能。若经过上述步骤优化后，系统性能仍不满足预期要求，则可考虑对特定位置的透镜进行替换。例如，采用弯月透镜、弧形透镜等厚透镜进行替换，或考虑更换玻璃材料。若单透镜的弯曲程度过大，可选择使用折射率更高的玻璃材料。对于胶合透镜，若其胶合面弯曲度过高，则可通过增大两玻璃的阿贝数之差来进行调整。除了透镜和材料的调整外，还可通过系统复杂化来进一步优化性能。例如，对玻璃进行分裂处理，或在特定位置添加场镜，以提升系统的性能。

下面按照以上基本优化思路进行优化。

1）曲率半径的优化

① 在"分析"下拉菜单中单击"像差系数"，在右侧菜单中单击"赛德尔系数"，弹出"赛德尔系数"界面，如图 7-27 所示。从系数表中可以看出第 1 面、第 2 面和第 5 面的赛德尔系数比较大，说明其对于像质的影响较大，优先调整这些面的曲率半径，然后再优化其他面的曲率半径。

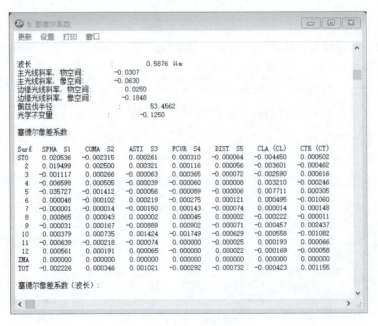

▶ 图 7-27　赛德尔系数

② 在“编辑器”下拉菜单中单击“评价函数”，弹出对话框“评价函数编辑器”，在对话框“设计”菜单下拉菜单中单击“序列评价函数”，弹窗后，进行默认像质评价函数的设置，设置完成后点击“确认”，具体设置如图 7-28 所示。为了避免优化时镜头厚度无限制地增加，在默认评价函数中限制玻璃的最大厚度为 30mm。

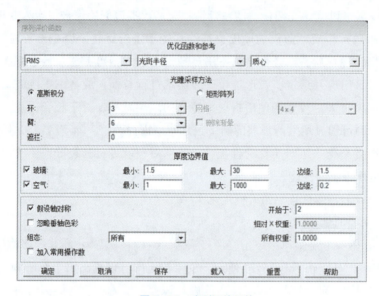

▶ 图 7-28　序列评价函数

波前优化方法是以优化光线的光程差为目标的，因此在设置框中选择参考方式为光斑半径。由于本设计题目中要求透镜的中心厚度大于 1mm，边缘厚度大于 1mm，在此处给一个限制。保险起见，让玻璃的最小中心厚度和边缘厚度的值是 1.5mm，空气的最小厚度取 1mm。

③ 在生成的评价函数中添加 PMAG 与 TOTR 操作数，对系统的放大率和系统总长进行控制，设置 PMAG 目标值为设计要求值 -0.1，设置 TOTR 目标值为 32mm，权重都设置为 1，如图 7-29 所示。

Oper #	类型									目标	权重	评估	% 贡献
1: PMAG	PMAG		2							-0.100	1.000	-0.135	1.691E-003
2: TOTR	TOTR									32.000	1.000	32.703	98.766
3: DMFS	DMFS												
4: BLNK	BLNK	序列评价函数: RMS 质心点半径GQ 3 环 6 臂											
5: BLNK	BLNK	默认空气厚度边界约束.											
6: MNCA	MNCA	0	12							1.000	1.000	-1.302	0.489
7: MXCA	MXCA	0	12							1000.000	1.000	1000.000	0.000
8: MNEA	MNEA	0	12	0.000						0.200	1.000	0.200	0.000
9: BLNK	BLNK	默认玻璃厚度边界约束.											
10: MNCG	MNCG	0	12							1.500	1.000	-0.779	0.480
11: MXCG	MXCG	0	12							30.000	1.000	30.000	0.000
12: MNEG	MNEG	0	12	0.000						1.500	1.000	-0.189	0.263
13: BLNK	BLNK	视场操作数 1.											
14: TRAC	TRAC		1	0.000	0.000	0.336	0.000			0.000	0.097	2.746E-004	6.754E-010
15: TRAC	TRAC		1	0.000	0.000	0.707	0.000			0.000	0.155	3.038E-003	1.322E-007
16: TRAC	TRAC		1	0.000	0.000	0.942	0.000			0.000	0.097	8.193E-003	6.010E-007
17: TRAC	TRAC		2	0.000	0.000	0.336	0.000			0.000	0.097	2.396E-004	5.141E-010

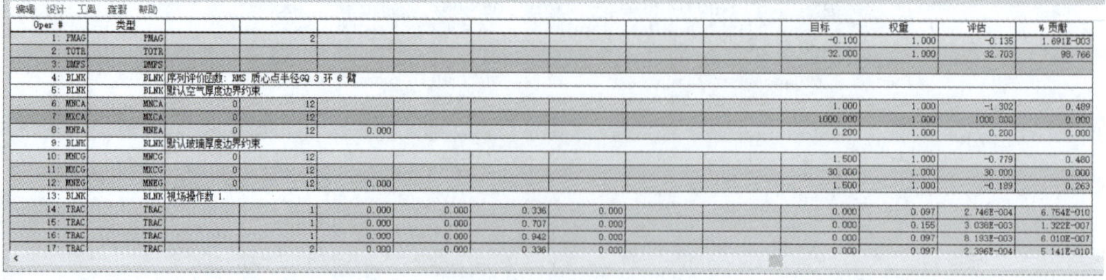

▶ 图 7-29　添加 PMAG 与 TOTR 操作数

④ 先将第 1 面、第 2 面和第 5 面的曲率半径设为变量，在快捷按钮栏中单击"Opt"，出现弹框"优化"，点击"自动"，如图 7-30 所示，进行优化。优化结束后，点击"退出"结束本次优化。

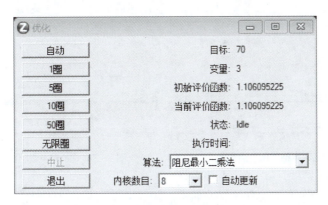

▶ 图 7-30　优化

⑤ 继续将剩余几个面的曲率半径设为变量，进行优化（图 7-31）。最终优化结果如图 7-32 ～图 7-36 所示。可以看到其弥散斑半径已经大大减小了，GEO 半径已经减小至 5.152μm，MTF 曲线也有较大提升，非常接近衍射极限。系统的场曲与畸变依旧控制良好。

表面:类型	标注	曲率半径	厚度	玻璃	半直径	圆锥系数	参数
OBJ 标准面		无限	163.000		5.000	0.000	
STO 标准面		22.191 V	2.120	FK52	4.098	0.000	
2 标准面		-27.059 V	0.106		4.063	0.000	
3 标准面		13.288 V	1.060	N-FK5	3.951	0.000	
4 标准面		13.447 V	3.392	N-FK56	3.776	0.000	
5 标准面		-17.823 V	1.060	LAFN23	3.343	0.000	
6 标准面		20.808 V	15.635		3.158	0.000	
7 标准面		8.567 V	1.431	LITHOTEC-CAF2	1.793	0.000	
8 标准面		-33.565 V	0.064		1.643	0.000	
9 标准面		27.686 V	6.137	SF11	1.612	0.000	
10 标准面		8.442 V	0.676		0.758	0.000	
11 标准面		无限	0.170	B270	0.644	0.000	
12 标准面		无限	0.000		0.630	0.000	

▶ 图 7-31　设置其余面

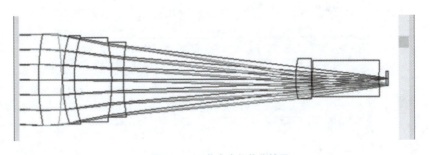

▶ 图 7-32　曲率半径优化结果

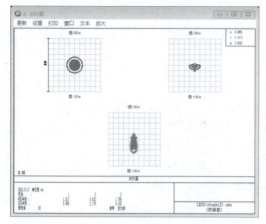

▶ 图 7-33　曲率半径优化：点列图

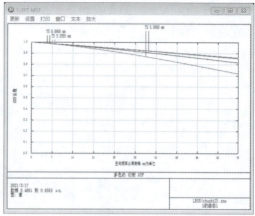

▶ 图 7-34　曲率半径优化：FFT MTF

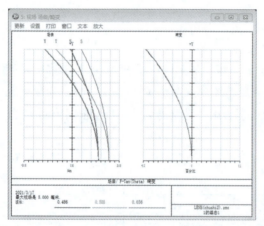

▶ 图 7-35　曲率半径优化：视场 场曲 / 畸变

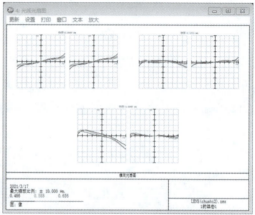

▶ 图 7-36　曲率半径优化：光线光扇图

2）厚度的优化

　　将所有面的曲率半径进行优化之后，开始进行厚度的优化。优化过程与曲率半径优化的过程相同，先优化对赛德尔系数影响比较大的面，然后再优化其他的面（图 7-37）。最终的优化结果如图 7-38 ～图 7-42 所示。

表面:类型		标注	曲率半径		厚度		玻璃	半直径	圆锥系数	参数 0
OBJ	标准面		无限		163.000			5.000	0.000	
STO	标准面		19.078	V	2.120	V	F152	4.101	0.000	
2	标准面		-36.355	V	1.215	V		4.051	0.000	
3	标准面		12.445	V	1.060	V	N-FK5	3.833	0.000	
4	标准面		10.637	V	3.392	V	N-FK56	3.640	0.000	
5	标准面		-19.072	V	1.060	V	LAFN23	3.220	0.000	
6	标准面		18.042	V	13.364	V		3.037	0.000	
7	标准面		7.693	V	1.431	V	LITHOTEC-CAF2	1.910	0.000	
8	标准面		320.963	V	1.000	V		1.748	0.000	
9	标准面		330.393	V	6.137	V	SF11	1.554	0.000	
10	标准面		37.618	V	1.062	V		0.880	0.000	
11	标准面		无限		0.170		B270	0.692	0.000	
12	标准面		无限		0.000			0.676	0.000	
IMA	标准面		无限		-			0.676	0.000	

▶ 图 7-37　厚度优化

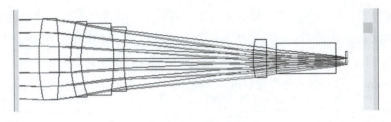

▶ 图 7-38　厚度优化结果

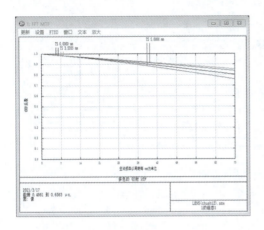

▶ 图 7-39　厚度优化：FFT MTF

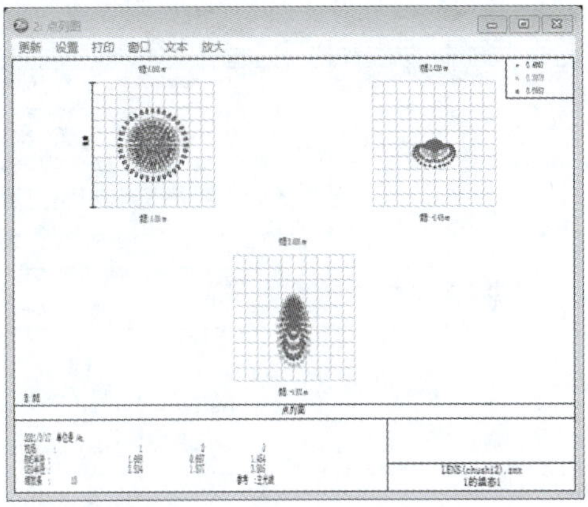

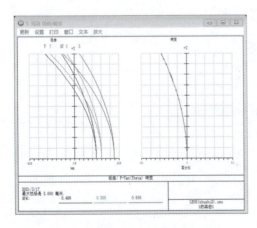

▶ 图 7-41　厚度优化：视场 场曲 / 畸变

▶ 图 7-40　厚度优化：点列图

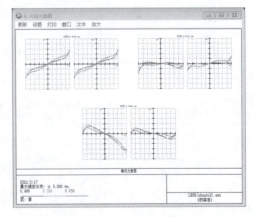

▶ 图 7-42　厚度优化：光线光扇图

可以看出系统的弥散斑 RMS 半径为 1.454μm，GEO 最大半径为 3.805μm，弥散斑半径得到了很好的优化，场曲和畸变都控制得很好，已经完全满足题目中的要求；观察 MTF 曲线在 70 线对处全部在 0.7 之上，满足题目要求；但是观察场曲 / 畸变图中，畸变仍控制得很好，场曲值却急剧增大，需要进一步优化。

3）更换玻璃，添加非球面

进行厚度优化后系统场曲急剧增大，通常需要将特殊位置的镜头替换为弯月形透镜、弧形透镜等厚透镜以控制场曲。在本系统中，将第一个透镜变换为非球面透镜进行进一步优化。因此将光阑面与第 2 面更换为偶次非球面，设置二次项系数为变量进行优化，参数设置与优化结果如图 7-43 ～图 7-48 所示，可以看到系统场曲得到了很大的优化，场曲值在 0.05mm 之内，弥散斑半径也进一步减小，分别为 1.390μm 与 2.839μm，系统像质进一步提升。

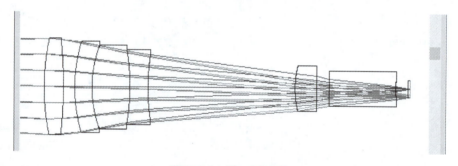

图 7-43　进一步优化参数

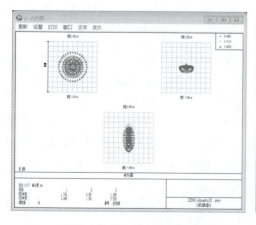

图 7-44　进一步优化结果

图 7-45　进一步优化：点列图

图 7-46　进一步优化：FFT MTF

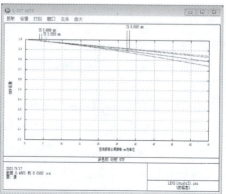

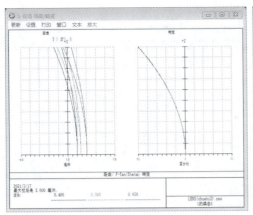

▶ 图 7-47 进一步优化：视场 场曲 / 畸变

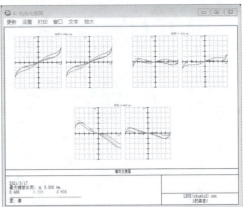

▶ 图 7-48 进一步优化：光线光扇图

　　目前该显微物镜系统的弥散斑半径、MTF、像差等评价参数都已经满足题目要求，最后可以考虑更换更适合的玻璃材料，进行锤形优化，进一步提升系统成像质量。在透镜数据编辑器窗口中设置玻璃材料是"可替换的（Substitute）"，在快捷按钮栏中单击"Ham"，弹窗中点击"自动"，进行锤形优化。最终系统的优化参数与结果如图 7-49 ～图 7-54 所示，MTF 在 70lp/mm 处大于 0.7；畸变在 0.5% 以内；弥散斑直径为 2.819μm，球差和倍率色差调校良好，系统总长为 195.001mm，放大率约为 10×，满足题目要求。

表面:类型		标注	曲率半径		厚度		玻璃		半直径	圆锥系数	参数 0(未使用)	参数 1(未使用)	参数 2(未使用)	
OBJ	标准面		无限		163.000				5.000	0.000				
STO	偶次非球面		18.893	V	1.670	V	FK52	V	4.101	0.012	V	0.000	-8.911E-008	V
2	偶次非球面		-37.871	V	1.000	V			4.066	0.038	V	0.000	-5.090E-008	V
3	标准面		12.618	V	1.568	V	N-FK5	S	3.873	0.000				
4	标准面		9.904	V	3.254	V	N-FK56	S	3.587	0.000				
5	标准面		-18.971	V	1.594	V	LAFN23	V	3.200	0.000				
6	标准面		18.361	V	12.908	V			2.959	0.000				
7	标准面		8.025	V	1.874	V	LITHOTEC-CAF2	S	1.903	0.000				
8	标准面		329.569	V	1.062	V			1.688	0.000				
9	标准面		-507.148	V	5.836	V	SF11	S	1.491	0.000				
10	标准面		46.579	V	1.067	V			0.894	0.000				
11	标准面		无限		0.170		B270		0.717	0.000				
12	标准面		无限		0.000				0.702	0.000				
IMA	标准面		无限		-				0.702	0.000				

▶ 图 7-49 最终优化参数

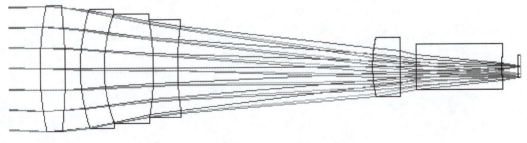

▶ 图 7-50 最终优化结果

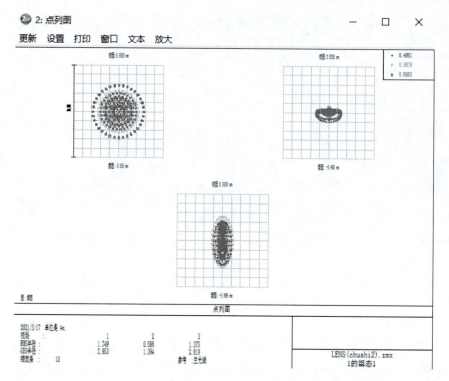

▶ 图 7-51　最终优化：点列图

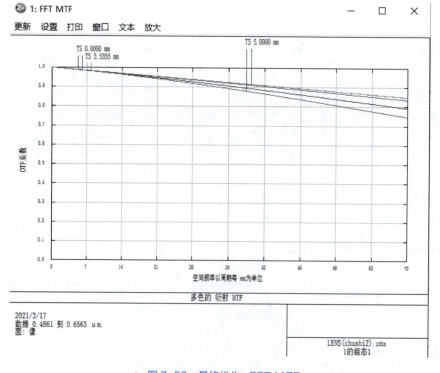

▶ 图 7-52　最终优化：FFT MTF

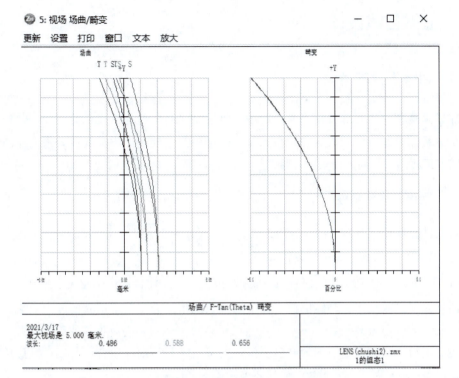

▶ 图 7-53 最终优化：视场 场曲 / 畸变

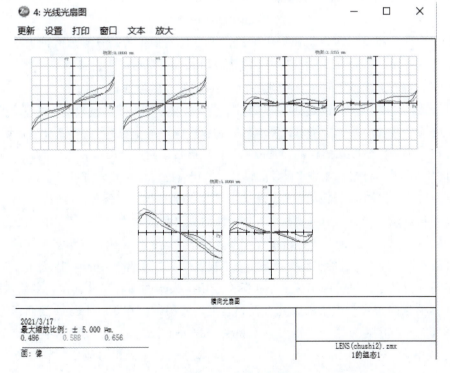

▶ 图 7-54 光线光扇图

7.5　显微目镜设计

7.5.1　目镜设计的特点

在显微镜和望远镜等目视光学系统中，目镜是非常重要的组成部分之一，它的主要作用是对目标通过物镜所成的像再次成像，确保该像呈现于无限远处或人眼能够清晰观察的明视距离内，从而方便人眼直接观测。接下来，我们将深入探讨目镜的若干特点。

（1）目镜的光学特性

假设目镜具有以下光学特性：焦距为 f'，视场角为 $2\omega'$，相对镜目距为 p'/f'，工作距离为 l_F。这些特性将在下文进行具体介绍。

① 目镜的焦距 f' 与其放大率 Γ 直接相关：$\Gamma = \dfrac{250}{f'}$，即目镜焦距越短，则显微镜或望远镜的整体视觉放大率越高。因此，在望远镜系统中，为了获得适宜的放大效果，目镜的焦距通常被设定为 $10 \sim 40\text{mm}$；而在显微镜系统中，由于需要更高的放大倍数，目镜的焦距则更短，以实现更精细的观察。但是由于眼瞳要与出瞳重合，所以目镜最后一面到出瞳距离（镜目距）不宜过短，一般不应小于 6mm。

② 目镜的视场通常是指像方视场，目镜的像方视场 $2\omega'$、物镜的视场角 2ω 以及系统的视觉放大率三者之间有如下的关系：

$$\tan\omega' = \Gamma\tan\omega$$

经过公式的推导，可以得出一个结论：无论是增强系统的视觉放大能力，还是扩展物镜的视场角，都会导致目镜视场角的相应增大。通常情况下，目镜的视场角可达到 $60° \sim 80°$，而特广角目镜的视场角则更为广阔，通常可以超过 $90°$。

③ 相对镜目距 p'/f'，就是目镜的镜目距 p' 与目镜焦距 f' 的比值。这一比值主要由仪器的具体应用和使用环境所决定。考虑到实际应用中，最小镜目距需保持在 6mm 以上，尤其是对于那些配备眼罩的仪器，其最小镜目距通常设定在 20mm 以上，因此一般目镜 $p'/f'=0.5 \sim 0.8$，而针对特殊需求设计的目镜，其相对镜目距 p'/f' 设置可以达到 1 以上。

④ 在光学仪器中，目镜的工作距离 l_F 是一个关键参数，它就是目镜的物方截距，实质上就是从目镜第一面的顶点到其物方焦平面的垂直距离。为了适应不同视力状况的用户需求，目视光学仪器通常需进行视度调节。在这一过程中，为了确保目镜的第一面不与分划板发生碰撞，目镜的工作距离必须大于视度调节时可能产生的轴向移动量。

值得注意的是，目镜的出瞳大小实际上受限于人眼的瞳孔尺寸。在大多数情况下，光学仪器的出瞳直径与人眼的瞳孔直径相匹配，普遍维持在 $2 \sim 4\text{mm}$。然而，对于军用仪器而言，其出瞳直径相对较大，通常在 4mm 左右浮动。另一方面，目镜焦距的常规取值范围在 $15 \sim 30\text{mm}$ 之间，这导致了目镜的相对孔径相对较小，其数值大致在 $1/4 \sim 1/15$ 之间。

（2）目镜的像差特点

综合以上分析可知，目镜的视场大，孔径是中小水平，焦距较短。目镜的光学特性对其像差特性具有决定性作用。其轴上点像差较小，因此在球差和位置色差方面，无需严格校正即可满足使用要求。然而，由于目镜的宽广视场以及出瞳与透镜组的较大距离，导致轴外像差如彗差、像散、场曲、畸变和倍率色差等都很显著。为了改善成像质量，目镜的结构往往会有相对复杂的设计来校正这些像差。在五种主要的轴外像差中，彗差、像散、场曲和倍率色差对目镜成像质量的影响尤为显著，因此成为系统像差校正的重点。然而，受限于目镜的结构特点，场曲的校正难度较大，但可以通过对像散的适当补偿来减轻其影响。此外，考虑到人眼具备自我调节能力，对场曲的要求可适当放宽。至于畸变，由于其不影响成像的清晰度，通常不需要进行完全校正。

为了优化整个系统的成像效果，目镜在校正像差时，还需兼顾与物镜之间的像差补偿机制。在设计阶段，若系统配备分划板，则需分别对物镜和目镜进行独立的像差校正，随后进行整个系统的像差平衡调整。若系统无需安装分划板，那么物镜和目镜的像差校正应基于整个系统进行综合考量。在初始设计阶段，就需预测并考虑像差补偿的可行性，通常首先计算并校正目镜的像差。接着，根据目镜的像差校正结果，将剩余像差纳入物镜的像差校正范畴，进而对物镜进行相应的像差调整。值得注意的是，目镜的像差计算通常遵循反射光路，因此在执行像差补偿时，必须充分考虑像差的符号因素。

（3）目镜的视度调节

为了适应不同视力状况的用户，特别是近视眼和远视眼的需求，目镜应具备视度调节的功能。举例来说，在望远镜或显微镜系统中，为了满足瞄准和测量的精确度，通常需要引入分划板。对于视力正常的用户，分划板通常被设置在目镜的物方焦平面处，以确保成像的清晰度。然而，对于近视眼或远视眼的用户，由于视觉差异的存在，分划板的位置需要相对于目镜的物方焦平面进行适量的调整，以便分划板的像能够被观察者清晰地看到。

视度调节的目的是使分划板被目镜所成的像能够恰好落在非正常眼的远点位置上。如图 7-55 所示，为了实现这一目的，我们需将分划板相对于目镜的物方焦点向右移动特定距离 Δ 至 A 点位置。当光线经过目镜后，A 点将被成像为 A' 点。此时，若眼睛位于目镜的出瞳位置，那么 A' 与人眼的距离为 r，该距离即为非正常眼的远点距离。

根据牛顿公式有 $xx'=f_2f_2'$，其中 f_2 和 f_2' 分别指代目镜的物方和像方焦距，一般而言出瞳位于 F_2' 点之外附近，因此可推导出 $r \approx x'$，而 $\Delta=x$。近视眼的患者需要满足 $r < 0$；$\Delta > 0$；远视眼患者则需要满足 $r > 0$，$\Delta < 0$。当分划板由 F_2 移动 Δ 时，为了保持成像的清晰度，需要适当地调节 N 个折光度，即

$$N = \frac{1}{r}$$

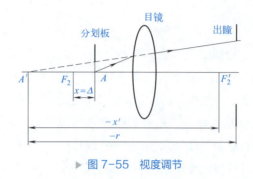

▶ 图 7-55 视度调节

式中，r 的单位是 m。由此可以得到

$$\Delta = x = \frac{Nf_2'^2}{1000}(\text{mm})$$

一般视度调节 $N = \pm 5$ 折光度，利用视度调节范围和以上公式计算出分划板与目镜之间的相对调节范围这一范围对于目镜的结构设计至关重要。在调节过程中，为了防止目镜表面与分划板发生接触，需要确保目镜的工作距离超过在视度调节时可能出现的最大轴向位移 x。

7.5.2 常用目镜的型式

在显微镜和望远镜中，常见的目镜类型包括但不限于惠更斯目镜、冉斯登目镜、凯涅尔目镜，以及对称式目镜等。

惠更斯目镜由两块材质相同的平凸透镜组成，一块是视镜（靠近观察者瞳孔的透镜），另一块是场镜（靠近观察者的透镜），后者焦距是前者焦距的三倍，同时，视镜焦距是这两块透镜之间的距离的一半，这样的设计确保了目镜能够消除倍率色差。值得注意的是，视场光阑被放置在两块透镜之间，因此并不适合设置分划板。惠更斯目镜因其出色的性能，在显微镜和天文望远镜的观察中得到了广泛应用。

冉斯登目镜同样由两块平凸透镜组合而成，具备能够消除畸变和色差的优势，同时能够显著降低球差。然而，其视场相对较小，并且场镜与视场光阑的间距也相对较近。冉斯登目镜作为第一代目镜，以其简洁的结构设计著称，尤其适用于小型望远镜的装配和使用。

凯涅尔目镜在结构上与冉斯登目镜相近，然而其设计上的创新在于目镜部分采用了双胶合透镜。这种设计使得凯涅尔目镜在消除倍率色差方面表现出色，同时在像质和视场方面均超越了冉斯登目镜，因此在实际应用中得到了广泛的应用。

对称式目镜由两个对称分布的双胶合透镜构成。其设计精妙之处在于，通过此种构造，倍率色差、位置色差、像散以及彗差均能得到有效的校正，同时场曲也被显著减小。

因此，对称式目镜在中等视场下展现出卓越的像质，得到了广泛的应用，特别是在瞄准仪器中，其性能得到了充分的发挥。

无畸变目镜是由一个平凸的接目镜和一组精心设计的三胶合透镜组构成的。这种设计确保了目镜的像质优异，其相对畸变被控制在极低的 3% 至 4% 范围内。因此，无畸变目镜在大地测量和军用望远系统等高精度应用中表现出色。

在特殊观测需求下，如需要大视场或较长的出瞳距离时，广角目镜和长出瞳距离目镜便成为了理想的选择。此外还有平场目镜常与平场显微物镜搭配使用。

在进行显微摄影或投影时，所使用的目镜一般为负透镜组设计。这种目镜的作用是将物镜初次形成的像面置于负透镜组的物方焦面附近，随后通过目镜的作用，将像面进一步放大并形成实像。这个放大的实像可以方便地投影到胶片或投影屏上，从而完成摄影或投影的过程。

上述常用目镜的视场、镜目距和原理图如表 7-3 所示。

表 7-3　常用目镜的视场、镜目距和原理图

名称	原理图	视场	镜目距
惠更斯		40°～60°	$\frac{1}{3}f'$
冉斯登		30°～40°	$\frac{1}{4}f'$
凯涅尔		40°～50°	$\frac{1}{2}f'$

名称	原理图	视场	镜目距
对称式		$40° \sim 42°$	$\dfrac{1}{2}f'$
无畸变		$40°$	$0.8f'$
广角		$60° \sim 70°$	$0.7f'$
长出瞳距离		$40°$	$1.37f'$

7.5.3 设计案例

了解了目镜的光学特点和设计原则后，本小节将结合具体实例，介绍如何使用 Zemax 软件设计有一定光学要求的目镜。

设计一个目镜，焦距为 30mm，出瞳直径为 4mm，视场为 $\pm 30°$，出瞳距为 20mm，要求在可见光波段进行设计（取 d、F、C 三种色光，d 为主波长），MTF 在 40lp/mm 处不应小于 0.3，畸变控制在 2% 以内，注意目镜为像方远心光路，透镜中心厚度大于 1mm，边缘厚度大于 1mm。

（1）设计思路

鉴于目镜系统的光学特性和应用特点，在设计时需要采用反向光路进行计算。因为从目镜出射的是平行光，如果按照光线的正走向，则像距位于无穷远处，无法收敛，不利于成像像质的分析。

　　假设物平面处于无穷远处，因此基于光路可逆原理可以设定物方为平行光的一侧。此时，这些无限远目标会通过目镜进行成像，系统的像差可以在目镜的焦平面上进行评估。在设计时，要把实际系统的出瞳直径（4mm）作为反向光路时系统的入瞳直径；实际系统的出瞳距为 20mm，则在反向设计时入瞳在镜头前 20mm 处。可在目镜的焦平面位置分析像差，进而优化系统来达到设计要求。

（2）设计步骤

步骤一：初始结构的选取

　　通过查阅《光学镜头手册》来寻找合适的初始结构，根据题目中焦距、出瞳直径、视场、出瞳距等要求，在手册中提供的镜头中寻找参数最接近的结构，寻找结果如图 7-56 所示。

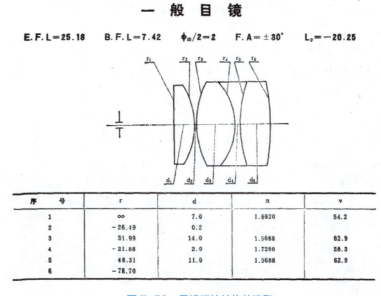

一　般　目　镜

E.F.L＝25.18　　　B.F.L＝7.42　　　φ出/2＝2　　　F.A＝±30°　　　L_P＝-20.25

序号	r	d	n	v
1	∞	7.0	1.6920	54.2
2	-26.49	0.2		
3	31.99	14.0	1.5688	62.9
4	-21.88	2.0	1.7280	28.3
5	48.31	11.0	1.5688	62.9
6	-78.70			

▶ 图 7-56　目镜初始结构的选取

步骤二：初始参数设置

　　1）入瞳直径 4mm

　　① 在快捷按钮栏中单击"Gen"→"孔径"。

　　② 在弹出对话框"常规"中，"孔径类型"选择"入瞳直径"，"孔径值"输入"4"，"切趾类型"选择"均匀"。

③ 单击"确认"按钮，如图 7-57 所示。

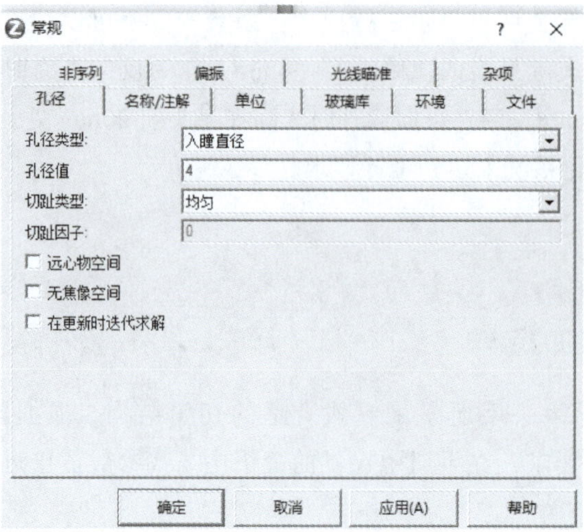

图 7-57　初始参数

2）半视场 30°

① 在快捷按钮栏中单击"Fie"。

② 在弹出对话框"视场数据"中，"类型"选择"角"。

③ 在"使用"栏里，选择"1""2""3"。

④ 在"最大视场"中填入"30"，单击"等面积视场→"。

⑤ 单击"确认"按钮，如图 7-58 所示。

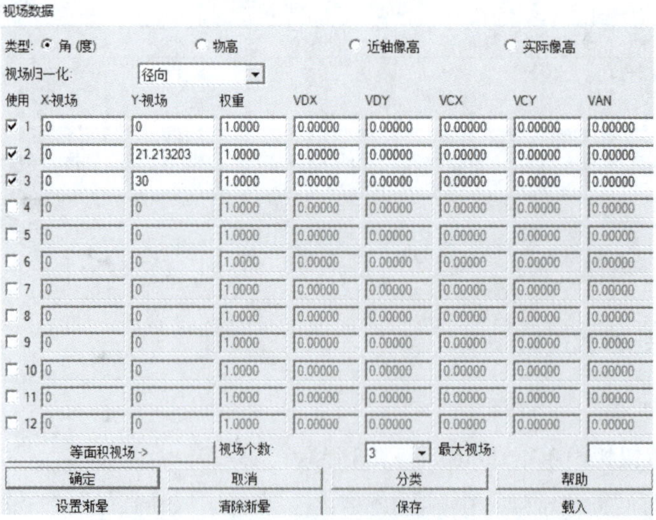

图 7-58　视场设置

3）波长为 d、F、C 三种色光，d 为主波长

① 在快捷按钮栏中单击"Wav"。

② 在弹出对话框"波长数据"中点击"选择→"。

③ 单击"确认"按钮，如图 7-59 所示。

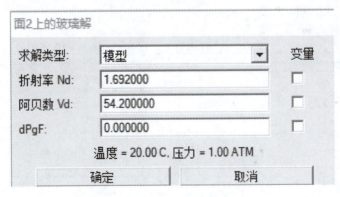

▶ 图 7-59　波长设置

4）输入镜头参数

在"透镜数据编辑器"中输入曲率半径、厚度、玻璃等相应数值。设置玻璃参数时，双击数据栏，在弹出窗口中，"求解类型"选择"模型"，"折射率 Nd"中填入对应的折射率，"阿贝数 Vd"中填入对应的阿贝数，单击"确认"按钮，如图 7-60 所示。

▶ 图 7-60　镜头参数

目镜系统的初始结构数据如图 7-61 所示。

表面:类型		标注	曲率半径	厚度	玻璃	半直径	圆锥系数
OBJ	标准面		无限	无限		无限	0.000
STO	标准面		无限	20.000		2.000	0.000
2	标准面		无限	7.000	1.69,54.2	13.547	0.000
3	标准面		-26.190	0.200		14.383	0.000
4	标准面		31.990	14.000	1.57,62.9	15.175	0.000
5	标准面		-21.880	2.000	1.73,28.3	14.563	0.000
6	标准面		48.310	11.000	1.57,62.9	14.245	0.000
7	标准面		-78.700	7.420		14.201	0.000
IMA	标准面		无限	-		13.214	0.000

▶ 图 7-61　目镜系统的初始结构数据

步骤三：镜头缩放

前面所选取的初始结构的焦距值为 25.18mm，与本设计要求的 30mm 有效焦距有差距，因此我们要进行焦距的缩放，缩放时所有的角量和相对量不变。

1）按焦距缩放

① 在"修改"菜单下拉菜单中单击"修改"，在右侧菜单中单击"按焦距缩放"，弹出对话框"改变焦距"。

② 在弹出对话框中输入目标焦距值 30（mm）。

③ 单击"确认"按钮，如图 7-62 所示。

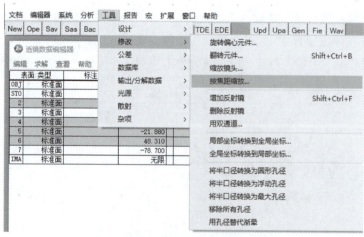

▶ 图 7-62　按焦距缩放

2）修改参数

焦距缩放完成后，观察透镜数据，出瞳距（即光阑与第一个镜面的距离）由 20mm 变为 23.998mm，如图 7-63 所示，观察入瞳直径也由 4mm 变为 4.7996mm（图 7-64），不符合题目要求，将其重新设置为要求值。

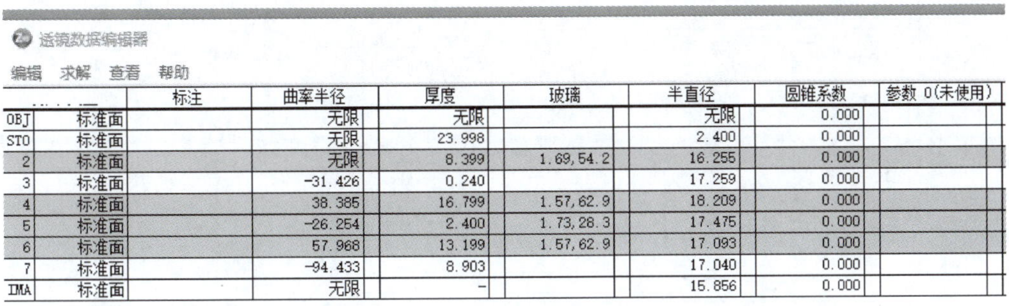

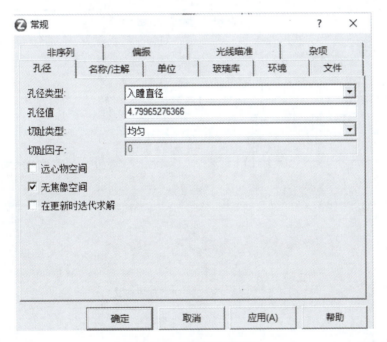

	标注	曲率半径	厚度	玻璃	半直径	圆锥系数	参数 0(未使用)
OBJ	标准面	无限	无限		无限	0.000	
STO	标准面	无限	23.998		2.400	0.000	
2	标准面	无限	8.399	1.69,54.2	16.255	0.000	
3	标准面	-31.426	0.240		17.259	0.000	
4	标准面	38.385	16.799	1.57,62.9	18.209	0.000	
5	标准面	-26.254	2.400	1.73,28.3	17.475	0.000	
6	标准面	57.968	13.199	1.57,62.9	17.093	0.000	
7	标准面	-94.433	8.903		17.040	0.000	
IMA	标准面	无限	-		15.856	0.000	

▶ 图 7-63　观察透镜数据

▶ 图 7-64　观察入瞳直径

基本设置完成后，在快捷按钮栏中单击"Lay"，查看目镜结构光路图，如图 7-65 所示。

在快捷按钮栏中单击"Ray"，查看目镜系统像差曲线，如图 7-66 所示。由像差曲线可以看出该系统在中间视场和边缘视场处仍存在比较大的像差，但系统的色差比较小，这是由于系统中引入了消色差的三胶合透镜。

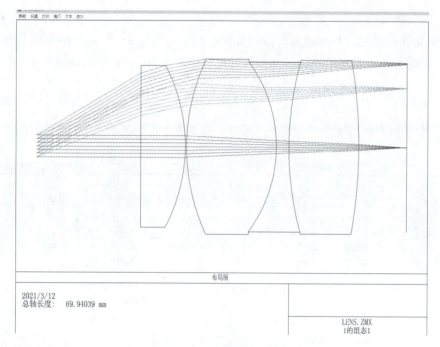

▶ 图 7-65　目镜结构光路图

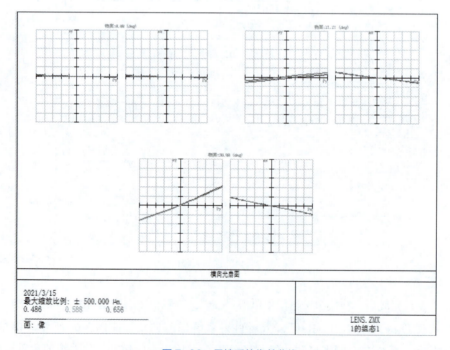

▶ 图 7-66　目镜系统像差曲线

在快捷按钮栏中单击"Mtf",查看目镜结构的 MTF 曲线,如图 7-67 所示。从 MTF 曲线中可以看出,中心视场的 MTF 值在 50 线对处能够达到 0.55,轴外视场的 MTF 值不太理想。系统的衍射极限 MTF 值约为 0.73,预计在优化后能够获得比较好的成像质量。

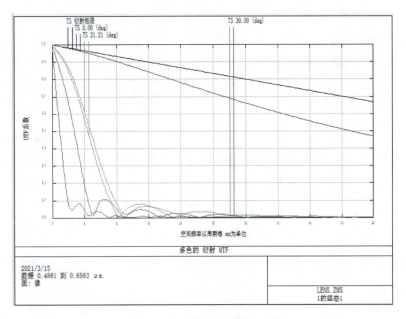

▶ 图 7-67　目镜结构的 MTF 曲线

在"分析"下拉菜单中单击"杂项",在右侧菜单中单击"场曲 / 畸变",查看目镜结构的场曲 / 畸变曲线,如图 7-68 所示,能够看出,系统存在比较大的像散和场曲,像散值约为 2mm,最大场曲值约为 3mm,最大畸变值约为 -10%。

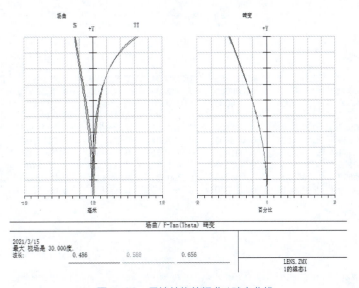

▶ 图 7-68　目镜结构的场曲 / 畸变曲线

步骤四：进行系统优化

光学设计中，对系统进行优化的基本思路是一样的，在前文我们已经进行了具体描述，下面将按照前述基本优化思路进行优化。

1）曲率半径的优化

① 在"分析"下拉菜单中单击"像差系数"，在右侧菜单中单击"赛德尔系数"，弹出"赛德尔系数"界面，如图 7-69 所示。从系数表中可以看出第 3 面、第 5 面和第 7 面的赛德尔系数比较大，说明其对于像质的影响较大，我们优先调整这些面的曲率半径，然后再优化其他面的曲率半径。

② 在"编辑器"下拉菜单中单击"评价函数"，弹出对话框"评价函数编辑器"，在对话框"设计"下拉菜单中单击"序列评价函数"，弹出弹窗后，进行默认像质评价函数的设置，设置完成后点击"确认"。具体设置如图 7-70 所示。为了避免优化时镜头厚度无限制地增加，在默认评价函数中限制玻璃的最大厚度为 30mm。

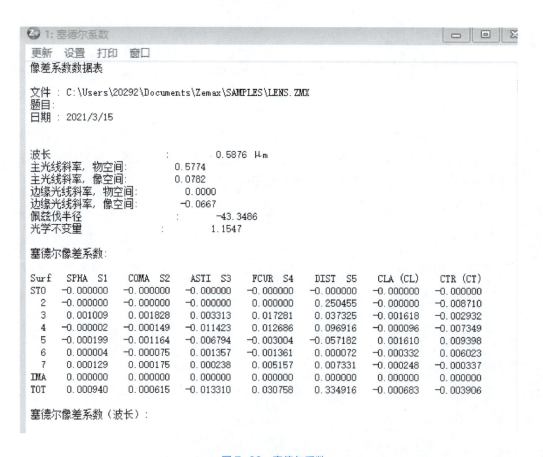

▶ 图 7-69 赛德尔系数

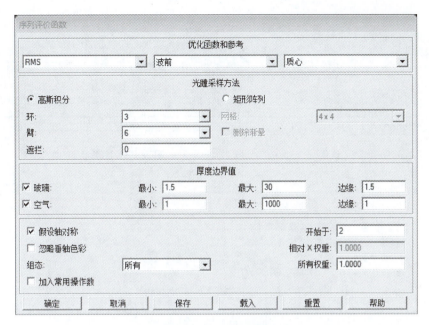

▶ 图 7-70 序列评价函数

为了获得尽量好的 MTF 值，选择波前优化方法，以优化光线的光程差为目标，选择参考方式为质心参考。由于本设计题目中要求透镜的中心厚度大于 1mm，边缘厚度大于 1mm，在此处给一个限制。保险起见让玻璃的最小中心厚度和边缘厚度的值是 1.5mm，空气的最小厚度取 1mm。

③ 在生成的评价函数中添加一项 EFFL 操作数，设置目标值为设计要求值 30mm，权重设置为 1，如图 7-71 所示。

Oper #	类型	面1	面2	目标	评估	% 贡献
1: EFFL	EFFL		2	30.000	30.000	1.017E-028
2: BLNK	BLNK					

▶ 图 7-71 添加 EFFL 操作数

④ 先将第 3 面、第 5 面和第 7 面的曲率半径设为变量，在快捷按钮栏中单击"Opt"，出现弹框"优化"，点击"自动"，如图 7-72 所示，进行优化。优化结束后，点击"退出"结束本次优化。

⑤ 继续将剩余几个面的曲率半径设为变量，进行优化。最终优化参数与结果如图 7-73、图 7-74 所示。可以看出其场曲和像散值均有较大程度的减小，最大场曲值小于 1mm，像散情况明显被改善，但畸变值没有很大的变化。中心视场的 MTF 值降低了很多，但轴外视场的 MTF 值略有提升，总体来说 MTF 曲线相比之前初始结构更加紧凑。

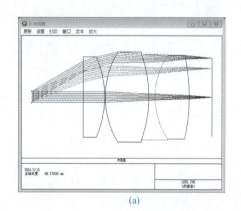

图 7-72 优化　　　　　　　　　　　　　　图 7-73 曲率半径的优化参数

(a)

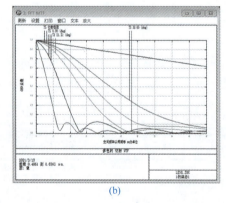

(b)

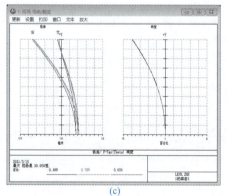

(c)

图 7-74 曲率半径的优化结果

2）厚度的优化

将所有面的曲率半径进行优化之后，开始进行厚度的优化。优化过程与曲率半径优化的过程相同，先优化对赛德尔系数影响比较大的面，然后再优化其他的面。最终的优化参数与结果如图 7-75、图 7-76 所示。由场曲畸变图可以看出其场曲值和畸变值进一步地减小，场曲值最大只有 0.5mm 左右，但畸变值反而略有增加。由 MTF 曲线可以看出，中心视场和轴外视场的 MTF 值相比之前均有一定的提升，并且曲线相比之前的结果更加紧凑，整体有上升的趋势。

表面:类型		标注	曲率半径	厚度		玻璃	半直径	圆锥系数	
OBJ	标准面		无限	无限			无限	0.000	
STO	标准面		无限	20.000			2.000	0.000	
2	标准面		无限	5.365	V	1.69,54.2	13.547	0.000	
3	标准面		-27.213	V	0.991	V		14.007	0.000	
4	标准面		33.625	V	9.660	V	1.57,62.9	15.093	0.000
5	标准面		-30.315	V	20.985	V	1.73,28.3	14.851	0.000
6	标准面		18.678	V	4.206	V	1.57,62.9	13.660	0.000
7	标准面		30.877	V	4.143	V		13.758	0.000
IMA	标准面		无限	—			14.207	0.000	

▶ 图 7-75　厚度的优化参数

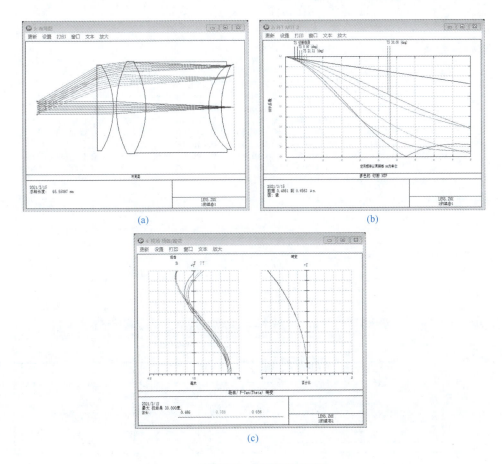

(a)

(b)

(c)

▶ 图 7-76　厚度的优化结果

3）更换玻璃，添加非球面

曲率半径和厚度优化完成后系统的赛德尔像差系数如图 7-77 所示。分析可得，系统中第 3 面的赛德尔系数明显最大。因此将此面更换为偶次非球面，设置四次项系数为变量进行优化，参数设置与优化结果如图 7-78、图 7-79 所示，可以看到系统 MTF 的值整体上升，像质情况大大提升。

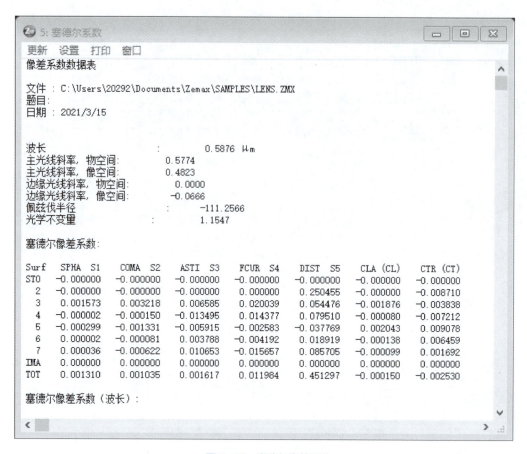

5: 赛德尔系数

更新 设置 打印 窗口

像差系数数据表

文件 : C:\Users\20292\Documents\Zemax\SAMPLES\LENS.ZMX
题目:
日期 : 2021/3/15

波长 : 0.5876 μm
主光线斜率，物空间: 0.5774
主光线斜率，像空间: 0.4823
边缘光线斜率，物空间: 0.0000
边缘光线斜率，像空间: -0.0666
佩兹伐半径 : -111.2566
光学不变量 : 1.1547

赛德尔像差系数:

Surf	SPHA S1	COMA S2	ASTI S3	FCUR S4	DIST S5	CLA (CL)	CTR (CT)
STO	-0.000000	-0.000000	-0.000000	-0.000000	-0.000000	-0.000000	-0.000000
2	-0.000000	-0.000000	-0.000000	0.000000	0.250455	-0.000000	-0.008710
3	0.001573	0.003218	0.006585	0.020039	0.054476	-0.001876	-0.003838
4	-0.000002	-0.000150	-0.013495	0.014377	0.079510	-0.000080	-0.007212
5	-0.000299	-0.001331	-0.005915	-0.002583	-0.037769	0.002043	0.009078
6	0.000002	-0.000081	0.003788	-0.004192	0.018919	-0.000138	0.006459
7	0.000036	-0.000622	0.010653	-0.015657	0.085705	-0.000099	0.001692
IMA	0.000000	0.000000	0.000000	0.000000	0.000000	0.000000	0.000000
TOT	0.001310	0.001035	0.001617	0.011984	0.451297	-0.000150	-0.002530

赛德尔像差系数（波长）:

▶ 图 7-77 赛德尔像差系数

透镜数据编辑器

编辑 求解 查看 帮助

表面:类型		厚度		玻璃		半直径		圆锥系数		参数 0(未使用)		参数 1(未使用)		参数 2(未使用)	
OBJ	标准面	无限				无限		0.000							
STO	标准面	20.000				2.000		0.000							
2	标准面	5.365		1.69,54.2		13.547		0.000							
3	偶次非球面	0.996	V			14.067		0.233	V			0.000		4.808E-006	V
4	标准面	7.785	V	1.57,62.9		15.458		0.000							
5	标准面	1.500	V	1.73,28.3		15.280		0.000							
6	标准面	23.127	V	1.57,62.9		14.673		0.000							
7	标准面	5.082	V			13.793		0.000							
IMA	标准面	-				14.176		0.000							

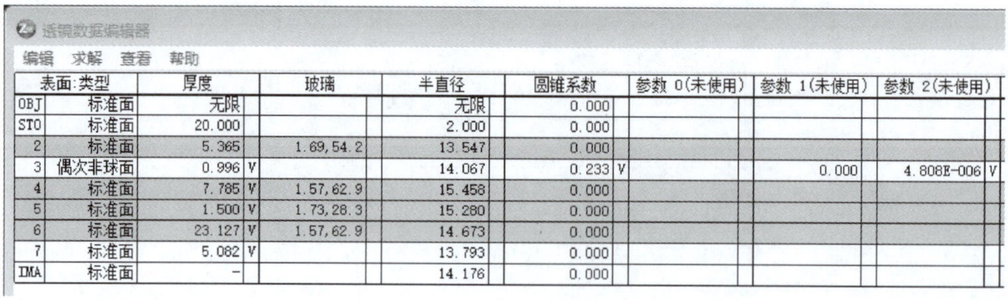

▶ 图 7-78 参数设置

然后考虑更换玻璃材料，设置玻璃材料是“可替换的（Substitute）”，然后进行锤形优化。在快捷按钮栏中单击“Ham”，弹窗中点击“自动”，进行优化。最终系统的优化参数与结果如图 7-80、图 7-81 所示，满足题目要求。

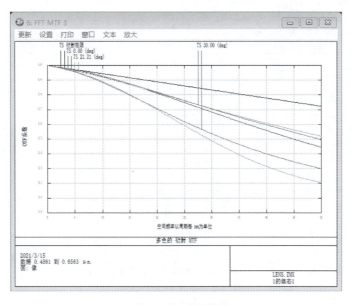

▶ 图 7-79　优化结果

表面:类型	标注	曲率半径	厚度	玻璃	半直径	圆锥系数	参数 0(未使用)	参数 1(未使用)	参数 2(无
OBJ 标准面		无限	无限		无限	0.000			
STO 标准面		无限	20.000		2.000	0.000			
2 标准面		无限	5.365	LAKN6	13.547	0.000			
3 偶次非球面		-28.744	0.998		14.115	0.332		0.000	5.218
4 标准面		31.755	10.877	LAKN6	15.808	0.000			
5 标准面		-77.562	1.500	SFL56	15.231	0.000			
6 标准面		31.315	21.579	N-PSK53A	14.651	0.000			
7 标准面		25.831	4.852		13.678	0.000			
IMA 标准面		无限			14.050	0.000			

▶ 图 7-80　最终系统的优化参数

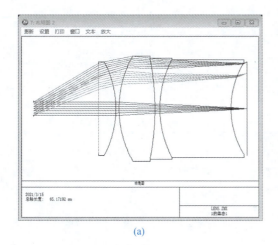

(a)

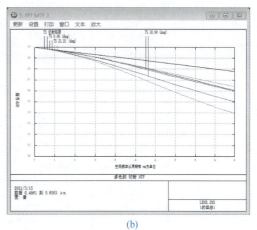

(b)

▶ 图 7-81

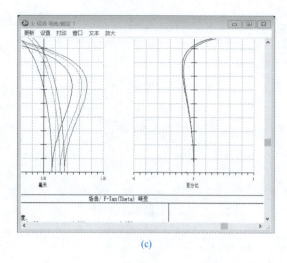

(c)

▶ 图 7-81 最终系统的优化结果

第8章
中继转向系统设计

在大部分的显微镜和望远镜中，还有非常重要的一部分——转向系统。本章将具体介绍其中非常重要的中继转向系统。

8.1 中继转向系统概述

8.1.1 中继转向系统的特点

正如前面章节中所介绍的，在开普勒望远镜和显微镜中，目标成倒像，不符合人们的观察习惯，因此常常在系统中设置转向系统，使倒像转变成正立的像。此外，根据系统结构布局的具体需求，我们还可以通过设置转向系统来延长筒长，从而构建出具备一定潜望高度的观察装置。

因此，中继转向系统的目的是将一个位置的像转换到另一个位置，或者将一个位置倒立的像转换为另一个位置上正立的像。中继转向系统已在步枪瞄准镜、潜望镜、显微镜、军用红外成像设备以及胶片复制等多个领域得到了广泛的应用。其核心工作原理在于采用完全对称的物镜系统，确保成像过程的精确性，这种设计使得所有的横向像差（包括畸变、彗差和横向色差）均被有效抑制至零。

8.1.2 常见的中继转向系统

常用的转向系统有棱镜式转向系统和透镜转向系统两种。透镜转向系统又可以细分为单组透镜转向系统和双组透镜转向系统，接下来，将针对这些不同类型的转向系统逐一进行阐述。

（1）棱镜式转向系统

1）普罗Ⅰ型棱镜转向系统

如图 8-1 所示是一种最常用的民用和军用望远镜光学系统的示意图。图中的设计为普罗Ⅰ型棱镜转向系统，其结构由两块直角棱镜组成，每块棱镜均具有双反射面，且两块棱镜的斜面以 90° 的角度相互交叉。这一配置形成了四个反射面，使得物体的上下左右方向均发生了 180° 的翻转，从而实现了转向功能。值得注意的是，此转向系统并未改变光路的方向，而是仅仅改变了光线的空间位置。此外，这种设计不仅不会增加系统的纵向长度，反而由于光轴的转折而使得整体结构更为紧凑，但这样做会导致物镜的横向尺寸有所增大。

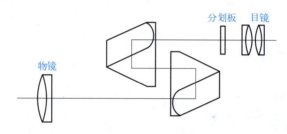

▶ 图 8-1　望远镜光学系统

2）普罗Ⅱ型棱镜转向系统

如图 8-2 所描绘，普罗Ⅱ型棱镜转向系统由棱镜 1 与棱镜组 2 共同构成。该系统具备四个反射面，通过这些反射面，物像的上下及左右方向均实现了 180° 的翻转。在此过程中，出射光线相对于入射光线发生了一定距离的平移，这一距离被称为潜望高度，是潜望仪器中一项至关重要的特性。

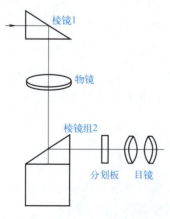

▶ 图 8-2　普罗Ⅱ型棱镜转向系统

（2）单透镜转向系统

如图 8-3 所示，单透镜转向系统主要由物镜、转向透镜和目镜三个关键组件构成。当无穷远的物体经过物镜时，其成像会落在物镜的后焦面上。随后，这一像再通过转向透镜，最终成像在目镜的前焦面上。在此过程中，像经过两次成像，首次与最终成像相比，实现了颠倒的效果，从而完成了转向的任务。在望远镜系统的设计中，对于孔径和视场较小的应用场景，通常会选择双胶合透镜作为转向系统。然而，当面临孔径和视场较大的挑战时，为了确保成像质量和转向效果，转向系统则会采用照相物镜的结构设计。

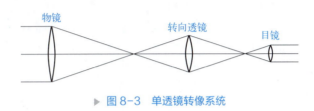

▶ 图 8-3　单透镜转像系统

（3）双透镜转向系统

在图 8-4 中，我们展示了双透镜转向系统的构造。该系统通过两个透镜来实现转向功能，这两个透镜的工作机制虽与单透镜类似，但它们之间传输的是平行光线。更深入地分析，双透镜转向系统可以视为两个开普勒望远系统的集成，其中透镜组 1 和 2 共同构成了一个望远镜单元，而透镜组 3 和 4 则构成了另一个望远镜单元。

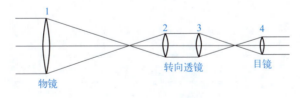

▶ 图 8-4　双透镜转向系统

将透镜转向系统应用在望远镜或显微镜中后，转向透镜的共轭距离会增加到系统的长度中，因此系统的整体结构会不可避免地变长。

8.2　中继转向系统设计案例

本节设计一个中继转向系统，以学习中继转向系统的设计方法与设计过程。设计要求如下：

设计一个中继转向系统，共轭距控制在 400 ～ 450mm 以内；数值孔径为 0.1；物高为 18mm，且物像高度比为 1 ∶ 1；在可见光波段进行设计（取 d、F、C 三种色光，d 为主波长）；MTF 在 50lp/mm 处不应小于 0.5；畸变控制在 1% 以内；弥散斑直径不超过 20μm，透镜中心厚度大于 0.1mm，边缘厚度大于 0.1mm，使用透镜数量不大于 10。

具体设计步骤如下。

步骤一：初始参数设置

1）数值孔径 0.1

① 在快捷按钮栏中单击"Gen"→"孔径"。

② 在弹出对话框"常规"中，"孔径类型"选择"物方空间 NA"，"孔径值"输入"0.1"，"切趾类型"选择"均匀"。

③ 单击"确认"按钮，如图 8-5 所示。

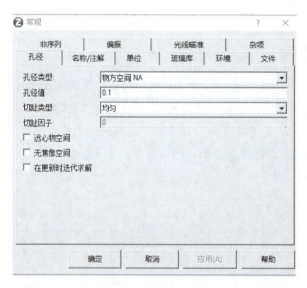

▶ 图 8-5　初始参数设置

2）视场 18mm

① 在快捷按钮栏中单击"Fie"。

② 在弹出对话框"视场数据"中，"类型"选择"物高"，如图 8-6 所示。

③ 在"使用"栏里，选择"1""2""3"。

④ 在"最大视场"中填入"18"，单击"等面积视场→"。

⑤ 单击"确认"按钮。

3）波长为 d、F、C 三种色光，d 为主波长

① 在快捷按钮栏中单击"Wav"。

② 在弹出对话框“波长数据”中点击“选择→”。

③ 单击“确认”按钮，如图 8-7 所示。

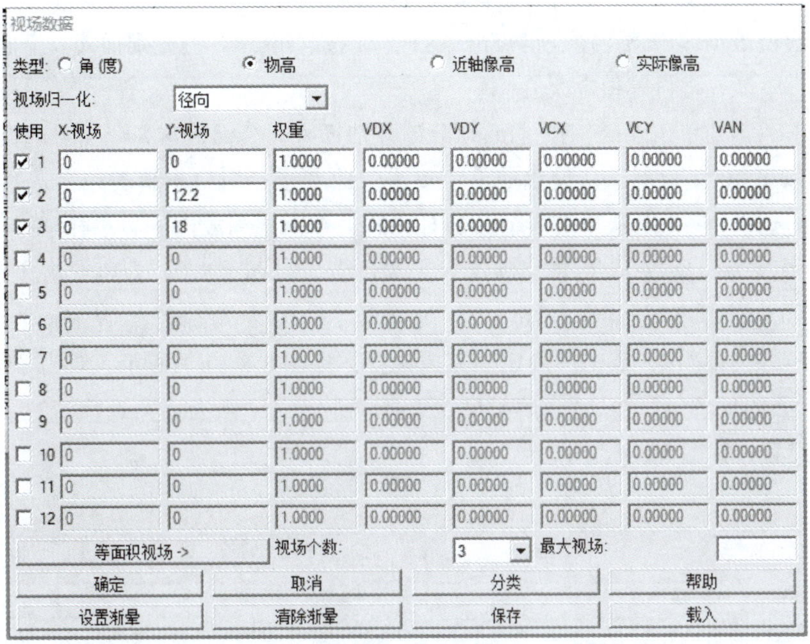

▶ 图 8-6　视场数据

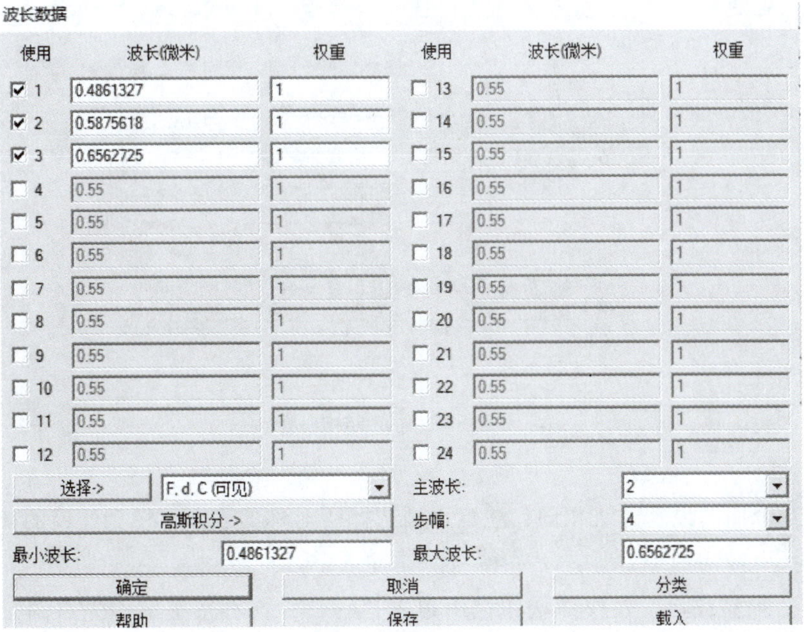

▶ 图 8-7　波长数据

步骤二：初始结构设置

题目中要求物像比为 1 ∶ 1，可以考虑使用对称结构来实现这样的功能，通过查找光学镜头资料，确定了一个具有对称结构的初始系统结构。

在"透镜数据编辑器"中左键点击"STO"，按"Insert"键分别插入 8 个面，在其中设置半径、厚度、材料等相应数值。

在"IMA"处单击左键，按"Insert"键分别插入 8 个面，这 8 个面与前面 8 个面分别对称，以第 10 面为例，其设置如下：双击"曲率半径"，"求解类型"选择"跟随"，"从表面"选择"8"（表示与第 8 个面是对称的关系），"缩放因子"选择"−1"（相互对称曲率半径互为相反数），点击"确定"完成设置，见图 8-8（a）。再双击"厚度"，弹出"在面 10 上的厚度解"窗口，其中的"求解类型"选择"跟随"，"从表面"选择"7"，"缩放因子"选择"1"，点击"确定"完成设置，如图 8-8（b）所示。双击"玻璃"，弹窗"面 10 上的玻璃解"中，"求解类型"选择"跟随"，"从表面"选择"7"，点击"确定"完成设置，如图 8-8（c）所示。

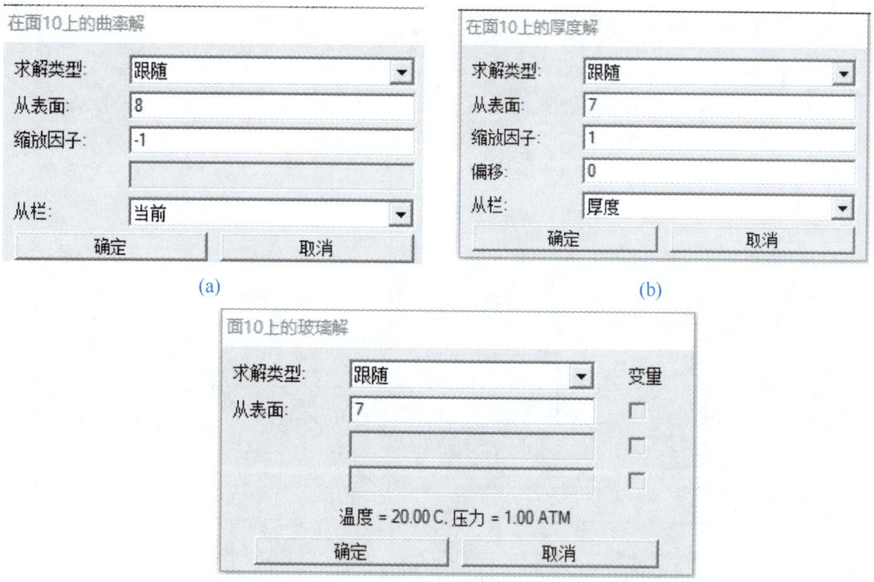

(a)

(b)

(c)

▶ 图 8-8　初始结构设置

其他 7 个面的设置方法相同，注意正确选择所对称的表面，得到透镜的初始数据如图 8-9 所示。

基本设置完成后，在快捷按钮栏中单击"Lay"，查看系统结构光路图，如图 8-10 所示。

透镜数据编辑器

编辑 求解 查看 帮助

表面:类型	标注	曲率半径	厚度	玻璃	半直径	圆锥系数
OBJ 标准面		无限	142.286		18.000	0.000
1 标准面		123.365	16.507	N-LAK12	21.782	0.000
2 标准面		无限	9.870		20.960	0.000
3 标准面		59.931	16.728	N-LAK12	19.709	0.000
4 标准面		-59.931	4.255	N-BAF4	17.617	0.000
5 标准面		74.676	0.381		15.729	0.000
6 标准面		36.591	7.854	N-SSK2	15.273	0.000
7 标准面		-45.085	3.071	KZFSN4	14.630	0.000
8 标准面		24.333	9.309		11.914	0.000
STO 标准面		无限	9.309		10.823	0.000
10 标准面		-24.333 P	3.071 P	KZFSN4	11.785	0.000
11 标准面		45.085 P	7.854 P	N-SSK2	14.426	0.000
12 标准面		-36.591 P	0.381 P		15.106	0.000
13 标准面		-74.676 P	4.255 P	N-BAF4	15.549	0.000
14 标准面		59.931 P	16.728 P	N-LAK12	17.394	0.000
15 标准面		-59.931 P	9.870 P		19.515	0.000
16 标准面		无限 P	16.507 P	N-LAK12	20.783	0.000
17 标准面		-123.365 P	141.834		21.615	0.000
IMA 标准面		无限	—		18.040	0.000

▶ 图 8-9 透镜的初始数据

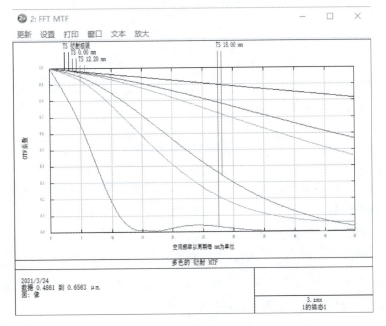

▶ 图 8-10 结构光路图

在快捷按钮栏中单击"MTF",查看系统结构的 MTF 曲线,如图 8-11 所示。从 MTF

▶ 图 8-11 MTF 曲线

曲线中可以看出，该系统的中心视场的 MTF 值在 50 线对处约为 0.5，但边缘视场的 MTF 值较低，不到 0.1，距离题目要求还有较大的优化空间。

在快捷按钮栏中单击"Ray"，查看系统的像差曲线，如图 8-12 所示。从像差曲线可以分析出该系统在边缘视场处存在比较大的像差和色差，需要进一步优化。

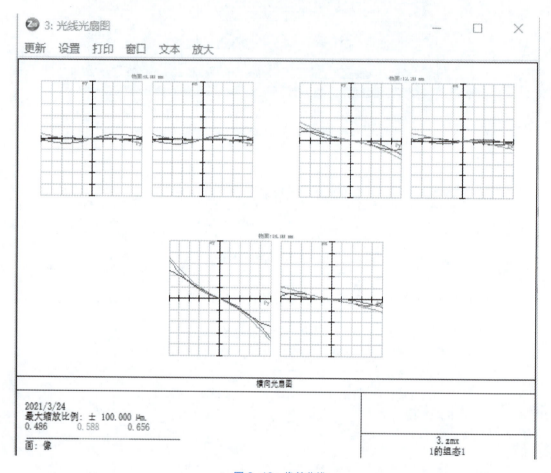

▶ 图 8-12　像差曲线

在"分析"下拉菜单中单击"杂项"，在右侧菜单中单击"场曲 / 畸变"，查看系统结构的场曲 / 畸变曲线，如图 8-13 所示，能够看出，系统具有很小的像散和场曲，都在 0.5mm 以下，系统的畸变值更小。

在快捷按钮栏中单击"Spt"，查看光学系统的点列图，如图 8-14 所示。目前 RMS 半径在零视场约为 32.173μm，GEO 半径为 73.167μm，还需要进一步优化达到题目要求的 20μm，后续可继续优化进一步缩小弥散斑半径。

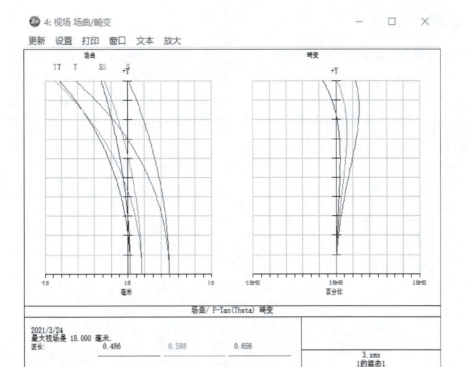

▶ 图 8-13　场曲畸变曲线

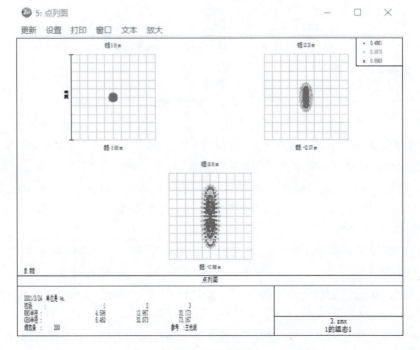

▶ 图 8-14　点列图

步骤三：系统优化

1）曲率半径的优化

① 在"分析"下拉菜单中单击"像差系数"，在右侧菜单中单击"赛德尔系数"，弹出"赛德尔系数"界面，如图 8-15 所示。从系数表中可以看出第 8 面的赛德尔系数比较大，说明其对于像质的影响较大，优先调整该面的曲率半径，然后再优化其他面的曲率。

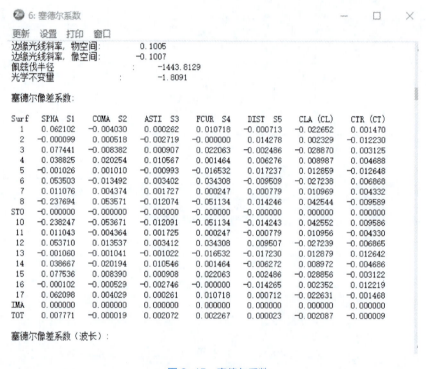

▶ 图 8-15 赛德尔系数

② 在"编辑器"下拉菜单中单击"评价函数"，弹出对话框"评价函数编辑器"，在对话框"设计"下拉菜单中单击"序列评价函数"，弹出弹窗后，进行默认像质评价函数的设置，设置完成后点击"确认"。具体设置如图 8-16 所示。设计要求中限制了系统的共轭距在 400～450mm，为了避免优化时镜头厚度无限制地增加，在默认评价函数中限制玻璃的最大厚度为 30mm。

设置中选择波前优化方法，以优化光线的光程差为目标，选择参考方式为光斑半径。由于本设计题目中要求透镜的中心厚度大于 1mm，边缘厚度大于 1mm，在此处给一个限制。在前期的优化中，为了尽可能地减少优化限制，先将空气的最小厚度取为 0.1。

③ 在生成的评价函数中添加 PMAG 操作数对系统的放大率和共轭距离进行控制。设置 PMAG 目标值为 -1，权重设置为 1。具体设置如图 8-17 所示。

④ 首先将第 8 面的曲率半径作为变量进行调整。待该优化过程完成后，我们重新审查赛德尔系数，从中选择系数较为显著的面的曲率半径，再次作为变量进行优化。经过这一系列优化步骤后，所得到的结果已在图 8-18 中进行了展示。可以看到系统的弥散斑半径大大减小，GEO 半径为 19.559μm；系统的 MTF 曲线也有较大提升，整体曲线已经上升到 0.5 以上。系统的色散也有所减小，场曲和畸变依旧控制良好。

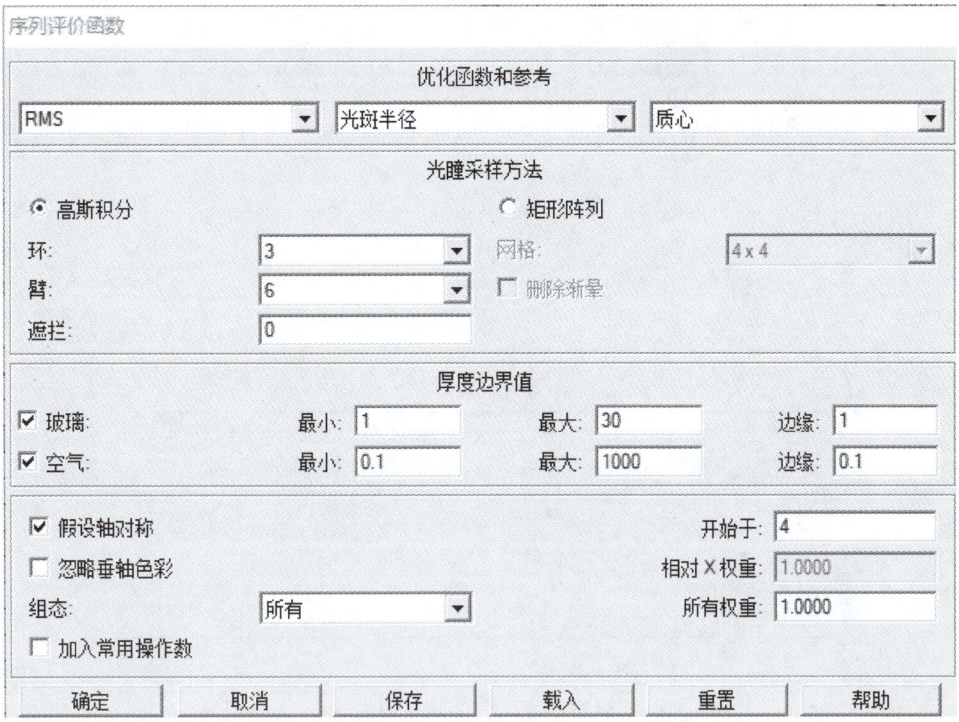

图 8-16　序列评价函数

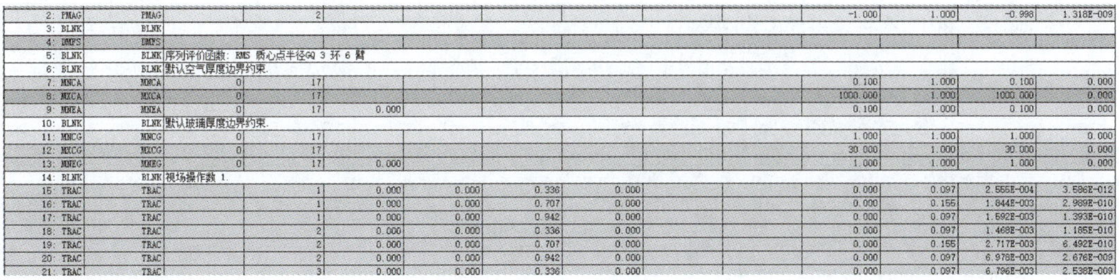

2: PMAG	PMAG		2							-1.000	1.000	-0.998	1.318E-009
3: BLNK	BLNK												
4: DMFS	DMFS												
5: BLNK	BLNK	序列评价函数: RMS 质心点半径GQ 3 环 6 臂											
6: BLNK	BLNK	默认空气厚度边界约束.											
7: MNCA	MNCA	0	17							0.100	1.000	0.100	0.000
8: MXCA	MXCA	0	17							1000.000	1.000	1000.000	0.000
9: MNEA	MNEA	0	17	0.000						0.100	1.000	0.100	0.000
10: BLNK	BLNK	默认玻璃厚度边界约束.											
11: MNCG	MNCG	0	17							1.000	1.000	1.000	0.000
12: MXCG	MXCG	0	17							30.000	1.000	30.000	0.000
13: MNEG	MNEG	0	17	0.000						1.000	1.000	1.000	0.000
14: BLNK	BLNK	视场操作数 1.											
15: TRAC	TRAC		1	0.000	0.000	0.336	0.000			0.000	0.097	2.555E-004	3.586E-012
16: TRAC	TRAC		1	0.000	0.000	0.707	0.000			0.000	0.155	1.844E-003	2.989E-010
17: TRAC	TRAC		1	0.000	0.000	0.942	0.000			0.000	0.097	1.592E-003	1.393E-010
18: TRAC	TRAC		2	0.000	0.000	0.336	0.000			0.000	0.097	1.468E-003	1.185E-010
19: TRAC	TRAC		2	0.000	0.000	0.707	0.000			0.000	0.155	2.717E-003	6.492E-010
20: TRAC	TRAC		2	0.000	0.000	0.942	0.000			0.000	0.097	6.978E-003	2.676E-009
21: TRAC	TRAC		3	0.000	0.000	0.336	0.000			0.000	0.097	6.796E-003	2.538E-009

图 8-17　添加 PMAG 操作数

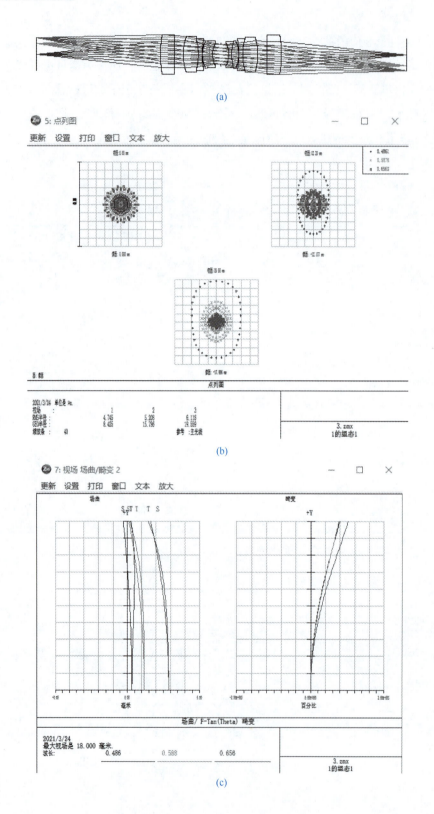

(a)

(b)

(c)

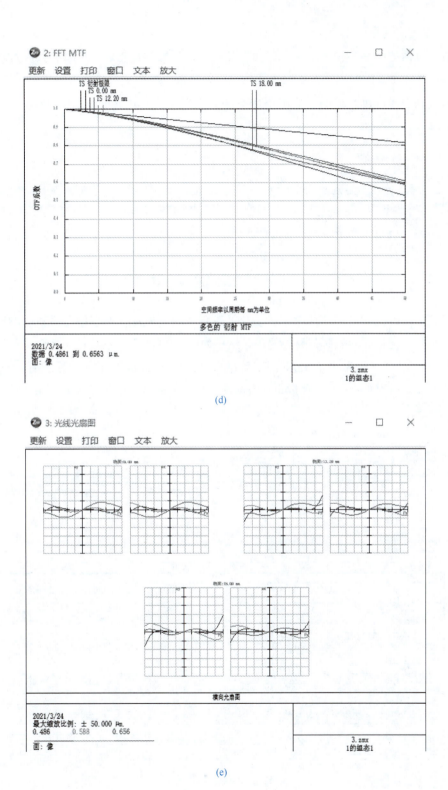

(d)

(e)

▶ 图 8-18　曲率半径优化结果

2）厚度的优化

将所有面的曲率半径进行优化之后，开始进行厚度的优化。在厚度的优化过程中要注意系统共轭距离的要求，为了避免优化过程中共轭距离跑偏，在评价函数中添加 TTHI 操作数对共轭距离进行控制，如图 8-19 所示，设置 TTHI 中的面 1 为 0，面 2 为 17，权重设置为 1。

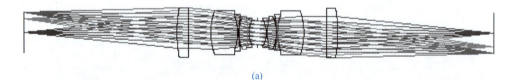

▶ 图 8-19　添加 TTHI 操作数

透镜的厚度优化过程与曲率半径优化的过程相同，先优化对赛德尔系数影响比较大的面，然后再优化其他的面。最终的优化结果如图 8-20 所示。系统的弥散斑半径继续减小，目前的 GEO 半径为 9.622μm，满足弥散斑直径小于 20μm 的要求。系统的 MTF 曲线也继续上升，达到 0.6 之上，色散也略有减小，场曲和畸变依旧控制良好。系统的共轭距离为 430mm。

(a)

透镜数据编辑器

编辑　求解　查看　帮助

表面：类型		标注	曲率半径		厚度		玻璃	半直径	圆锥系数	参数 (
OBJ	标准面		无限		141.829	V		18.000	0.000	
1	标准面		123.733	V	10.175	V	N-LAK12	22.225	0.000	
2	标准面		无限		20.846	V		21.770	0.000	
3	标准面		61.186	V	23.957	V	N-LAK12	19.516	0.000	
4	标准面		-46.283	V	1.000	V	N-BAF4	16.130	0.000	
5	标准面		72.829	V	0.100	V		14.940	0.000	
6	标准面		34.947	V	8.180	V	N-SSK2	14.554	0.000	
7	标准面		-60.818	V	1.000	V	KZFSN4	13.470	0.000	
8	标准面		23.967	V	7.462	V		11.721	0.000	
STO	标准面		无限		8.361	V		10.947	0.000	
10	标准面		-23.967	P	1.000	P	KZFSN4	11.699	0.000	
11	标准面		60.818	P	8.180	P	N-SSK2	13.438	0.000	
12	标准面		-34.947	P	0.100	P		14.526	0.000	
13	标准面		-72.829	P	1.000	P	N-BAF4	14.910	0.000	
14	标准面		46.283	P	23.957	P	N-LAK12	16.095	0.000	
15	标准面		-61.186	P	20.846	P		19.506	0.000	
16	标准面		无限		10.175	P	N-LAK12	21.814	0.000	
17	标准面		-123.733	P	141.834			22.277	0.000	
IMA	标准面		无限		—			18.010	0.000	

(b)

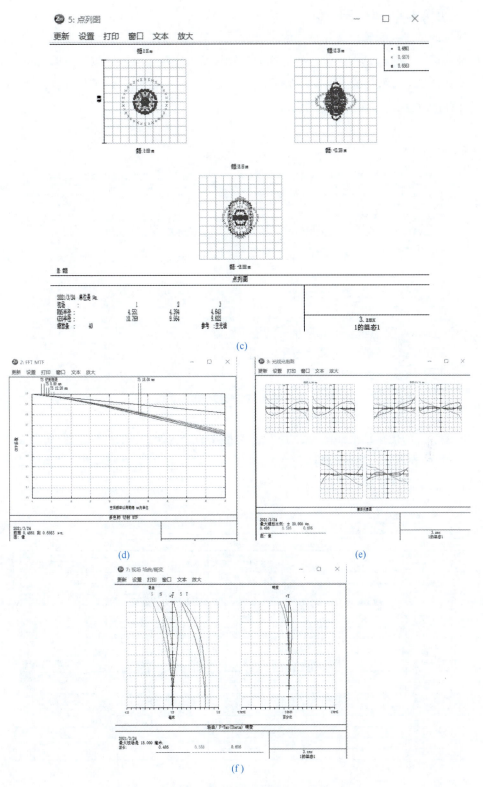

▶ 图 8-20　厚度优化结果

3）更换玻璃，进行锤形优化

经过曲率半径和厚度优化后，中继转向系统的各项指标都已经满足题目要求，最后更换玻璃进一步进行锤形优化。将对称的透镜设置为跟随，在透镜数据编辑器窗口中设置玻璃材料是"可替换的（Substitute）"，在快捷按钮栏中单击"Ham"，弹窗中点击"自动"，进行锤形优化。如图 8-21 所示。

透镜数据编辑器

编辑　求解　查看　帮助

表面:类型		标注	曲率半径		厚度		玻璃		半直径	圆锥系数	参
OBJ	标准面		无限		141.829	V			18.000	0.000	
1	标准面		123.733	V	10.175	V	N-LAK12	S	22.225	0.000	
2	标准面		无限		20.846	V			21.770	0.000	
3	标准面		61.186	V	23.957	V	N-LAK12	S	19.516	0.000	
4	标准面		-46.283	V	1.000	V	N-BAF4	S	16.130	0.000	
5	标准面		72.829	V	0.100	V			14.940	0.000	
6	标准面		34.947	V	8.180	V	N-SSK2	S	14.554	0.000	
7	标准面		-60.818	V	1.000	V	KZFSN4	S	13.470	0.000	
8	标准面		23.967	V	7.462	V			11.721	0.000	
STO	标准面		无限		8.361	V			10.947	0.000	
10	标准面		-23.967	P	1.000	P	KZFSN4	P	11.699	0.000	
11	标准面		60.818	P	8.180	P	N-SSK2	P	13.438	0.000	
12	标准面		-34.947	P	0.100	P			14.526	0.000	
13	标准面		-72.829	P	1.000	P	N-BAF4	P	14.910	0.000	
14	标准面		46.283	P	23.957	P	N-LAK12	P	16.095	0.000	
15	标准面		-61.186	P	20.846	P			19.506	0.000	
16	标准面		无限	P	10.175	P	N-LAK12	P	21.814	0.000	
17	标准面		-123.733	P	141.834				22.277	0.000	
IMA	标准面		无限		-				18.010	0.000	

▶ 图 8-21　更换玻璃

最终系统的优化结果如图 8-22 所示，弥散斑直径为 19.2μm，MTF 在 50lp/mm 处大于 0.6；畸变在 0.1% 以内，场曲在 0.2mm 以内；球差和色差调校良好，系统共轭距为 430mm，满足题目要求。

透镜数据编辑器

编辑　求解　查看　帮助

表面:类型		标注	曲率半径		厚度		玻璃		半直径	圆锥系数
OBJ	标准面		无限		141.829				18.000	0.000
1	标准面		123.732		10.175		N-LAK12		22.225	0.000
2	标准面		无限		20.846				21.770	0.000
3	标准面		61.186		23.957		N-LAK12		19.516	0.000
4	标准面		-46.282		1.000		N-BAF4		16.130	0.000
5	标准面		72.829		0.100				14.940	0.000
6	标准面		34.947		8.180		N-SSK2		14.554	0.000
7	标准面		-60.815		1.000		KZFSN4		13.470	0.000
8	标准面		23.967		7.462				11.721	0.000
STO	标准面		无限		8.361				10.947	0.000
10	标准面		-23.967	P	1.000	P	KZFSN4	P	11.699	0.000
11	标准面		60.815	P	8.180	P	N-SSK2	P	13.438	0.000
12	标准面		-34.947	P	0.100	P			14.526	0.000
13	标准面		-72.829	P	1.000	P	N-BAF4	P	14.910	0.000
14	标准面		46.282	P	23.957	P	N-LAK12	P	16.095	0.000
15	标准面		-61.186	P	20.846	P			19.506	0.000
16	标准面		无限	P	10.175	P	N-LAK12	P	21.814	0.000
17	标准面		-123.732	P	141.834				22.277	0.000
IMA	标准面		无限		-				18.010	0.000

(a)

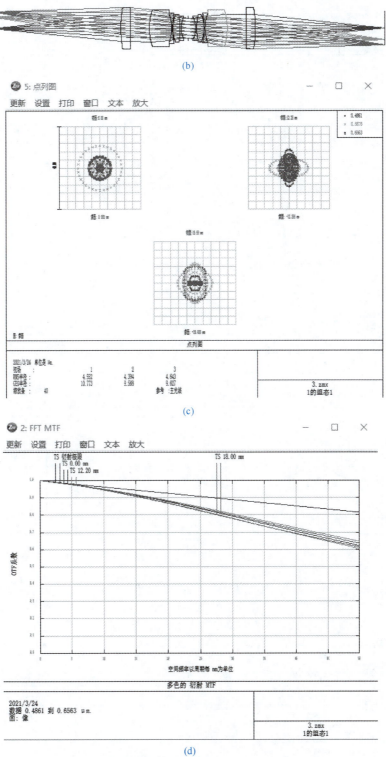

(b)

(c)

(d)

▶ 图 8-22

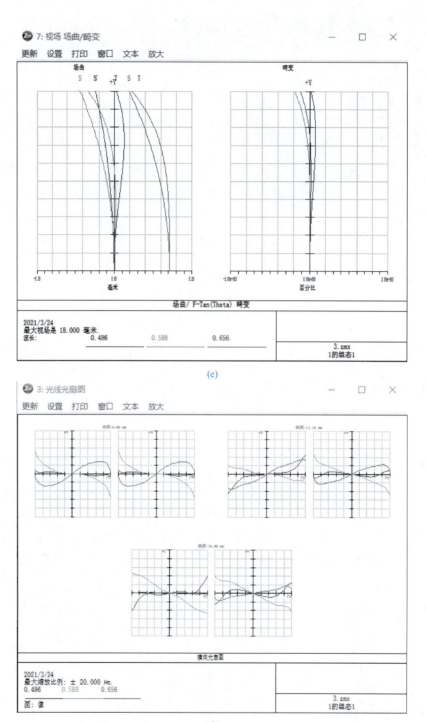

(e)

(f)

▶ 图8-22　最终系统的优化结果

第 9 章

显微镜照明系统及相关基础

显微镜作为当前一种重要的光学仪器，通过其光学系统实现对被观察对象的放大，并揭示其微观组织结构的细节。这一功能使得我们能够从微观形态的角度，深入了解和探索对象的特性。显微镜的应用范围广泛，不仅涵盖了生物学、病理学、细胞组织学和基因学等生命科学研究领域，而且在临床诊断、材料检测、航空与空间技术、地质考古以及电子元件性能检测与分析等多个领域都得到了应用，成为科研与实践中不可或缺的工具。

9.1　显微镜的分类

对于显微镜而言，无论其镜台类型如何，其基本构造均呈现出一定的相似性。如第 7 章所述，这些构造主要包括物镜和目镜、照明器与集光器（或称聚光器、聚光镜等），以及镜台与载物台等核心组件。其中，照明器和集光器共同构成了显微镜的照明系统，在显微镜的光学设计中的重要性仅次于物镜和目镜。传统的简单显微镜主要依赖反光镜和日光进行照明，而现代显微镜则更多采用灯光照明方式。现代设计倾向于将显微镜灯与镜座结合在一起，一种是直接在显微镜的镜座内部整合一个灯，另一种则是通过连接灯室的方式实现。灯光照明不受自然条件的限制，相对于日光照明具有亮度稳定、易于控制和调节等一系列优点。集光器是用于将照明光线聚焦于被观察的物体上的一个透镜系统，其位于物台下方并且可以沿光轴方向垂直移动。集光器上配备的孔径光阑会显著影响显微镜的成像质量和分辨力。值得注意的是，不同类型的特殊显微镜通常会配备相应类型的集光器。显微镜照明器及光路见图 9-1。

自詹森于 16 世纪 90 年代发明最初的复式显微镜以来，特别是随着近几十年现代科学技术的迅猛进步，显微镜的研发与制造技术取得了显著成就。不仅其精密度和分辨力得到了显著提升，而且涌现出适用于多样化需求的各类显微镜。这些显微镜，无论其镜

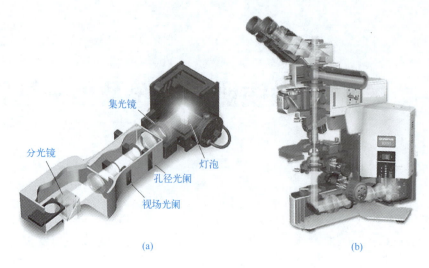

集光镜

分光镜

灯泡

孔径光阑

视场光阑

(a)   (b)

▶ 图9-1 （a）显微镜照明器；（b）照明光路

台类型如何，其基本构造均呈现出相似的特点，主要由三大系统构成：首先，物镜和目镜作为显微镜最为关键的光学系统，对显微镜的整体性能起着决定性作用，是评估显微镜优劣的核心要素；其次，照明器和集光器是显微镜中的重要性仅次于物镜和目镜的部分，两者共同构成的照明系统可以确保在观察样本时能有明亮且均匀的照明条件；最后，显微镜的机械系统包括镜台和载物台，可以通过粗调和细调的机械装置来精确调节标本与物镜之间的距离，以实现显微图像的精确聚焦。图9-2为各类显微镜的实物图。

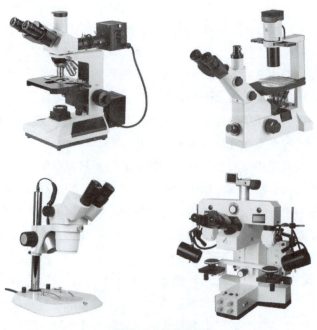

▶ 图9-2　各类显微镜

根据照明系统，显微镜可以分为：

① 普通光学显微镜：这种显微镜的照明系统由反光镜和集光器组成，反光镜的核心功能在于将光源发出的光线反射至集光器，进而经通光孔把光线投射至待观察的标本上。集光器则担任着将光线会聚并集中至目标标本的任务，确保标本得到充分的照明，从而便于观察和分析。

② 荧光显微镜：这种显微镜以紫外线为光源，当紫外线照射到被检物体上时，该物体能激发出荧光。通过荧光显微镜的观察，我们能够清晰地辨识观测对象的形态和具体位置。这种显微镜最初被引入科学研究中，主要用于提高观测的分辨力。然而，随着科研技术的进步，它现已广泛应用于对具有特定紫外光吸收性质的物质进行显微光度以及显微分光光度的深入研究。图 9-3 为使用荧光显微镜观察到的正常非洲绿猴肾成纤维细胞。

▶ 图 9-3　正常非洲绿猴肾成纤维细胞

③ 相差显微镜：这种显微镜的照明系统特色在于采用带有环状光阑的聚光镜。它基于物体不同结构成分之间折射率和厚度的细微差异，将这些差异转化为光程差，进而转化为振幅（即光强度）的变化。通过带有环状光阑的聚光镜和配备相位片的相差物镜，显微镜成功地将这些变化转化为可视的图像，从而实现对观测对象的清晰观测。该显微镜主要用于详细观察细胞培养中活细胞的形态结构以及它们的生长变化过程。图 9-4 为 Rat-1 细胞的相位对比显微图。

④ 暗视野（暗视场）显微镜：这种显微镜在其聚光镜中心配置了挡光片。这一设计巧妙地使得只有那些经过标本反射和衍射的光线才能进入物镜，而照明光线则因为无法穿透挡光片而不会在物镜上造成干扰。因此，在观测时，视野的背景呈现为深黑色，而待观察的物体边缘则显得明亮突出。暗视野显微镜尤其适用于观察那些在传统显微镜下因反差过小或尺寸小于分辨极限而难以辨识的微小颗粒，例如细胞内部的线粒体以及免疫金染色实验中的金粒等。图 9-5 为暗视野显微镜观察到的活体细胞中的 TiO_2 粒子。

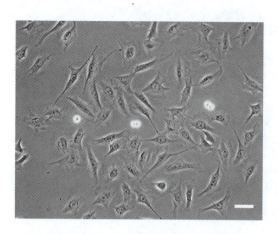 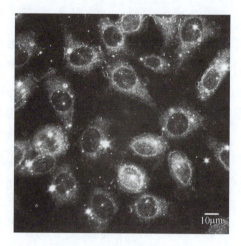

▷ 图 9-4　Rat-1 细胞的相位对比显微图　　　　▷ 图 9-5　暗视野显微镜观察到的活体细胞中的 TiO_2 粒子

　　⑤ 激光扫描共聚焦显微镜：这种显微镜相当于在荧光显微镜上集成了一套激光共焦成像系统，通过使用激光（包括可见光和紫外光波段的激光）作为光源，该显微镜显著提升了成像的分辨率，为微观世界的观察提供了更为精确和清晰的图像。图 9-6 为巨噬细胞吞噬 FITC（异硫氰酸荧光素）标记的酵母多糖（酵母）的共聚焦图像。

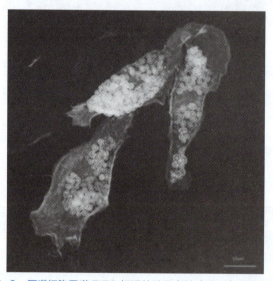

▷ 图 9-6　巨噬细胞吞噬 FITC 标记的酵母多糖（酵母）的共聚焦图像

9.2　显微镜照明系统

　　在成像仪器中，照明系统占据着举足轻重的地位。对于显微镜样品的理想照明状态而言，应追求的是清晰明亮、无刺眼眩光，并确保整个视场内的照度分布均匀。显微镜照明系统一般由照明器和集光器（或称聚光镜）构成。

9.2.1　集光器

（1）集光器的构造和功能

光学显微镜的光源前通常配备了一个可沿光轴垂直方向移动的透镜系统，这一系统被命名为集光器。顾名思义，集光器的主要作用看似是将光线集中于物体之上，但实际上，其工作原理远比这复杂。具体而言，集光器的主要功能是在物体上形成光源的像，这种成像方式使得被照明的物体在视觉效果上更接近于自发光的物体，从而极大地提升了显微观察的分辨力。十九世纪后期的显微镜能够显著提升分辨力和明显改善成像质量正归功于集光器的广泛应用，显微镜的发展也取得了令人瞩目的成绩。

如图 9-7 所示，集光器的主要组成部分为透镜系统和孔径光阑（图中 D），其中的孔径光阑相当于显微镜的入瞳，其位于透镜系统的焦平面之外。照明光束的直径会随着光阑的缩小而逐渐减小，进而由物体产生的光锥孔径也会随之变窄，因此被命名为孔径光阑。由于其遮挡了较远区域的边缘光线，阻止了这些光线到达物镜（如图中的 S′ 和 S″），从而减少了散射光的影响，提高了成像的反差。集光器可沿光轴移动，确保光源的像能够准确聚焦于不同厚度的标本切片上。在大多数情况下，集光器处于齿轮架的最高位置，其自由工作距离决定了切片所允许的最大厚度，通常这一距离在 1 ～ 1.5mm 之间。在集光器下方，安装有一个带有反光镜的叉座，该反光镜能够围绕一个轴旋转，且该反射镜的一面为平面，另一面为凹面。在内部光源配置下，反光镜通常安装在镜座内部。

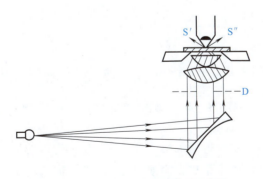

▶ 图 9-7　标准显微镜照明装置示意图

一般光学显微镜是通过孔径光阑的大小来调节集光器的数值孔径的，像的质量和分辨力很大程度会受集光器的数值孔径的影响。如图 9-8 所示，到达物体的光锥分布情况会直接受到集光器孔径光阑不同开放程度的影响。

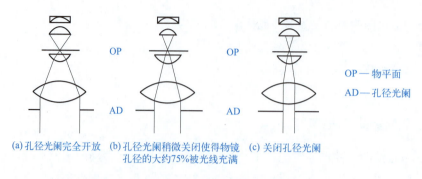

(a) 孔径光阑完全开放　(b) 孔径光阑稍微关闭使得物镜　(c) 关闭孔径光阑
　　　　　　　　　　孔径的大约75%被光线充满

▶ 图 9-8　集光器孔径光阑对于到达物体光锥的影响

　　经过直径为数毫米的集光器后，一般的光源所产生的像往往会远远超过物镜的视场范围，然而当物镜的放大倍数在 3× ~ 4× 范围内或者更低时，整个视场并不能被全部照亮，只有视场的中央部分能得到照明。而集光器的焦距（而非其数值孔径）、光源的距离及大小共同决定了照明区域的大小。为了能保证较大视场能够得到均匀良好地照明，可以移除集光器的前透镜（亦称集光器顶）使其脱离光路，这是一种常见的解决方案。如图 9-9 所示，当集光器前透镜被旋出时，集光器的折射率随之改变，进而扩大了光源的像。尽管降低集光器的位置也能在一定程度上扩大照明视场，但这种方法不同于旋出前透镜的情况，因为它会使得光源的像不再位于物平面（OP）上，从而导致照明条件不佳，进而降低成像的质量。

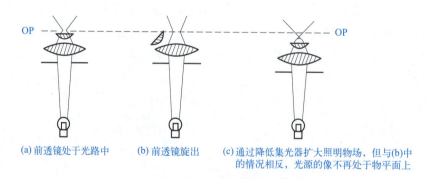

(a) 前透镜处于光路中　(b) 前透镜旋出　(c) 通过降低集光器扩大照明物场，但与(b)中
　　　　　　　　　　　　　　　　　　　　的情况相反，光源的像不再处于物平面上

▶ 图 9-9　具有可旋出前透镜的集光器照明光路图

　　在现代显微镜的设计中，普遍采用了具备可旋出前透镜功能的集光器。特别在高端研究显微镜上，常常会配备多个集光器顶，它们具有不同的校正程度、工作距离和数值孔径。这些集光器顶能够依据具体的工作需求、目标以及所使用的物镜性能进行灵活替换。这一设计使得显微镜能够适用于更为精细和专业的操作场景。

（2）集光器的类型

　　根据结构、性能和用途，显微镜中常用的集光器可以分为以下几种类型。

1）阿贝集光器

如图 9-10 所示是阿贝设计的简单类型集光器，其由两个透镜组成，它能够允许更多的光线通过，并在低放大倍数下取得理想的成像效果。然而，当孔径大于 0.06 时，这种集光器会显著表现出色差和球差的问题。因此，在采用阿贝集光器结合柯勒照明系统时，视场的边缘光线往往难以获得清晰的聚焦。鉴于此，这种集光器主要适用于普通显微镜的一般性观察任务。

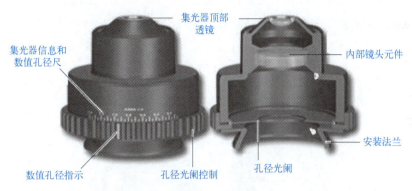

▶ 图 9-10　阿贝集光器（数值孔径 =1.25）

2）消色差等光程集光器

在现代研究显微镜中，存在一种集光器，其校正程度较高，由一系列精心设计的透镜组合而成（如图 9-11 所示）。根据当前的研究观点，尽管光源像系统的光学特性对分辨力并非首要决定因素，但这种高校正集光器却能显著降低标本上的闪光程度，从而增强标本的反差。因此，它被广泛安装于研究显微镜和摄影显微镜的大型镜台上。特别值得一提的是，消色差等光程集光器在色差、球差和彗差的校正方面表现出色，能够在显微镜中呈现出清晰的视场光阑边缘像。然而，其校正程度并未超过一般消色差物镜的水平。为充分发挥其优越性，建议与高校正程度的物镜配合使用，如萤石物镜或复消色差物镜等，这样才能最大限度地发挥其效能。

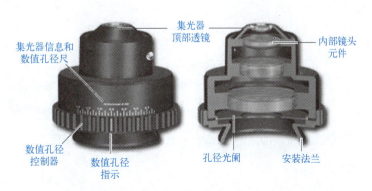

▶ 图 9-11　消色差等光程集光器（数值孔径 =0.95）

在实际应用中没有必要使用更高校正程度的集光器，曾经制造出的复消色差集光器经实践检验后已经被淘汰。此外，在显微镜的观测过程中，为了有效抑制散射光的干扰，部分显微镜在测量时采用了将物镜作为集光器的策略。然而，当放大倍数超过 20× 时，物镜的自由工作距离会显著减少，通常限制在 0.9 ～ 1.2mm 范围内，因此标本必须放置在两个盖玻片之间。

3）暗视场集光器

这是一种专为暗视场显微镜和荧光显微镜设计的独特装置，如图 9-12 所示，其设计核心在于阻止光源的直射光线直接进入物镜。相反，它仅允许通过标本散射的光线透过物镜，进而被观察者所捕捉。这样的设计使得在暗视场环境下，样品的像能够以明亮的形式显现。

▶ 图 9-12　暗视场集光器

4）摇出式集光器

在运用低倍物镜（如 4×）进行观察时，由于视场较宽，光源形成的光锥无法完全覆盖整个视场，导致视场边缘部分呈现暗色，而仅中央部分得到充足的照明。为了确保视场能够均匀且充分地被照亮，需要将集光器的上透镜从光路中移出。图 9-13 是经典的摇出式集光器。

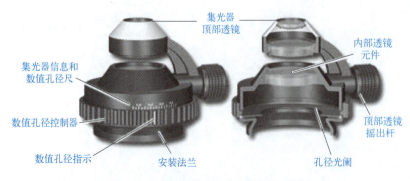

▶ 图 9-13　摇出式集光器（数值孔径 =1.35）

5）其他集光器

除了上述提到的集光器类型外，还存在一些专为特殊用途设计的集光器。比如相衬集光器、偏光集光器、微分干涉集光器，以及功能更为全面的万能集光器等。

9.2.2　显微镜的照明方法

（1）光源

早期的显微镜工作者利用油灯和自然界的太阳光作为其显微镜的外部照明光源，将外部光源借助一个反光镜反射入显微镜中。这种反光镜一面是平面，一面是凹面，后者通常在较低放大倍数下使用。然而，这些方法存在局限性，其照明数值孔径有时超过物镜的数值孔径，导致图像出现眩光，进而影响成像质量。不过，在低倍观察时，通过调整孔径光阑，可以有效控制眩光的影响。在晴朗的白日，靠近窗户处使用平面反光镜往往能提供理想的照明效果。因此，即便在今日，许多教学显微镜和用于一般观察的显微镜仍采用日光作为照明源。

早期产品灯泡的位置用几个安放在灯箱旁边的调整旋钮来调整，或者直接采用特殊的可预调中心的灯泡。现在的产品大多依靠精确的机械加工对灯泡进行定位，无需调整。现代显微镜普遍配备了高度集成的光源系统，这些系统具备出色的控制性能。目前，显微镜的光源通常采用卤钨灯，它们被安装在专门的反射灯室内，以提供稳定且可调节的照明条件。其主要的辐射波长中心大约在 $600 \sim 1200nm$ [图 9-14（a）]。典型的照明灯源及灯箱见图 9-14（b）。灯箱中的灯泡为卤钨灯，直流 12V 供电，可提供 100W 的照明功率。灯泡的直流电源由安装在显微镜内的直流电源提供和控制。这类灯泡在工作时要发出大量的热量，在灯箱中通常配置了一些隔热的膜系，用来阻止热量的传递。灯泡发出的光线直接进入显微镜的底座并通过集光镜然后通过一个烧结的玻璃散光片，到达并会聚在聚光镜的孔径光阑处。

在现代显微的研究领域中，尤其是在研究显微镜、摄影显微镜以及各类特种显微镜中，更多地倾向于采用人工光源，即灯光照明。相较于日光照明，灯光照明具有显著的优势，其光线分布更为均匀，亮度稳定，且所有照明条件均可实现精确控制。此外，这种光源能够在物体上形成清晰的成像，减少散射现象，从而显著提升成像的反差效果。

对于人工光源，其基本要求主要体现在两方面：一是确保充足的照明亮度，特别是单色光的亮度，以满足观察需求；二是拥有足够大的发光表面，以适应不同观察条件。实际上，对于亮度和发光表面的具体要求并不苛刻，亮度的标准主要考虑到在较高放大倍数下的清晰观察，而较大的发光表面则更有利于低倍率的细致观测。过高的亮度可通过调节可变电阻或使用中密度滤光片来降低；光源的有效面积则可通过调整视场光阑来实现。针对光源亮度的不均匀性，可以采用柯勒照明法或在光源前添加场玻璃来解决。

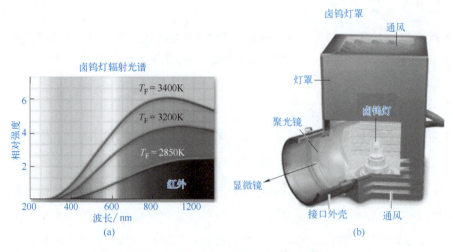

▶ 图 9-14　卤钨灯的光谱能量分布及卤钨灯箱

实际上，光源的发光面积与亮度是可以相互协调的，两者并非相互独立。在常见的显微镜中，40 ～ 60W 的高压白炽钨灯作为主流光源，因其具有广阔的发光表面和高亮度的特点，尤其适用于与简易临界照明器配合使用。与我们通常的直觉相反，当在高倍观察时遇到亮度不足的情况，选择 40W 的高压灯泡而非 100W 的更为合适，这一点可能令人费解。实际上，虽然 100W 的"强"光源所产生的发光表面积会更大，但在低放大倍数下这种大表面积能起到更大的作用，而在高放大倍数下，它并不能增加亮度。此外，大功率的高压灯泡会产生大量热能，这对显微观察并无益处。

现在经常用于显微镜的是 12V 或 6V 的低压灯泡，这种灯泡具有 15 ～ 60W 或更高的功率，它们在紧密地绕着钨丝的发光表面有很高的亮度，可达 2000 ～ 3000 熙提[1]。这种低压灯泡相较于之前提及的高压灯泡，其照明亮度更为显著。然而，其发光表面积却相对较小，仅有几平方毫米，这对于临界照明来说显得过于局限。不过，当应用柯勒照明时，我们可以通过引入一个聚光透镜来弥补这一不足，从而实现更为理想的照明效果。

在现代光学显微镜中，除了低压钨灯外，高压汞灯和高压钠灯也是常用的光源。接下来，我们将对各类光源的发射光谱分布、性能特点以及各自的应用进行简要的介绍和对比分析。

1）低压钨灯

带有可调变压器的低压钨灯因其便捷性和相对低廉的价格，为众多显微镜的观察和照相提供了满意的光照效果。然而，这种钨灯也存在一些显著的缺点，这些缺点在某些情况下尤为突出，以至于需要寻找替代光源。低压钨灯所发出的光谱分布对显微镜而言并不理想，其大部分能量集中在红外光或不可见的热辐射区域。在可见光区域（低于 750 nm），其发出的光线主要偏向较长波长（如图 9-15 中 Ⅰ 所示）。虽然通过增加钨灯的超高压可以略微提高可见光范围内的光产量，但这种做法会缩短灯泡的使用寿命，并且

[1] 熙提，符号为 sb。1sb=1.0 × 10^{4}cd/m^2。

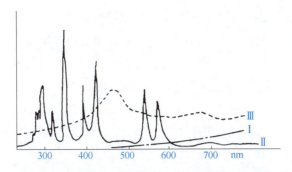

▶ 图 9-15　低压汞灯、高压汞灯、高压氙灯的光谱能量分布

光产量的增加也不稳定。

　　钨灯使用中的另一大挑战是灯泡会随着使用逐渐变暗。这是因为从发热的灯丝上蒸发的钨会沉积在灯泡内表面，导致光产量逐渐下降和发射光谱分布的变化。为了应对这一问题，近些年来研制出的钨卤灯来对低压钨灯进行有效改进。钨卤灯内部充满了与钨暂时结合的卤素气体（如碘），当气体从加热的灯丝上散发出来后，会与钨重新结合并沉积回灯丝上，卤素气体则再次释放并循环使用。这种灯具有用于显微镜中所有钨灯的最高光产量和长达数千小时的灯泡寿命，因此已非常普遍地应用于显微镜中，特别是显微照相中。但是这种灯的灯丝小而密集，灯丝的温度很高，可以达到 3000～3100℃，并会产生大量的热量，因此，灯室需要配备通风孔来进行冷却，并可能需要使用吸热滤片来吸收部分热量。

　　2）高压汞灯

　　作为一种石英制成的气体放电灯，其特点在于在放电筒内的两个高压电极之间发射汞蒸气。与钨灯的连续光谱相比，高压汞灯在可见光范围内展现了一种更为分散的带状光谱，即在一条较为暗淡的连续光谱基础上，叠加了特定波长处窄而强烈的发射带（如图 9-15 中 II 所示）。由于其在 546、436、365nm 波长处具有特殊的发射高峰，高压汞灯在配合滤光片使用时，对荧光显微镜而言是一种极其有效的光源。尽管其带状光谱的特性限制了染色切片获得优良反差的能力，但高压汞灯在光谱的最佳部分仍能发出相当大量的光能，使其成为一种良好的光源选择。

　　3）高压氙灯

　　作为一种新兴的气体放电灯技术，高压氙灯以其独特的优势备受瞩目。它在可见光范围内展现出连续的发射光谱，同时在紫外光部分也有一定的辐射能力，但在红外光区域则表现为带状光谱。这种连续的光谱特性使其在当今被公认为是一种极为高效的通用光源（如图 9-15 中 III 所示）。不仅如此，高压氙灯还能稳定地输出极高的亮度，这一特点使其成为了一种理想的光源选择，并在某些特种显微镜中占据了不可替代的重要地位。

　　4）激光光源

　　近年来，激光技术的应用取得了显著进展，其中氩离子激光尤为突出。这种激光在

488nm 和 514nm 波长下拥有强大的发射能力。尽管其成本不菲，但在激光扫描共焦显微技术中发挥着关键作用。实际上，市面上存在多种类型的激光器，每种都有其独特的发射光谱。如图 9-16 所示，这些光谱展示了在显微镜应用中（包括荧光成像、共焦成像以及单色光明场摄影）常见的两种激光器的性能特点。

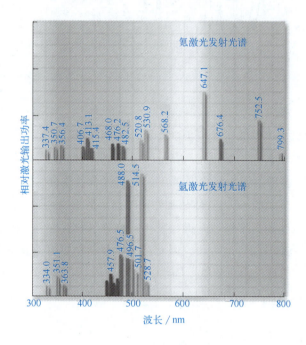

▶ 图 9-16　两种激光光源的光谱能量分布

（2）照明方式和要求

　　照明所需的光能源自光源，经过照明系统实现对目标对象的照明。根据观察对象的光度特性差异，需要选择合适的照明方法。在显微镜中，照明方式主要基于光线如何抵达成像平面来分类，通常分为"亮视场照明"和"暗视场照明"两类。亮视场照明是指照明光线直接照射到成像平面上；而暗视场照明则与之相反，它运用特殊的暗视场聚光镜使得照明光线偏移，避免直接进入物镜，仅允许样品的散射光进入，从而在暗背景下形成明亮的图像，这种方法常用于观察与结构和折射率变化相关的物体。

　　基于不同的形成方式，显微镜的照明方式可细分为两种："透射照明"与"落射照明"。其中，"透射照明"是多数生物显微镜所采用的照明方式，非常适合观察透明或半透明的物体；而"落射照明"主要用于观察不透明样本的表面特征，主要应用于金相显微镜、体视显微镜或荧光显微镜中，由于光源来自样本的上方，该方法亦被称为"反射照明"或"同轴照明"。

1）亮视场照明

① 直接照明。图 9-17 展示了直接照明的原理示意图，而图 9-18 则揭示了为实现数值孔径和光照均匀性而必须引入聚光镜的场景。在常规应用中，普通显微镜通常依赖灯泡或自然光进行直接照明。然而，在高校教学环境中，学生们更多使用的是在底部装有平面或凹面反射镜的低档生物显微镜，这种照明方法的选择，在其它类型的显微镜中则显得相对罕见。

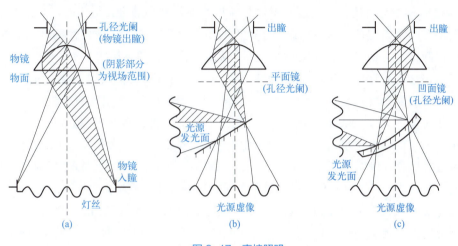

▶ 图 9-17　直接照明

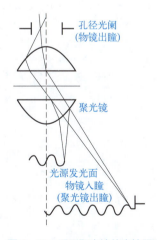

▶ 图 9-18　采用聚光镜的直接照明

除了直接照明，临界照明和柯勒照明也是显微镜中常用的两种照明方法。

② 临界照明。临界照明是一种利用乳白灯泡的照明面或场玻璃屏直接对物体进行照明的技术。在此系统中，通过调整集光器入瞳处的孔径光阑来控制照明的光锥，而通过视场光阑的调节来实现照明区域大小的调节。对于这种照明系统，当集光器处于稍微偏

高或偏低的位置时，显微镜的性能基本保持不变。针对白乳灯或场玻璃表面对标本像的潜在干扰，可以在不影响照明质量的前提下，通过微调集光器的聚焦旋钮来轻松校正。然而，这种照明系统存在两大主要局限：一是物场上光的强度分布不均匀；二是当使用低放大倍数时，像的亮度可能过于强烈。

临界照明，如图 9-19（a）所示，是一种常用的照明系统，此系统的核心优势在于其光束的高聚焦与高强度，确保了在视场范围内的最大化光亮度，同时避免杂光的干扰。然而，临界照明也存在一定的局限性。在临界照明过程中，光源灯丝的像会与被检物体的平面相重合，这导致光源亮度的不均匀性直接映射在物面上，形成有灯丝部分明亮、无灯丝部分暗淡的现象。这不仅影响了成像的质量，使之不适合于显微照相，还导致了聚光镜出瞳位置与物镜入瞳位置的不一致，从而违背了光孔转接的基本原则。如图 9-19（b）所示，聚光镜有时可以分为前组和后组。为了降低光源发热对观察对象的潜在影响，结构设计上通常会增大光源与物面之间的距离。在术语上，我们通常将前组称为集光镜，而将后组称为聚光镜。从理论角度出发，集光镜的口径和焦距需与光源的数值孔径相匹配，而聚光镜的像方孔径角则需满足物镜数值孔径的要求。若聚光镜的焦距过小，可采用多片透镜组合替代单一透镜的设计，如图 9-19（c）所示。若希望实现视场的灵活调整，可先让灯丝形成一次中间实像，并在该位置设置可变大小的视场光阑，如图 9-19（d）所示。在电影放映机、读数显微镜中对刻线尺或度盘的照明中，这种简单的照明方式得到了广泛应用。

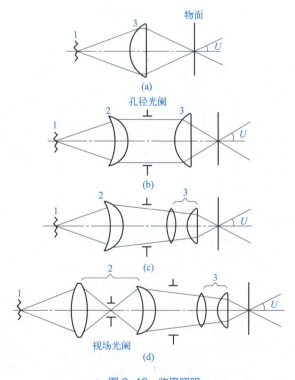

▶ 图 9-19 临界照明

1—光源；2—集光镜；3—聚光镜

③ 柯勒照明。柯勒照明在现代显微镜中得到了最广泛的应用。其通过将一个弱的正透镜（即聚光透镜）或附加集光器放置在光源前方，使光源的像聚焦于集光器的后焦面（即孔径光阑的平面上），同时附加集光器表面的像则被聚焦于标本平面上，如图 9-20（b）所示。柯勒在 1893 年发明的这种照明系统具有显著优势，其选择光学上制作的单色场作为光源，而并非像临界照明那样直接使用灯具本身作为光源。关闭视场光阑后，其边缘可以成像在物平面上，因此可以调整光阑以实现物场的精确照明。由于限制了非成像区域的照明，减少了散射光和闪光，最终获得了高对比度的图像。值得注意的是，关闭视场光阑（虽在临界照明中亦有类似作用，但调整难度较大）并不会影响照明光锥的孔径。

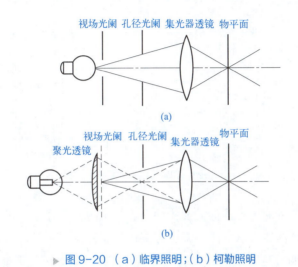

▶ 图 9-20　（a）临界照明；（b）柯勒照明

德国 Zeiss 公司的工程师柯勒在十九世纪末发明了柯勒照明光学系统，其原理如图 9-21 所示。这种照明光学系统能够有效解决临界照明系统亮度不均匀的问题，观察效果卓越，是显微照相中不可或缺的照明技术。该系统主要由两组透镜构成：一组靠近光源的透镜，称为聚光镜前组或柯勒镜；另一组远离光源的透镜，被称为聚光镜后组或成像物镜。柯勒照明光学系统于聚光镜前组后焦面处设有一个光阑，它紧贴在聚光镜前组上，主要作用是限制整个照明系统中光束孔径的大小，因此其为整个系统的孔径光阑。在进行观察时，可以通过调整聚光镜孔径光阑的大小，确保光源能够充分照亮不同物镜的入射光瞳，进而实现聚光镜与物镜数值孔径的精确匹配。此外，在聚光镜后组前焦面位置，再次设置了一个光阑，该光阑与孔径光阑功能不同，主要限制整个照明系统的视场，称之为视场光阑。通过改变视场光阑的大小，可以有效控制照明范围。光源发出的光线经过柯勒镜后，会在照明系统的视场光阑上形成像。这些光线继续通过聚光镜后组后，最终在标本上形成清晰的像，同时，视场光阑的像也被投射至无限远处，与远心物镜的入射光瞳重合。柯勒照明的优势不仅在于柯勒镜能够确保光源的均匀照明，更在于光源在通过聚光镜后组，能让标本获得均匀的照明。此外，使用柯勒照明时，即使进行长时间的照明，因为热焦点并不在被检物体的平面上，也不会导致物体的损伤。柯勒照明光学系统的出射光瞳和像方视场分别与显微镜的物方视场和入射光瞳精准对应，形成了完美的"视场对瞳、瞳对视场"的光场布局。

　　采用柯勒照明技术所形成的显微镜像，不仅展现了出色的单色光照明效果，还显著克服了散射光的干扰。尽管从理论上看，其分辨力并不超越临界照明，但凭借其鲜明的对比度，能够清晰地观察到高质量的图像。柯勒照明的另一显著优势在于其能够适配具有密集灯丝和高亮度的低压小灯泡，这一特性使其在内组照明中表现出色。多年来，在各类显微镜中这种照明方法都得到了广泛的应用，已经成为了研究显微镜和摄影显微镜照明系统中灯室内的常见选择。

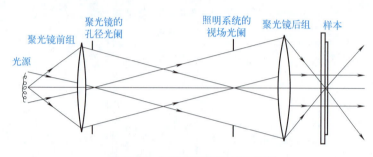

▷ 图 9-21　柯勒照明光学系统原理图

　　这两种照明系统中的集光器都需要一种向着光轴的调中装置。所有采用柯勒照明的显微镜通常会在集光器边缘设置两个调中螺旋作为这种校准装置。集光器的中心与显微镜的光轴可以通过调节这两个螺旋实现精准地对齐。其实只要光源能够充分照亮物镜，临界照明系统中集光器的调中并不是非常关键。

　　④ 反射照明。反射照明主要应用于不透明物体的观察。在此照明方式中，物镜同时承担聚光镜的角色，通过在物镜上方巧妙地设置小棱镜或半透半反镜来实现分光效果，原理图如图 9-22 所示。反射式照明同样有反射式临界照明（图 9-23）和反射式柯勒照明（图 9-24）。

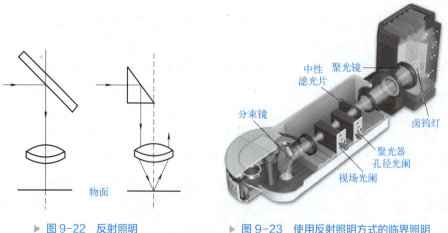

▷ 图 9-22　反射照明　　　　▷ 图 9-23　使用反射照明方式的临界照明

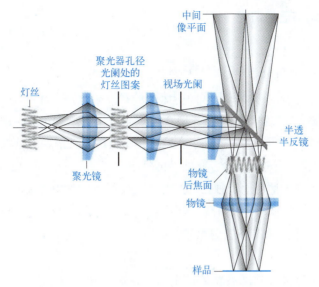

▶ 图 9-24　使用反射照明方式的柯勒照明

2）暗视场照明

暗视场照明包括透射 [图 9-25（a）] 和反射 [图 9-25（b）] 两类。在透射暗视场照明中，为了防止照明光束直接进入显微物镜，我们通常采取遮挡聚光镜中部孔径的方法。聚光镜的数值孔径与物镜的数值孔径保持一定的正比关系，为了校正球差，我们结合球面与旋转心形曲面或旋转抛物面进行设计，从而确保数值孔径能够超过 0.8。而相较于透射照明，暗视场反射照明中的聚光镜是独立于物镜的，光束从物镜四周进入，这种照明方式既可以采用心形曲面、抛物面等反射镜，也可以选择折射透镜来实现。

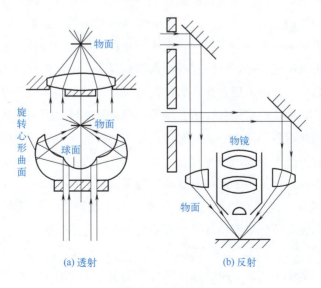

(a) 透射　　　　　　　　　　　　(b) 反射

▶ 图 9-25　暗视场照明

（3）透射照明与落射照明

1）透射照明

透射式照明法可被细分为中心照明和斜射照明两大类。

① 中心照明：中心照明是透射式照明法中最普遍的一种方法。其代表特征在于照明光束的中轴与显微镜的光轴必须保证在同在一条直线上。进一步地，中心照明又可以细化为"临界照明"和"柯勒照明"两种子类型。鉴于这两种照明方式在之前的分类中已经进行了详细的阐述，为避免冗余，此处不再赘述。

② 斜射照明：斜射照明因其独特的照射角度而得名，其中光束的中轴并非与显微镜的光轴重合，而是与之形成一定角度，以斜向方式照射在待观察的物体上。斜射照明的典型应用就是相衬显微术和暗视野显微术。

2）落射照明

落射照明的光束来自被观察物体的上方，这些光束在穿透物镜后，被反射至待检测的物体上。值得注意的是，在落射照明的过程中，物镜不仅起到观察的作用，还兼任了聚光镜的功能。这种方法尤其适用于非透明物体的检测，例如金属和矿物等。其中，由环形透镜所构建的暗视场照明系统，正是落射照明中暗视场照明的一种具体实现。

经过以上介绍可知，暗视场照明实际上涵盖了透射照明和反射照明两种类型。暗视场落射照明系统被广泛应用于特定类型的显微镜，如金相显微镜。该系统通常配备由1至3片环形透镜组成的暗视场聚光镜，这些透镜与低、中倍显微物镜协同工作，其主要功能是通过折射使照明光会聚并照亮观察物体的表面。当与高倍显微物镜（具有较短的工作距离）配合使用时，暗视场聚光镜通常是一个折反射系统，该系统由1至2片环形透镜和一个前端抛光的金属反射面组成。在暗视场落射照明系统中，尽管照明光束并不直接通过物镜，但聚光镜与物镜是彼此独立的，并且它们的轴线并不重合，这样的设计使得系统的衬度表现出色。尽管该系统的结构相对复杂，但其独特的优势使其在某些应用领域中仍然得到了广泛的采用。在环形透镜暗视场落射照明系统的设计过程中，首先通过外形尺寸的计算初步确定结构，随后借助光学设计软件进行精细化优化。然而，设计结果与实际的焦面位置和像大小之间的偏差往往会在传统的设计流程下增大。这种偏差的纠正通常依赖于经验和烦琐的工程化实验，不仅耗费大量材料，而且效率低下。根据光学成像的基本原理，照明光束在通过环形透镜后形成环状光束，并以较大的倾斜角度会聚至物面，确保焦面精准地落在标本表面。为了改进这一传统设计，图9-26所示的落射照明系统在传统环形暗视场落射照明的基础上进行了优化，以更准确地满足照明需求。

由于被观测物是不透明的，所以选用了落射照明方式。为了减少对被照面热量的影响，此系统还采用了能通过光导纤维束传输的冷光源，其产生的热射线较少。一束平行光从分支光纤集光镜 4（位于光纤出射光焦面）射出，经环形聚光镜 3 聚焦于其焦面上，进而照亮物面 1。物面 1 的散射光随后通过物镜 2 形成图像。该系统为临界照明类型，其独特之处在于照明光束并不直接穿透物镜，然而落射内照明光路与成像主光路在同一轴线上。这种设计使得平行光程在照明系统与显微物镜主光路的配合及结构设计中发挥了显著优势，极大地方便了系统的整体布局。该系统不仅有效丰富了物镜视场的信息内容，还显著提升了图像的清晰度和分辨率，实现了令人满意的综合观测效果。因此，该系统特别适用于对较深部位的微循环进行精细观测。

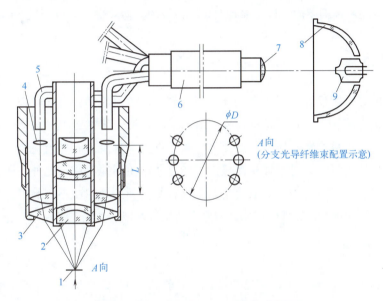

▶ 图 9-26　光纤落射内照明系统光路原理图

1—物面；2—物镜；3—环形聚光镜；4—分支光纤集光镜；5—分支光导纤维束；6—光导纤维束；
7—光导纤维束聚光镜；8—深椭圆冷反光镜；9—卤钨灯泡

　　经过光学设计优化后，将这些参数输入照明设计软件中，用以计算环形透镜暗视场落射照明系统的焦距值和照明光斑直径。然而，这两个参数必须满足以下两个关键条件：首先，物镜的工作距离必须与环形聚光镜的焦距相匹配；其次，照面光斑应适应物镜的视场，通常应稍大于物镜物方视场。如果不能满足上述条件，那么需将相关光学参数返回至光学设计软件中进行调整，并将调整后的数据再次输入照明设计软件中进行计算。通过多次这样的互动迭代过程，我们可以获得更为理想的环形聚光镜设计结果。实践表明，依据上述理论计算参数制作的环形聚光镜系统通常能满足使用要求。然而，由于焦移量计算精度和零件制造精度等因素的影响，为了避免理论计算的光强最大点与物镜工作距离之间出现偏差，在机械设计时还需考虑照明系统在光轴方向上的调节量。具体而言，设计环形聚光镜与照明本体之间采用细牙螺纹连接，以便在实际应用中可以微调两者的重合度，确保系统的最佳性能。

9.3 显微镜的机械结构

光学显微镜中还有一个必不可少的组成部分就是其机械结构，它不仅负责固定和保护光学系统，更承担着关键的调节功能。显微镜的机械系统涵盖镜台、镜筒、物镜转换器、载物台以及粗调和细调系统等核心组件。这些机械部件不仅确保了光学系统的稳定性，还通过精细的调节机制，确保了成像的清晰度和准确性。没有一个完善且精确的机械系统，任何先进的光学系统都将难以发挥其应有的效能。鉴于镜台的基本构造和类型已在先前的论述中详细阐明，以下将针对机械系统的其他关键部分逐一进行阐述。

9.3.1 镜筒

在旧式的显微镜设计中，镜筒是连接物镜与目镜的关键部分，它具备一个精确定义的长度，即机械筒长，该长度是从物镜的肩部量至目镜上缘的距离。然而，在现代的显微镜设计中，不再将物镜转换器、镜台与镜筒进行固定连接，而是允许物镜转换器和镜筒进行更换，这种设计的灵活性使得显微镜能够非常便利地使用。此外，在镜台上能够实现各种不同类型镜筒的360°旋转，为了能够在长时间的使用中不被磨损破坏且能实现便捷的调节，在二者的连接部位中安装了坚固的铬合金圈。镜筒主要包括以下几种类型。

（1）单目镜筒

如图 9-27（a）所示，单目镜筒的设计是向前倾斜45°，且仅配备一个目镜。它主要出现在教学显微镜中用于简单的观察，并在荧光显微镜下观测极为暗淡的像时较为常见。然而，由于其只允许单眼观察，长时间使用可能导致眼睛疲劳，因此在使用上存在很大的不便。

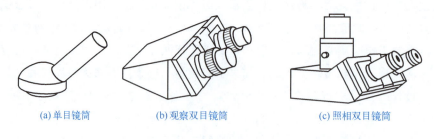

(a) 单目镜筒   (b) 观察双目镜筒   (c) 照相双目镜筒

▶ 图 9-27　镜筒的类型

（2）观察双目镜筒

这种镜筒有两个目镜，向前倾斜30°，光线会通过内置的棱镜系统均匀地进入两个目镜中。这两个目镜之间的中心距离可以自由调节（在 55 ~ 75mm 的范围内），以适应不同观察者的不同瞳孔间距。两个目镜筒会相应补偿在中心距离调节过程所引发的镜筒长度变化，因此，目镜筒上的刻度（55 ～ 75mm）也需要匹配对应的瞳孔间距，如图 9-29（b）所示。由于双目镜筒允许观察者同时使用双眼进行观察，因此提供了更为优越和舒适的观察体验，但仅限于观察用途。

（3）照相双目镜筒

这种镜筒包括一个目镜对（向前倾斜 30°）和一个垂直的照相镜筒。照相镜筒兼容多种类型的显微照相机，如图 9-29（c）所示。它采用分光技术，将少部分光线（通常为 20% ～ 30%）导入目镜供观察使用，而将大部分光线（通常为 80% ～ 70%）送入照相镜筒以进行拍摄。当需要仅进行观察时，通过一个拉杆操作，可将分光棱镜移出光路，使全部光线进入目镜。在某些高级显微镜中，还可以选择将所有光线完全导向照相镜筒，以充分利用在显微照相中可能较为微弱的光线（如荧光显微照相）。此外，这种双目镜筒还具备自动化的镜长补偿机制。在瞳孔间距 55 ～ 75mm 的范围内调节时，该机制能够自动调整镜筒长度，确保在目镜中观察到的清晰图像也能在照相机上获得同样清晰的成像。

9.3.2　物镜转换器

如图 9-28 所示，物镜转换器是用于安装并更换物镜的装置。物镜转换器根据不同的定位方式可以分为外定位式和内定位式两种。尽管是不同的定位方式，但两者均基于相似的基本结构，即由两个凸面金属圆盘组成。上方的圆盘固定于镜筒下端，被称为固定盘，而下方的圆盘则是可围绕中心的大头螺钉自由旋转的转动盘。转动盘的对称螺口就是安装物镜的。外定位式的转换器在外面安装定位弹簧，而内定位式的转换器则在固定盘里面安装定位弹簧片。旋转转动盘可以使得所需物镜进入光路中，使用不同的物镜需要旋转到特定位置，旋转到位的标志是听到"咔嗒"的声响，表示定位弹簧片上的凸棱落入定位槽中。旋转转动盘到不同位置，可将不同的物镜依次调在显微镜的光轴位置上。在使用中，需要按照排列顺序把物镜安装在物镜转换器上。通常的安装顺序是按照逆时针方向从油浸物镜到高倍再到低倍，避免反方向或无序安装。这样的排列方式有助于提升使用的便捷性，同时降低压破盖玻片或撞坏物镜的风险。

9.3.3　载物台

载物台作为显微镜中用于承载和稳固待观察标本的平台，其能够在与光轴垂直的方向进行高精度的移动和调整。在现代化显微镜的设计中，依赖粗调和细调旋钮实现对物像的聚焦，这些旋钮垂直地控制载物台的运动，而镜筒则保持静态，维持其固定位置。另外，为了稳固集光器，载物台的底部通常配备有楔形轨道或滑动槽。对于不同型号的显微镜，载物台的设计也有所差异：在中、小型显微镜中，载物台往往是固定的；而在大型显微镜中，载物台则可进行更换。在显微镜的实际应用中，常见的载物台类型包括以下几种。

▶ 图 9-28　显微镜的物镜转换器

（1）长方形载物台

作为最基础且简易的载物台设计（如图 9-29 所示），它利用样品夹来稳固标本，并通过手动操作进行移动和微调。此类载物台常见于简易教学显微镜中，满足基本的观察需求。

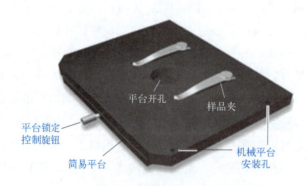

平台开孔　样品夹

平台锁定
控制旋钮

简易平台

机械平台
安装孔

▶ 图 9-29　长方形载物台

还有一种具备移动功能的长方形大型载物台，其标准尺寸常设定为 200mm×100mm，台上配备有机械移动器，允许标本在水平位置上进行前后和左右的自由移动。通过两个调节旋钮，用户可以轻松地在两个方向上调整标本位置。载物台的两对垂直边缘上刻有精细的刻度（单位：mm），并配备有游标尺以精确读取至 1/10mm（如图 9-30 所示）。此类载物台不仅精确锁定观察标本的特定结构，便于后续观察或拍照时快速定位，而且还能够用于在聚焦平面上对显微镜标本进行较大距离的精确测量。

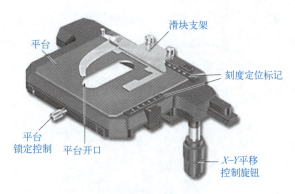

▶ 图 9-30　机械载物台

（2）圆形载物台

此类载物台采用圆形设计，使用样品夹将标本稳妥地固定在台面上。在观察过程中，用户可以手动调整标本位置。对于功能更为复杂的圆盘式载物台，其上配备了两个操控螺旋杆，通过这两个螺旋杆，用户可以按需移动和调整标本位置。此外，该类型载物台还支持安装机械移动器，以进一步提升标本的移动精度，并可用于记录标本的精确位置（如图 9-31 所示）。

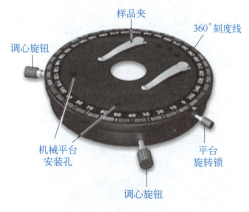

▶ 图 9-31　圆形载物台

9.3.4　粗调和细调系统

在现代显微镜中，像的聚焦是通过调整载物台在垂直方向上的位置来实现的，而镜台和镜筒则保持固定的位置。这种设计不仅使得聚焦过程变得方便灵活，而且当镜筒上安装较重的附件（如照相机、投影屏、光度计等）时，也不会对聚焦效果产生干扰。载物台的垂直移动是通过一套精密的机械系统来实现的，该系统包括粗调和细调两种模式，具体构造则根据镜台的类型而有所不同。

在小型镜台上，常采用一种具备粗调和细调功能的复合调节旋钮（如图 9-32 所示）。当此旋钮反向旋转时，即进入细调模式，通常旋转约半圈即可达到细调的极限；而继续正向旋转时，旋钮则切换至粗调模式。这种复合调节旋钮特别适用于教学显微镜，其操作简便，且即使在高放大倍数下，也能确保精确的聚焦效果。

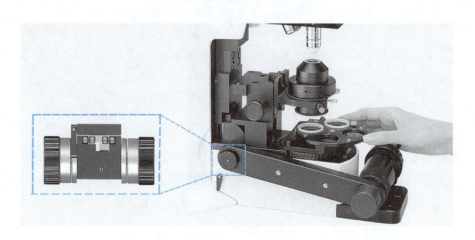

▶ 图 9-32　使用单一调节旋钮的显微镜

在中型和大型显微镜中，粗调和细调功能是通过两个同轴但独立调节的旋钮来实现的。如图 9-33 所示，较大的旋钮负责粗调，而较小的旋钮则用于细调。特别值得注意的是，细调旋钮上刻有精细的刻度，通常包含 100 个刻度，每个刻度对应载物台在垂直方向上大约 1μm 的微调距离。这种设计使得同轴旋钮不仅便于用户进行聚焦调节，还能用于测量标本结构的深度，甚至精确测定盖玻片的厚度。

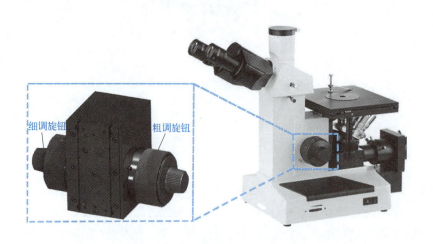

细调旋钮　　　　粗调旋钮

▶ 图 9-33　使用独立同轴旋钮的显微镜

9.4　显微镜的调节和使用

9.4.1　显微镜的工作环境

为了有效地使用和维护显微镜，需要对显微镜的工作环境提出以下几项要求：

① 工作间最好是朝北的房间，避免直射的阳光，保持不太亮的环境。

② 显微镜应远离具有腐蚀性的挥发气体，尽量分开实验室放置。如果不可避免要使用冰醋酸等具有腐蚀性的试剂，应配备通风设备。

③ 工作间应具备良好的防尘措施并保持清洁。显微镜使用后应加盖防尘罩，以防灰尘污染镜台和透镜，影响显微镜的机械功能和成像质量。

④ 要保持工作间的室温稳定，避免温度大幅波动。显微镜应放置在固定位置，减少频繁搬动。若显微镜从高温环境移至低温环境，需待透镜上凝结的水蒸发后才可使用。

⑤ 放置显微镜的工作台应该足够宽敞且坚固稳定，显微镜以及常用仪器附件应该放置在该台面上。工作台的标准高度通常为 $82 \sim 83$ cm，椅子应该可升降且便于活动（升降范围为 $50 \sim 70$ cm），以确保观察者可根据自身身高调整至最舒适的坐姿，略微前倾时眼睛能恰好对准显微镜目镜。

9.4.2　用于显微镜观察的标本

为了在显微镜下获得清晰的图像，显微镜观察的标本需经历特定的准备步骤。在入射照明和透射照明条件下，对标本的光学要求存在显著差异。具体而言，入射照明下，图像的形成依赖于标本反射的光线；而透射照明时，图像则是由透射光形成的。值得注意的是，在透射照明环境中，反射光对图像的形成并无帮助，反而可能降低图像的清晰度。

对于使用入射光观察的标本，其准备工作相对简单，主要包括清洁标本表面和切割成适宜大小的小块。然而，对于利用透射光观察的标本，情况则更为复杂。为了在显微镜下清晰可见，这些标本必须呈现出由于光吸收差异而产生的显著反差。生物显微技术也就应运而生，其本质就是通过一系列烦琐的处理对标本进行精心地制备。

用于透射光显微镜下的标本在光学方面应该满足以下几点关键要求：

① 标本需要具有适当的厚度。这一厚度需与光学系统相匹配，以确保实现尽可能高的分辨力，并与系统的场深相协调；

② 标本必须拥有足够的透明度，以确保光线能够顺利穿透，形成清晰的图像；

③ 标本应能基于其内部的吸收差异形成足够的反差。

实际上，所有的生物学材料都可以通过一系列精细的步骤，如石蜡包埋、切片（或涂片）、贴附、溶蜡和透明处理，来制备成在厚度和透明度上均满足要求的显微镜标本。随后，经过适当的染色程序，这些标本能够获得足够程度的反差，从而满足观察和研究的需要。

在透射式光学显微镜中，生物学和医学组织切片的常规厚度通常为 3 ～ 7μm。对于这一厚度范围，低倍物镜（如 10×）在观察时，其场深足以覆盖整个切片厚度；然而，当切换到高倍物镜（如 100×）时，场深仅覆盖切片厚度的很小一部分，要获得切片的整体图像可以通过调整焦距，也就是细致地上下移动来实现。因此，低放大倍数和高放大倍数观察之间的理想平衡点就是 5 ～ 7μm 厚的常规切片，既考虑了场深，也考虑了分辨力。此外，这种折中的厚度也在实际工作中满足了多种需求。首先，并非所有情况下物体的细微结构都是首要关注点；其次，生物标本的立体关系在过薄的切片（如 1 ～ 2μm）中会很难展现；相反，当使用 8 ～ 10μm 或更厚的切片时，除了可能导致的分辨力下降外，还会引起生物标本不同层次的相互重叠，影响观察效果。

经过固定、包埋、切片、溶蜡、透明等处理之后，动植物材料标本就已经具备足够的薄度和透明度了，但是仍存在反差很小的问题，这种反差主要来自于折射和衍射。显然，这种标本在反差上远远达不到要求。实际中可以通过在标本上覆盖"吸收物质"来降低折射效果，通过吸收差异来显著增强反差，进而改善这一现象。此外，可以将标本封藏在加拿大树胶或其他人工合成的封藏介质中，来减小标本与周围区域之间的折射。挥发或聚合变硬后，这些封藏介质的折射率将接近被固定或被脱水的动植物组织的主要成分折射率，通常在 1.51 ～ 1.54。采用此方法不仅能增强反差，还有助于消除盖玻片下方可能产生的反射闪光，从而进一步提升观察效果。

经过一个多世纪的实践验证，显著提升显微镜标本反差效果的有效方法就是染色技术。未经过染色的生物标本通常呈现出较低的反差，当它们被放置在折射率与生物标本相近的介质中时，这种现象将更严重。而染色技术通过染料的选择性分布，显著增强了标本在显微镜下的反差。这种差异在染色与未染色标本之间尤为明显。生物切片经常粘贴在具有 26mm×76mm 标准尺寸和 1.1 ～ 1.3mm 厚度的载玻片上，这些载玻片的两面需要保持平行。尽管在一般情况下，载玻片的厚度要求并非十分严格，但当其厚度超过某些高级校正集光器的自由工作距离时，载玻片的厚度就变得尤为重要。这是因为，它直接影响光源的聚焦效果以及在物平面上形成视场光阑的像。在这种情况下，选择厚度为 0.9 ～ 1.0mm 的载玻片会更为适宜。

9.4.3　显微镜的调节

在利用显微镜对标本进行观察之前，为确保观察效果，需对显微镜进行一系列的调节与预备步骤。这些关键的调节环节涵盖了对照明器、镜筒、视场光阑以及集光器的细致调节。

（1）照明器的调节

首先，确保显微镜的电源已经接通；接着调节调压变压器，确保工作电压在灯泡标定的电压范围内；随后进行灯丝居中调节，具体为将一个带有同心圆环刻度的场玻璃圆盘放在视场光阑处，通过调节灯聚光器使灯丝的像和灯丝的反射像聚焦在场玻璃圆盘上；最后进行精细调节，通过调节灯室上的螺旋和反光镜调节螺旋，确保灯丝的像及其反射像准确位于圆盘中央，且两者并排相对。当此状态达成时，照明器便达到了最佳的均匀照明效果。

（2）镜筒的调节

首先需要载有标本的玻片放到显微镜的载物台上，并用压片夹固定好；接下来使用一个中等放大倍数的物镜来观察。这个物镜的放大倍数通常不是最高的，但也不是最低的；随后将集光器（也就是光源的调节部分）调到最高位置，同时打开孔径光阑和视场光阑，让光线能够充分进入；然后根据实际情况用推或拉的方式调节两个目镜之间的距离，使它们之间的距离与双眼瞳孔之间的距离相匹配。观察者可以一边看，一边调节，直到从两个目镜里看到的视野完全重合。此外如果观察者的视力存在缺陷，还可以通过调节目镜上的螺旋来校正。具体方法是：先用右眼通过左侧目镜观察标本，并使用细调旋钮进行聚焦。随后，用左眼通过同一目镜观察已聚焦的标本。若视力正常，则左眼所见的物像应保持清晰；若视力存在缺陷，则物像会变得模糊。此时，应旋转左侧目镜上的聚焦螺旋（注意，切勿转动细调旋钮）直至标本再次完全清晰。需要注意的是，在之后的观察过程中，尽量不要随意转动目镜聚焦螺旋，以免影响观察效果。

（3）集光器的调中和视场光阑的调节

这种调节是遵循柯勒照明原理的重要步骤，因此，这种调节方法常被称为柯勒照明法。在显微镜使用中，这一步骤非常重要。以下是具体的调节步骤：

① 关闭视场光阑，此时一个边缘模糊的圆形或多边形亮斑会出现在视场中；

② 旋转集光器垂直调节旋钮，逐渐降低集光器的位置，直至这个圆形或多边形亮斑（即视场光阑的像）的边缘变得完全清晰，如图 9-34（a）所示；

③ 调节集光器上的两个调中螺旋，确保视场光阑的像位于视场的中央位置，如图 9-34（b）所示；

④ 逐渐打开视场光阑，如图 9-34（c）所示，直至视场内恰好无法再观察到视场光阑像的边缘，如图 9-34（d）所示。

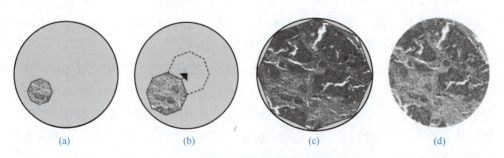

(a)　　　　　　　　(b)　　　　　　　　(c)　　　　　　　　(d)

▶ 图 9-34　集光器与视场光阑的调节

在此简要讨论一下视场光阑和孔径光阑的功能及其调节的依据。视场光阑的主要功能是调控照明区域的大小，它通过阻止对成像无贡献的光线进入标本，从而防止标本因过热而受损。为了确保被观察的物场得到充分的照明，视场光阑的大小应调整至恰好覆盖整个物场。当物镜的放大倍数发生变化时，由于物场的大小也随之改变，因此需要重新调整视场光阑的大小以适应新的观察条件。然而，这种调整并不需要再次对集光器进行调中操作。

孔径光阑作为显微镜的关键光学组件之一，对显微图像的分辨力和反差有着决定性的影响。其大小通常依据所使用的物镜孔径来设定，具体而言，当集光器的孔径略小于物镜孔径，即大约达到物镜孔径的70%时，能够获得最佳的光学成像效果。因此，在更换具有不同数值孔径的物镜时，需要及时调节集光器的孔径光阑，使其再次达到物镜数值孔径的70%。此外，值得注意的是，图像的亮度不能通过调整孔径光阑来控制，而应通过调节变压器或使用中密度滤光片来实现。

9.4.4 显微镜保护和光学部件的清洁

对于显微镜这样精密的光学仪器，镜台的保护和光学部件的清洁至关重要。良好的保护和清洁可以大大延长显微镜的使用寿命，并保持高水准的成像质量。如果不加以保护和清洁，则会使得显微镜非常容易出现部件损坏、工作效果退化等问题。

高质量的显微镜台通常不需要频繁的保养，更需要的是对工作齿轮等机械转动部分保持经常清洁。一般经过几年至十几年可能需要补充一些新的润滑剂。在选择润滑剂时，必须避免使用轻油，因为它可能导致载物台和集光器发生不希望的自然滑动现象。

灰尘微粒是降低显微镜工作效果的重要因素之一，它不仅容易附着在镜台及其机械运动部件上，而且极易积聚在透镜和其他光学元件的玻璃表面上。为了尽可能避免灰尘，显微镜应被妥善放在盒子里或镜罩内。此外镜台应该时刻清洁，若有液体，尤其是加拿大树胶等黏性物质溅落在载物台上，应立即清除，以防其固化成难以去除的斑痕。清洁镜台时，应使用干布擦拭，特定情况下需要借助蘸有汽油、液体石蜡或无酸凡士林的布清理那些顽固斑痕，但是要避免酒精的使用。

对于光学表面（特别是针对物镜）的清洁，需要注意以下几条规则。需特别强调的是，那些涂有抗反射膜的光学部件，其外表面通常坚硬耐磨，然而，这些部件的内表面膜则相对脆弱，极易受损，因此在清洁过程中应格外小心。

① 在清洁光学表面上的灰尘时，建议优先使用干燥且柔软的毛刷进行去除。将毛刷轻微加热（例如在灯前稍微烤热），其清洁效果可能会更佳。此外，虽然使用擦镜纸进行擦拭也是一种选择，但务必避免用手指直接接触光学表面。虽然湿润且滑腻的皮肤看似可以轻易去除灰尘，但这样的做法会在透镜表面留下汗迹和指纹，这不仅会严重损害成像质量，还可能导致图像变得暗淡，从而降低图像的反差。

② 在清洁光学表面上的指纹、汗迹和其他污点时，建议使用柔软的干布或蘸有二甲苯、汽油的专用擦镜纸，在操作过程中应避免让二甲苯直接湿润透镜，更不可将透镜直接浸入二甲苯中。此外，在某些情况下可以用蒸馏水擦洗透镜，但必须强调，在任何情况下，都不可使用混有甲醇的酒精或丙酮来擦洗透镜，因为这可能导致表面损伤。为了有效防止皮肤上的汗水和油脂污染光学表面，建议在擦拭时，于手指上缠绕擦镜纸或软布块进行操作。

③ 由于用擦镜纸或布很难全面擦拭边缘突出的镜头或凹面前透镜，可尝试将棉球缠绕在火柴棍上，蘸取二甲苯进行细致擦拭。此外，现今还有一种创新的清洁方法，即利用泡沫塑料的新切割面，将其按压在透镜表面并轻轻转动，这种方法能有效去除污迹和灰尘。由于泡沫塑料由液体物质制成，其新切割面通常不含有害透镜的固体微粒。但请注意，使用泡沫塑料清洁后，务必确保透镜表面无二甲苯残留，以免溶解塑料。

④ 油浸物镜在使用后应立即进行清洁，即使是非树脂性浸油，长时间接触也会对透镜产生负面影响。清洁时，首先使用干擦镜纸或泡沫塑料进行初步擦拭，随后再用蘸有二甲苯的擦镜纸或柔软布进行深度清洁。

⑤ 把物镜拆卸开来进行清洁在任何情况下都是要杜绝的，首先物镜筒是作为一个整体制造的，而且它的内表面膜很软，容易受损。若物镜内部确实受到污染或损伤，应交由专业工厂进行特殊处理或维修。

现代显微镜中的镜筒是一个严密的封闭体系，灰尘和污物正常情况下是不会聚积在物镜后的透镜上的。因此，建议将物镜和目镜长期安装在显微镜上，避免频繁拆卸。当物镜转换器上空置时，应旋入帽盖以保护。显然，因某些原因而取下目镜是不利的，因为任何进入镜筒的灰尘都可能积聚在物镜后透镜上或双目镜筒的分光棱镜表面，并且清除难度很大。

位于目镜透镜上的灰尘或污迹对成像质量有显著影响，通过观察目镜或目镜前透镜的转动，可以轻易发现这些附着物，因为它们会随着目镜的转动而移动。除了物镜和目镜，光源、反光镜、集光器、滤光片和盖玻片等部件的光学表面也可能附着污物。然而，集光器或反光镜上的灰尘通常对成像质量的影响较小。

9.5　常见显微镜机械故障排除

9.5.1　粗调故障

自动下滑或升降时松紧不一致是粗调故障的主要表现形式。在无人操作的情况下，如镜筒、镜臂、载物台等部件在某一位置静止时，由于它们自身的重量，导致出现缓慢下滑的现象就是自动下滑。这主要是因为这些部件的重力超过了与它们接触的部件之间产生的静摩擦力。为了解决这一问题，通常采取的措施是增大静摩擦力，确保其值超过镜筒、镜臂等部件的重力，从而防止它们自动下滑。

此外，对于斜筒及大部分显微镜的粗调机构来说，如果镜臂出现了自动下滑的问题，可以先尝试将双手分别置于粗调手轮内侧的止滑轮上，并同时以顺时针方向旋紧，从而有效防止其下滑。若采取此方法后问题依旧存在，建议寻求专业维修人员的帮助进行修理。

当镜筒出现自动下滑的现象时，人们往往会错误地认为是齿轮与齿条的配合过于松弛所致。因此，许多人会选择在齿条下方增加垫片来尝试解决问题。然而，这种做法虽然能暂时止住镜筒的下滑，但长此以往，会导致齿轮与齿条之间的咬合状态异常。这种异常的咬合状态会在使用过程中引发齿轮和齿条的变形，尤其是在垫片铺设不均匀的情况下，齿条的变形会更为显著，导致部分区域咬合过紧，而另一部分则过于松弛。鉴于以上分析，不建议采用在齿条下加垫片的方法来应对镜筒的自动下滑问题。

同时，粗调机构若长期缺乏维护，润滑油可能会因干枯而导致在升降操作时给使用者带来不适感，甚至可能伴随机件间的摩擦声。针对此情况，建议将机械装置拆卸下来进行彻底清洗，并在适当部位重新涂抹油脂，以确保润滑效果，随后再进行重新装配。

9.5.2　微调故障

微调部分是显微镜中最为精细且复杂的组件之一，常因机械零件的细小和紧凑特性而面临卡死与失效等常见故障。由于这些故障涉及到复杂的机械结构和精密的调试，通常建议由具备专业技术的维修人员进行处理，而非自行拆卸修理，以确保维修的准确性和仪器的安全性。

物镜转换器中最容易故障的部件就是定位弹簧片，可能会出现损坏、形变、断裂、弹性丧失或固定螺钉的松动等一系列问题，导致定位装置的功能丧失。在进行新弹簧片的更换时，应避免立即旋紧固定螺钉，而是应先进行光轴校正，待光轴校准后再将螺钉旋紧。此外，对于内定位式的转换器，需先旋下转盘中央的大头螺钉，随后拆卸转动盘，以便进行定位弹簧片的更换。这样的操作流程能够确保维修的准确性和仪器的稳定性。

9.5.3　光学故障

在显微镜使用过程中常见的光学故障有以下几种，其可能的产生原因以及应对措施也进行了总结。

1）半明半暗的、尽是污点的像；该现象出现的原因可能有：

① 目镜上的灰尘或污迹；

② 物镜上的灰尘或污迹；

③ 盖片上的污点；

④ 照明装置表面上的污点。

可通过清洁相应的部位排除故障。

2）如果污点在像上可以聚焦清楚，但是在上下移动集光器时会发生变化甚至消失，说明灰尘接近光源，或在照明器前的场玻璃上，或在靠近柯勒照明器的滤光片上。可以通过清洁这些可能被污染的部位排除故障。当如果灰尘所在的表面难以直接触及，可以尝试微调集光器的聚焦，以稍微改变光路，从而间接清洁或避开灰尘的影响。

3）如果成像模糊，无论如何都不能聚焦清楚，那么该现象出现的原因可能有：

① 浸润发生错误（油、空气浸润混用，油中有气泡）；

② 物镜前透镜上存在污迹；

③ 盖玻片或封藏介质层太厚；

④ 当使用高倍物镜时，在盖玻片上留有不规则分布的油；

⑤ 载玻片倒放在载物台上（只有用高倍物镜时会出现）。

以上原因的对应解决方案为：

① 使用正确的浸润；

② 清洁物镜前透镜；

③ 使用具有校正环的物镜或更好的浸润物镜；

④ 用干布或擦镜纸轻擦，防止用二甲苯，因为它能侵蚀或溶解封藏介质；

⑤ 把载玻片倒过来，并确保标签不要贴错。

4）物场部分地被照明；该现象出现的原因可能有：

① 滤光片位置不正，光路中只出现了一部分；

② 物镜没有嵌入正确位置；

③ 集光器（或前透镜）不在光轴。

以上原因的对应解决方案为：

① 把滤光片全部放入光路；

② 把物镜嵌入正确位置；

③ 放入光轴并调中。

5）物场照明不均匀；该现象出现的原因可能有：

① 反光镜没有处于正确位置；

② 聚光镜没有调中；

③ 光源不均匀。

以上原因的对应解决方案为：

① 调节反光镜位置；

② 调中聚光镜；

③ 轻轻地上下移动集光器，在光源前使用场玻璃。

6）通过物场的雾状漂移，在此之后像脱聚焦（油镜）；该现象出现的原因可能有：

① 在浸油中有气泡；

② 使用干系物镜时粘有浸油。

以上原因的对应解决方案为：

① 擦去浸油并重新滴上新的浸油；

② 仔细地清洁物镜。

7）在像上出现轮廓清晰的亮点；该现象出现的原因可能有：

① 在显微镜内部的横向反射（往往是镰刀形或环形）；

② 在镜筒中的纵向反射，产生更圆的光点。

以上原因的对应解决方案为：

① 试换另一个目镜，使用正确的柯勒照明；

② 使用具有抗反射膜的透镜，改变物镜和目镜组合。

8）在观察过程中，若遇到不清晰的亮点，这可能是由于有气泡存在于透镜表面、载玻片的上下表面或集光器浸油中导致的。当无法确切判断污点的位置时，我们可以采取一种策略，即适当增大集光器的孔径光阑，以减轻这种影响。

第 10 章

3D 显示技术

10.1 3D 显示技术概述

传统二维（2D）显示设备虽尝试通过平面还原真实三维（3D）世界，但受限于深度信息的缺失，难以为观看者提供对客观世界的完整感知。3D 显示可以呈现虚拟的现实空间。相较于 2D 显示，3D 显示技术则能展现更为丰富的信息，带给人们强烈的视觉震撼和身临其境的感受。3D 显示技术通过光学等先进技术模拟人眼的立体视觉或真实再现空间中的三维光场，成功实现了具有深度感的立体显示效果。3D 显示与摄影技术、显示技术同时出现，经历了一个漫长的发展过程，3D 显示技术的发展就是要呈现更自然的 3D 显示效果。

在 3D 显示技术的发展过程中，起初聚焦于基础 3D 显示技术的深入开发。随后，眼镜式 3D 显示技术因其能够呈现高分辨率影像的优势，在电影和大尺寸电视领域实现了产业化。然而，随着显示屏像素精细化程度的持续提升，无需佩戴眼镜的自由立体显示技术预计将在未来得到广泛应用，为观众带来更为便捷的 3D 视觉体验。

图 10-1 为 3D 显示发展路线图，可以看到，3D 显示的研究早在 19 世纪就开始了。左右眼的视觉差异在 3D 显示中的作用率先被 Wheatstone 提出，他阐述了双眼视差将会导致视网膜像的不对应，这一差异通过神经系统的综合处理，最终促成立体视觉的形成。他也首次提出了利用立体镜来实现 3D 显示的方法，并据此发明了世界上首个立体眼镜。此外，他还基于双目视差原理，绘制了第一对视差图像。进入 20 世纪，红绿互补色的 3D 图像技术在 1900 年被 Ives 发明，并在 1902 年申请了一项具有里程碑意义的专利，该专利涵盖了视差立体图像及其制作过程，其中，Ives 首次利用狭缝光栅创造出无需任何辅助设备即可直接裸眼观看的立体图像，这种技术被称为自由立体图像。到了 1908 年，集成摄影术也就是现在的集成成像由 Lippmann 提出。1911 年，Sokolov 利用针孔阵列代替微透镜阵列实现了集成成像技术。1915 年，Porter 发明了立体电影放映机，第一部 3D 电

影诞生，这部电影的播放利用了两种颜色的滤色眼镜片，采用的是红绿互补色技术，每种眼镜片对有视差的图像内容滤色后分别进入一只眼，形成 3D 显示效果，使得立体电影开始能够在电影院进行放映。1928 年 8 月 10 日，John Logie Baird 在伦敦首次展示了立体电视，他开创了使用阴极射线管技术的 3D 电视系统。1948 年，Gabor 首次提出了全息术的概念，这一创新立即引起了科研界的广泛关注，被视为 3D 显示领域的一大突破和潜在的重要发展方向。紧接着，1960 年激光的发明为全息术的研究提供了理想的相干光源，极大地推动了全息术的发展步伐。到了 1970 年，Benton 设计出了一款具备电视特性的全彩色 3D 显示系统，这一系统因能支持多个观看者同时观看而被称为多视点自由立体显示器，进一步拓宽了全息术在 3D 显示领域的应用前景。1985 年，基于液晶开关的主动快门式 3D 显示技术开始走向应用。自 20 世纪 90 年代起，电子技术和显示技术的进步推动了 3D 显示行业的蓬勃发展。在此期间，狭缝光栅和柱透镜式自由立体显示技术取得了显著进展，这些技术革新不仅改变了人们感知世界的方式，也激发了全球范围内公司和研究机构对 3D 显示器研究的热情。随着技术的日益成熟，3D 电视、3D 相机、3D 电影等产品纷纷涌现，3D 频道也陆续开通，各类 3D 节目层出不穷，预示着 3D 显示产业拥有广阔的发展前景和巨大的市场潜力。

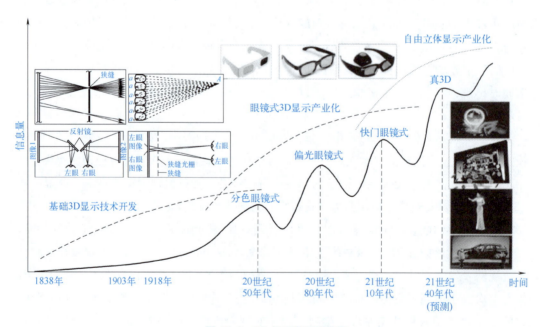

▶ 图 10-1 3D 显示发展路线图

如前文所述，3D 显示技术的核心原理在于利用人类双眼位置的差异所引发的视觉差异。通过使左右眼分别捕捉到略有差异的图像，随后这些图像在大脑中进行融合处理，从而营造出立体深度感，使得观看者能够体验到逼真的三维视觉效果。为使人的左右眼分别接收不同的视差画面，可将光学处理元件佩戴在头部，这种称为辅助 3D 显示技术。

辅助 3D 显示技术只能提供一个左眼视差图像和一个右眼视差图像，是典型的双目立体显示技术。如果光学处理元件直接和显示屏集成在一起，观看者不需要佩戴任何辅助元件，则称为无辅助 3D 显示技术。自由立体显示技术是典型的无辅助 3D 显示技术。

人的左右眼分别接收到不同的视差画面后，如果大脑感知到立体效果的深度线索是双目视差，则称为双目视差式 3D 显示技术，也叫立体显示技术。只有双目视差深度线索的 3D 显示技术容易让人产生视疲劳。如果在双目视差深度线索的基础上加上单目聚焦功能，这样的 3D 显示技术就可以改善视疲劳，简称为单目聚焦式 3D 显示技术。此外，给单只眼睛提供辐辏深度线索，而没有双目视差深度线索的单目 3D 显示技术，不属于立体显示技术的范畴。

如图 10-2 所示，当前的 3D 显示技术可以分为两类，一类依赖于辅助设备观看，如 3D 眼镜和 3D 头盔，另一类则可以无辅助工具裸眼直接观看，接下来将对这两类进行介绍。

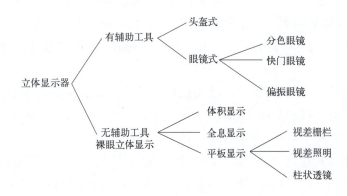

▶ 图 10-2　3D 显示技术分类示意图

依赖辅助工具进行观看的立体显示技术中，使用者需要佩戴特定的眼镜，以使得双眼能够分别接收到具有立体视差的两幅图像。根据不同的立体眼镜原理，这类立体显示技术被细分为光分法、色分法、时分法以及头盔显示技术。其中，常用的辅助设备包括偏振眼镜、分色眼镜、LCD 快门眼镜以及头盔显示器（HMD）。

其中 HMD 作为沉浸式虚拟现实的常用装备，在军事战备仿真等领域发挥了重要作用。它是通过两个平面显示器分别为左右眼提供具有双目视差的不同图像，进而产生立体视觉。其工作原理是将小型平面显示器所生成的图像经过光学系统放大，将近处景象放大至远处观赏，从而实现全息视觉的效果。HMD 中人的视觉和听觉处于封闭状态，以此来实现接近身临其境的感受，但这也限制了这种技术只能对单人使用，而且立体视角有限，影响了观看的自由度。此外，高昂的价格和较大的重量也是其应用上的限制因素。

相对而言，无需辅助工具、裸眼直接观看的立体显示则被称为裸眼 3D 显示。由于佩戴眼镜等辅助工具观看三维立体影像既不方便，又可能带来不适感，因此能够无需辅助设备，仅凭裸眼即可欣赏到三维视觉效果成为人们的追求。

全息 3D、体 3D 以及自由立体 3D 等多种技术都在裸眼 3D 显示技术的范畴内。在这些技术中，自由立体 3D 显示技术具备动态、彩色以及大视场角的显示能力，被视作商业化推广的潜力候选。自由立体 3D 显示技术可进一步细分为两类：第一类是基于几何光学的裸眼 3D 技术，依据光线的直线传播、反射、折射等原理，通过结构设计调整像素出射方向，从而将不同视角的图像投射至不同视点，使得左右眼分别接收到不同的视角图像，产生立体视觉效果，代表技术包括柱透镜阵列、视差屏障、微透镜阵列技术，以及新兴的指向型背光、多投影阵列技术等；第二类是基于衍射光学的裸眼 3D 技术，其分离不同视角图像是通过亚波长结构对光波进行衍射调控来实现的，代表技术包括全息相位元件、像素型纳米光栅等。

分辨率、可视角度以及可视距离等方面仍是目前的裸眼 3D 显示产品所面临的主要挑战，这些技术瓶颈成为了制约其进一步产业化的重要因素。为了推动产业的发展，未来的研发方向需聚焦于突破这些技术难点，以提升裸眼 3D 产品的整体性能。

鉴于技术原理的局限，当前的裸眼 3D 显示产品分辨率普遍偏低，这对于习惯高清视觉体验的观众而言，无疑是一种难以忍受的缺陷，实现显示效果的提升面临显著挑战。

此外，可视角度的局限同样亟待解决。当前的产品要求观众必须在特定范围内观看屏幕，以确保立体画面的呈现。一旦观看角度过大，3D 显示效果便会大打折扣。值得注意的是，可视角度与分辨率之间存在相互制约的关系。

再者，可视距离也是一个关键考量因素。观众若距离屏幕过远，3D 显示效果会明显减弱；而过于接近屏幕，则可能导致观察者出现头晕的现象。因此裸眼 3D 显示要求观众与设备保持特定距离，以充分体验 3D 效果（而且视角对 3D 效果也有显著影响），这与常见的眼镜式 3D 显示技术仍存在一定差距。

裸眼 3D 技术作为显示技术发展的前沿趋势，被普遍视为充满潜力且有望成为下一代主流显示技术。因此，对裸眼 3D 显示关键技术的研究，将深刻影响未来显示产业的发展走向。目前，随着 4K、8K 等超高清大尺寸电视的出现，多视点和超多视点自由立体（裸眼 3D）显示将成为 3D 显示的发展方向。

3D 显示技术极大地提升了人们娱乐生活的质量，通过 3D 电影和 3D 电视，为人们带来了沉浸式的视觉体验。同时，在多个不同的领域 3D 显示技术都展现出了广阔的应用前景，包括但不限于军事、医疗、数据可视化、工程、娱乐、虚拟商务贸易、教育和广告媒体。相较于传统的 2D 显示器，3D 显示器独具优势，它能够展现深度信息，使得事物的外形和运动状态能被用户更全面地了解，从而提供身临其境的感受，事物的形状和运动情形也能通过 3D 显示器更好地被人们感知到，所以 3D 显示技术在很多行业领域都有所应用。

3D 显示技术其实最早在军事、航空航天领域开展了应用，如通过虚拟世界进行军事演习、国防军事飞行模拟、武器的操作与控制、训练宇航员和宇宙航天探测等一系列活动。比如目前在飞行模拟中已经广泛应用的立体显示系统，相较于实际飞行，不仅成本更低，还能通过模拟各种情境，让飞行员在短时间内积累丰富的经验。早在 20 世纪 90 年代，美国军方就开展了针对自由立体显示技术的研究，并率先将其应用于军事装备中。根据美国国家航空航天局（NASA）朗雷（Langley）研究中心飞行管理部的报告显示：使用立体显示器后，飞行员对飞机空间位置的判断能力得到了显著的提升，进而提高了飞行员的应急反应速度。鉴于其卓越的性能，3D 显示技术不仅适用于国防军事飞行模拟和军事演习，还广泛运用于武器操控、宇航探测及太空训练等多个领域。这一领域中的先驱者是美国的 DTI（Dimension Technologies Inc.）与荷兰的飞利浦（Philips）公司，他们率先研发并推出了自由立体显示器，这些产品迅速占据了市场的主导地位。

在军事中，3D 显示技术的实际应用还包括潜水艇的水下领航可视化、卫星图像的高精度分析、座舱的直观控制显示、夜视侦查技术、数字化的沙盘模拟、作战模拟训练、风洞试验中的数据可视化、航空图像学的增强、图像地理学的研究、痕迹分析（如弹痕的精确识别）、物证分析对比、夜晚监控，以及红外监视等。此外，随着现代战争复杂性的增加，对官兵的心理素质也提出了更高的挑战。为了适应未来战场的需求，官兵必须拥有坚韧不拔的心理素质。为此，可以使用 3D 显示技术提供一种有效的心理训练方法，具体就是根据实际战争的情况来构建惊险激烈、紧张刺激的虚拟战场场景，进而制作成不同主题的专题训练内容，并结合环绕立体声技术，官兵能够身临其境地体验逼真的战场环境，从而进行有针对性的心理训练，提升应对未来战场挑战的能力。

在医学领域中，3D 显示技术也有非常广泛的应用，如内窥镜图像显示，体内成像，体内造影，外科手术模拟及训练，以及蛋白质、DNA 及分子结构的立体展示。此外，它还在立体显微镜、器官模拟成像和医学教学等领域发挥着重要作用。3D 显示技术用于诊断设备能显著提升诊断结果的精确度和可靠性；用于手术辅助设备则有助于手术的精准与快速完成；而在医学现场教学中，3D 显示技术更是能够使教学过程更加形象直观，从而取得更佳的教学效果。

在医疗诊断中，人们通过使用 X 射线 CT（computed tomography，计算机断层成像）和 MRI（magnetic resonance imaging，磁共振成像）等技术，可得到宝贵的三维数据资源。医学图像三维数据场是一种典型的三维数据形式，它们是通过 CT 或 MRI 扫描获取的一系列医学图像切片数据。按照位置和角度信息对这些切片数据进行规则化处理后，可以形成一个由均匀网格组成的规则三维数据场。此数据场中的每个网格节点都携带着关于对象密度的属性信息。特别地，相邻断层间八个对应节点所围成的小立方体，我们称之为体素。在可视化过程中，体绘制技术以这些体素作为基本操作单元，计算它们各自对最终显示图像的影响。处理好的多视点体绘制数据，通过裸眼 3D 显示技术，能够呈现带有深度信息的物体内部结构，如肌肉、骨骼等。然而，这一技术也存在其局限性，主要是数据存储量庞大，计算耗时较长。图 10-3 展示了医疗用裸眼 3D 显示系统的完整处理流程。

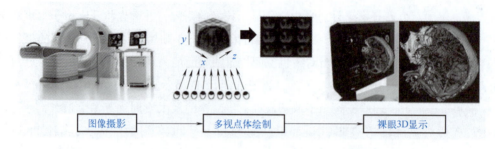

▶ 图 10-3　医疗用裸眼 3D 显示系统的处理过程

　　虚拟现实 / 增强现实（VR/AR）的 3D 显示被广泛应用到许多工程领域中。在汽车工业中，通过建立虚拟环境 3D 显示设备，可以开展 3D 可视化与虚拟制造等工作。在建筑设计中，设计师们常需要在完成平面绘图后，进一步制作模型以验证设计的精确度，随着 3D 显示技术的引入，这一流程得到了显著的优化。如今，在城市规划、楼板布局、景观美化以及内部装修的设计过程中，建筑设计师们可以直接在 3D 显示器上呈现他们的作品。这一转变不仅省去了制造实体模型所需的时间和成本，同时也极大地降低了设计成本，使设计师们能够更高效地推进设计进程。三维信息的获取也广泛应用于产品研究与学习的逆向工程中，用于产品的质量检测等方面。随着三维扫描仪、三维打印机的出现，在不远的将来，立体视觉技术必将在实际生产中得到更加广泛的应用。

　　3D 显示技术在抽象概念模拟、动画制作强化等领域也有广泛的应用前景，在教育领域中，它的应用有助于显著提升学习效率。具体来说，立体显示技术在辅助学生理解空间概念、物理现象等复杂原理时，相较于传统的二维图像，能够提供更直观、更高层次的认知体验，从而加深学生的理解。在博物馆和美术馆中，3D 显示技术同样展现出其独特的价值。通过自由立体显示系统，观众能够便捷地通过立体显示器欣赏到充满立体感的艺术品、工艺品和文物等。这种 3D 显示方式不仅降低了艺术品管理的高昂成本，为更多人提供了观赏的便利，同时也为某些珍贵的艺术品提供了更为安全的展示环境。

　　3D 显示在影视娱乐方面提供了平面显示无法比拟的视觉冲击力和震撼的视觉体验。随着虚拟现实逐步从萌芽状态走向日渐成熟，其改变娱乐方式的能力也逐渐显现，立体视觉技术作为其重要的组成部分也将发挥重要的作用，它将使传统精美的 3D 画面和身临其境的沉浸感发挥到极致。除了上述应用，3D 显示在广告传媒领域也展现出其独特的魅力，逐渐成为各大公共场合引人注目的新型信息媒介。尽管人类感知世界的方式多种多样，但视觉无疑是获取信息的主要途径，其信息量远超其他感官。因此，传媒行业一直致力于研究如何高效、真实地通过视觉传递产品信息。传统的平面显示系统受限于二维空间的表达，往往无法完整呈现物体的深度信息，如远近、位置等，难以给观众留下深刻印象。市场的需求推动了对能提供立体视觉体验媒介的探索，而电子及液晶技术的成熟为立体显示技术的发展提供了坚实的理论与技术支持。如今，3D 显示技术已广泛应用于广告及景观展示中，如广告媒体网络、新产品发布会、展览展示等。该技术能够真实、直观、清晰地展现展示内容，为观众带来逼真的立体效果，使得观众对展示内容的印象得到显著地增强。

10.2　立体视觉机理

在理解人如何感知立体信息的过程中，需考虑多种机理，包括双眼视差、辐辏、焦点调节和运动视差等。其中，双眼视差是形成立体视觉尤为关键的机制。

人类双眼之间的距离大约为 65mm，这导致左眼和右眼从略微不同的角度观察物体。因此，同一物体在左、右眼的视网膜上形成的图像并不完全一致，这种差异被称为双眼视差，这也是立体视觉感知的基础。其基本原理就展示在图 10-4 中。当人们在观察某一物体时，由于双眼均参与了观察成像，该物体分别在左、右眼的中央凹处形成清晰的图像。然而，这两个图像在左、右眼的视网膜上的位置并不相同。这种物体上任意两点在左眼和右眼中的视角差异，即构成了双眼视差。在视觉系统的信息处理过程中，这种双眼视差会被转化为反映物体在纵深方向上位置的信息，从而使我们能够判断所观察物体的前后关系。这种视差检测能力具有极高的精度，通常与最小分辨能力相当，在 $1' \sim 1.5'$ 范围内。

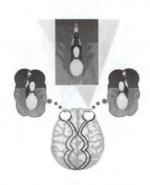

▶ 图 10-4　双眼视差示意图

此外使用双眼观察物体时，眼球会做旋转运动，使得双眼向内侧回转，保证注视点能够成像在双眼的中央凹处，这在生理学上称为辐辏。辐辏过程中，眼部肌肉所产生的张力感觉也是立体视觉的重要组成部分。两眼视线交汇形成的夹角，我们称之为辐辏角，如图 10-5 所示。辐辏角的大小会随着眼睛与目标物体之间距离的变化而发生变化，从而引发深度感知。利用辐辏角，可以大致检测到物体与观察者的距离，但需注意，当距离较远时，辐辏角随距离变化的敏感度会降低，其检测范围大致限于 20m 以内。以上便是通过双眼观察物体所构成的立体视觉机制。

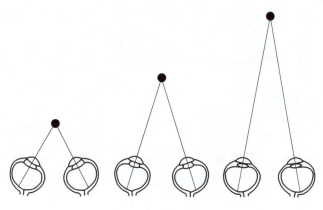

▶ 图 10-5　两眼的辐辏角

　　人眼在观看不同距离的物体时，睫状肌会根据需要调整其张弛程度来确保物体能够在视网膜上清晰成像，睫状肌的张弛程度会影响眼睛晶状体的曲率，进而改变晶状体凸透镜的焦距，从而使固定的视网膜能够适应不同距离的注视目标。通过这种方式，无论被观察的物体距离远或近，人眼都能在视网膜上实现清晰的成像。这一过程被称为焦点调节，它是人眼为适应不同视觉距离而进行的自我调节。当仅由单眼生理调节因素发挥作用时，焦点调节在距离 5m 以内尤为有效。

　　当观看者与观看对象并不能保持相对静止的时候，视线方向的连续变化会导致单眼视网膜成像的不断变化，通过比较时间顺序便会在人脑内形成立体视觉感受。这种方式与双眼观看物体相似，虽然是单眼观看，但由于对象运动较快，观看者与对象的相对运动使空间物体的相对位置产生变化，可以由此判断出物体前后关系，进而可以像双眼视差效应那样产生出深度感，人们称之为单眼运动视差。

10.3　眼镜式 3D 显示

　　眼镜式 3D 显示技术在家用消费领域占据了主导地位，它主要包括色差式、主动快门式和偏光式三种类型，也分别称为色分法、时分法和光分法。下面将对这三种类型分别进行介绍。

10.3.1　色差式 3D 技术

　　如图 10-6 所示，色差式 3D 技术使用的眼镜由两种互补色滤色片组成，常见的是红蓝、红绿或红青组合。以红、蓝滤色眼镜为例，该技术通过两部前端装有红、蓝滤光镜的摄像机捕捉同一场景，生成红色与蓝色两路图像信号。这些信号随后合并，传输至接收端显示器，呈现红蓝图像。立体眼镜的左右镜片分别安装红色或蓝色滤光片，确保左眼仅见红色图像，右眼仅见蓝色图像，大脑再将这两路图像融合形成立体视觉。此技术在立体电视成像领域具有良好的兼容性，一度广受欢迎。裸眼观看色差式 3D 影像时，所见影像与常规彩色影像类似，但对比度稍高，且远处及边缘明显物体的周围可能会出现模糊的横向光晕。然而，佩戴相应的眼镜后，光晕现象自然消失，色彩平衡得以恢复，呈现出完整的彩色 3D 影像。图 10-7 展示了色差式 3D 眼镜及其对应的裸眼观察下的 3D 图像效果。

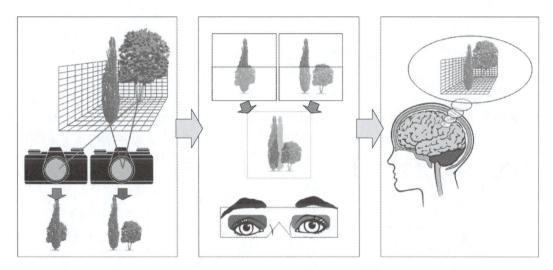

▶ 图 10-6　色差式 3D 技术原理示意图

▶ 图 10-7　色差式 3D 眼镜和裸眼观察色差式 3D 图像

色差式 3D 显示眼镜成本低廉且设计轻便，能在一定程度上减轻对脸部的压迫感，这些显著优势使其领先其他 3D 显示技术成为早期家庭 3D 体验的首选方案。然而，该技术也存在一些显著问题。首先，通过滤光镜观看电视图像会导致彩色信息的大量损失；其次，彩色电视机本身的"串色"现象也会成为观看体验的干扰因素。更重要的是，由于左、右眼镜的入射光谱差异，仅仅依靠滤色手段，该技术难以确保对图像原画的精准呈现，从而可能引发视觉疲劳。

Dolby 公司在 2007 年开发出 Dolby 3D 系统再次引发了色分技术的使用热潮。该系统通过在放映机前安装滤光片，将投影机发出的光线分解为两组波长频率各异的红绿蓝三原色光，并分别投射至屏幕上。观众佩戴相应的滤光眼镜以分别接收这两组图像，从而创造出立体视觉体验。相较于传统的色分技术，Dolby 3D 系统展现出显著的优势。值得一提的是，放映机配备该滤光片后，不仅能放映 3D 电影，当取下滤光片时，还能放映传统电影，这种技术也被称为波分法。在《阿凡达》的首映礼上，就采用了波分法与偏光式 3D 技术。

10.3.2　主动快门式 3D 技术

如图 10-8 所示，主动快门式 3D 技术是一种基于时间域调制的技术，也称为时分法。众所周知，人眼具有视觉暂留效应，该技术利用视觉暂留的生理特性，通过提升画面的刷新率，使得双眼能够分别观察到不同的影像。液晶分子的排列在不同的电压下呈现不同的方式，该技术使用液晶制成快门眼镜，通过施加电压来控制眼镜的开关状态，当一只镜片阻挡光线时，另一只镜片则允许光线通过，从而实现双眼分别观看左、右两个视角的图像，进而产生立体视觉效果。在内容获取端，我们利用两部摄像机同步拍摄同一场景。具体来说，左边的摄像机图像信号（左视图像）被作为奇场信号，而右边的摄像机图像信号（右视图像）则作为偶场信号。在接收端，红外（或蓝牙）信号发射器依据场频来精准控制快门式 3D 眼镜的镜片开关，实现场交替的视觉效果。在奇场影像显示时，左眼镜片开启而右眼镜片关闭，反之在偶场影像显示时，则右眼镜片开启而左眼镜片关闭。由于切换速度极快，大脑会自然地认为双眼同时观看影像，并将它们融合成一幅立体图像。为了实现这一技术，我们需要一个显示器，它能够以一定的速度轮流切换左右眼应看到的图像。观众则要佩戴特殊的快门式眼镜，这款眼镜同样以相同的速度轮流将左右镜片变为黑屏。这样的设计确保了左眼应看到的图像仅进入左眼，而右眼应看到的图像仅进入右眼。通过这种在极短时间内让两眼接收不同图像的方式，立体视觉效果被成功地创造。对于人眼而言，视觉暂留效应的持续时间在 0.1 ~ 0.4s 之间，因此，为了保证观看的流畅性和立体感，每只眼睛接收到的画面必须达到至少 60Hz 刷新率。同时，为了满足这一需求，整个 3D 显示器的刷新率必须达到 120Hz，确保在播放立体图像时，能够维持与 2D 图像相同的帧数，从而提供稳定且高质量的视觉体验。

这样处理优势很明显，其可以兼容现有的广播电视基础设施，无需升级迭代，其局限性在于图像的垂直分辨力会减半，并且无法实现与二维视频节目的后向兼容性。另一种策略是按帧频来同步控制快门式 3D 眼镜的镜片开关（帧交替），将左边摄像机和右边摄像机的图像信号分别作为奇数帧和偶数帧信号。这种方法同样不需要对现有的广播电视设施进行升级，且图像的垂直分辨力得以保持。但需要注意的是，这种处理方式可能会导致运动图像质量的下降。快门式眼镜需要内置电池和电路，价格相对较高。特别是快速的画面闪动对眼镜的要求极高，因此快门式眼镜成为了几种 3D 显示技术中最为笨重的。此外，由于眼镜有一半时间处于黑屏状态，图像的亮度也受到了显著影响。

对于不同步显示的两个视角的图像，只要显示延迟不超过 50ms，人眼视觉系统就能够将这两幅图像进行融合。在物体动态显示的过程中，左视图与右视图之间可能会存在延迟，这种延迟可能会干扰到人眼对深度的正常感知，导致所谓的深度失真现象。经过详尽的研究，当延迟达到或超过 160ms 时，这种深度失真将会变得尤为显著，从而影响用户的视觉体验。

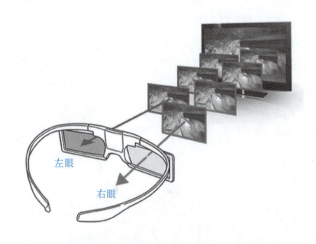

左眼

右眼

▶ 图 10-8　主动快门式 3D 技术原理示意图

近些年来，不断有更多的显示面板被开发出来应用于主动快门式 3D 技术。东芝移动显示公司针对主动式 3D 眼镜开发了 OCB（optically compensated bend，光学补偿弯曲）液晶面板，其有快速的切换速度以及极低的 3D 串扰率等优点，只用 0.1ms 可以实现面板从打开到关闭，从关闭到打开也只需要 1.8ms。在 30° 视角范围内，3D 串扰率被控制在 0.1% 以下，同时透光率达到了 33%，确保了优质的视觉体验。近些年来，利用人眼对光的积分效应成像开发了 PDP（plasma display panel，等离子显示板），可用于 3D 显示。PDP 采用子场驱动的方式，将每帧画面分为 10 个子场，在 60Hz 的帧频下，每个子场的频率是 600Hz。将 PDP 用于 3D 显示，仅需在时间轴上对每个视角的帧图像进行分割，各自分为 5 个子场进行交替显示。这样不仅简单有效，而且无需引入额外的技术挑战或增加制作工艺的复杂性，从而轻松实现了 3D 功能的增强。快门式眼镜在切换 PDP 电视左右视图像时，其表现已非常接近人眼对舒适度的需求。值得注意的是，随着屏幕尺寸的增大，观众能获得的3D体验效果会愈发显著。屏幕尺寸实际上决定了观看画面的视野宽度，当视野范围更宽时，观众能够感知到的深度效果也会更为突出。相较于LCD，PDP在色彩还原性、色度视角、暗画面细节表现以及动态画面流畅性等方面均表现出色，这些特点使其更适合于大尺寸的视觉体验。同时，随着尺寸的增大，PDP的成本优势也愈发明显，这也是PDP逐渐倾向于大尺寸发展的一个重要原因。例如，152英寸的PDP，其分辨率高达4倍全高清，这些卓越的性能使其成为3D显示应用的理想选择。

10.3.3　偏光式3D技术

如图10-9所示，偏光式3D技术也叫偏振式3D技术，其利用光波是横波，横波具有偏振现象的原理，设计了偏振式立体眼镜。这种眼镜的左、右眼分别装备了偏振方向相互垂直的偏振镜片。具体来说，两个镜片分别被设计为垂直偏振和水平偏振，显示器投射出相应的偏振光，使得双眼分别接收到左视和右视图像，经过大脑将图像融合后形成立体视觉。由于偏振光技术的应用，不再需要传统的红蓝等互补色滤镜，因此偏振式眼镜具有很小的色彩损失。同时，偏振片本身近乎透明，使得色彩校正变得更为简便。然而，这种方式存在一个缺点：当观看者头部倾斜时，偏振镜片可能无法完全滤除与之正交的偏振光，导致一个视角的图像渗透到另一个视角中，引起观看者的不适感。在液晶电视上应用偏光式3D技术时，电视需要具备240Hz以上的刷新率。

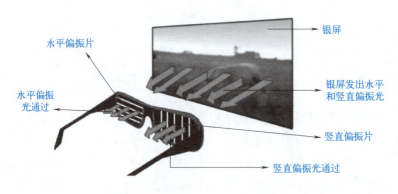

▶ 图10-9　偏光式（线偏振式）3D技术原理示意图

应用偏振眼镜来实现三维立体视觉，目前是一种广泛采用的技术，特别是在当前的立体电影放映中。在投影端，通过两台同时工作的投影机，分别投射出垂直偏振光和水平偏振光图像，以供观众的双眼分别观赏，从而达到立体视觉效果。

如图10-10所示，圆偏振式技术是为了解决在头部旋转时造成左右眼影像产生串扰问题而提出的一种对偏振式显示技术的改良技术，其采用具有相反旋转方向的圆偏振光。

该技术将屏幕上的所有像素分为奇数行和偶数行，奇数行负责显示左视图像，偶数行则
显示右视图像（行交替模式），这导致垂直分辨率减半。在显示器的外部，奇数行位置覆
涂有左旋圆偏振膜，偶数行位置则覆涂有右旋圆偏振膜。观看者需佩戴左眼为左旋圆偏
振、右眼为右旋圆偏振的眼镜来观看。尽管圆偏振技术的应用在一定程度上解决了偏振
眼镜的部分问题，但仍存在分辨率减半和亮度损失等缺点。这表明偏振技术若要进一步
在市场上占据主导地位，还需要进行更多的改进和优化。

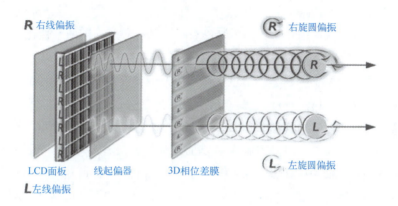

▶ 图 10-10　圆偏振式 3D 技术原理示意图

10.4　头部跟踪显示技术

头部跟踪显示技术旨在精准地识别并定位观看者的头部位置，并且基于定位信息，
该技术能够自动调整 3D 显示器的相关组件，确保最佳观看区域始终与观看者的移动保持
同步。

10.4.1　单人头部跟踪的立体显示

单人头部跟踪的立体显示系统通过头部追踪技术实时捕捉和识别用户的头部运动。
这通常通过安装在显示设备上的传感器或摄像头来实现，这些设备能够精确地感知用户
头部的姿态和位置变化。捕捉到的头部运动数据被传输到计算模块进行处理。计算模块
通过分析这些数据，能够确定用户头部的实时位置和姿态，并据此计算出用户双眼当前
应该看到的立体图像位置。根据计算模块提供的信息，系统生成相应的立体图像。随着
用户头部的移动，系统不断地捕捉新的头部运动数据，并通过计算模块和显示模块实时
调整立体图像的显示。这种反馈和调整机制确保了无论用户头部如何移动，他们都能看

到一个清晰、稳定的立体图像。

10.4.2 多人头部跟踪的立体显示

为了实现立体图像的可视区域能够随着多个观看者的移动而调整，目前的策略是将背光源细分为多个独立的 LED 阵列模块。这些 LED 阵列模块可以单独控制，并具备分区域点亮的能力。通过集成的人眼探测跟踪装置，系统能够实时获取观看者的人数以及每位观看者的眼睛位置等关键信息。基于这些信息，LED 驱动芯片能够精确地控制 LED 在相应位置进行点亮，从而确保每位用户都能获得与其位置相匹配的个性化光源，从而享受到最佳的立体视觉体验。

假设观看者当前位于 A 位置，通过头部跟踪器的精准探测，系统将这一位置信息转换为 LED 阵列中应被点亮的特定位置，从而点亮相应的 LED 模块，为 A 位置的观看者呈现一个具有优质立体效果的可视区域。一旦观看者从 A 点移动至 B 点，摄像头会迅速捕捉到这一动态，并重新计算观看者在 B 点的坐标位置。随即，LED 光源在 A 处熄灭，同时 B 处被点亮，从而确保立体可视区域能够从 A 处平滑过渡到 B 处。简而言之，无论观看者如何移动，借助先进的人眼位置检测技术和 LED 驱动控制机制，立体可视区域始终能够紧跟观看者的步伐，确保其在屏幕前的任何位置都能欣赏到逼真的立体效果。如果有 A 和 B 两个分别处于不同位置的观看者，我们可以同时点亮光源处的 A 和 B 模块，从而为他们各自提供一个独立的立体视域。由于这两个观察者的视觉体验是由两组互不干扰的独立光源提供的，因此它们之间不会产生任何干扰。当有新的观察者加入或已有观察者离开时，只需相应地激活或关闭对应位置的光源，从而实现多用户环境下自动且灵活的立体显示。

10.4.3 头部位置跟踪方法

为了确保头部跟踪器能够精确识别人的头部位置，并迅速将位置信息参数传递给接收端的计算模块以实现即时跟踪，对于系统的响应速度和准确性提出了严格要求。在军事应用中，如战机或战车的头盔瞄准系统，观察者通常需佩戴头盔等辅助设备，但这些设备的使用往往带来一定的不舒适性。相比之下，普通观看者则更倾向于无需任何辅助设备的自然体验。针对这两种不同的应用场景，头部跟踪方法主要分为主动式和被动式两种类型。

（1）主动式头部跟踪

主动式头部跟踪系统主要识别近红外光源在人眼上投射出的光斑特征。通过光电传感器（如 CCD 等）捕捉这些光斑，并开发专门的算法来分析确定人眼的注视位置。在主动式头部跟踪中，常用的技术方法包括异色边缘组织跟踪、角膜反射追踪、瞳孔跟踪以及瞳孔、角膜综合跟踪等四种。

异色边缘组织跟踪技术是使用光敏二极管探测虹膜和角膜边缘反射的近红外 LED 的光线，利用每个边缘区反射的光随眼睛水平移动而变化的特性来测量眼睛的水平位置。同时，另一个类似的传感器装置和 LED 则用于照射另一只眼睛眼帘边缘下部，利用反射率随眼帘移动且与眼睛垂直位成比例变化的特性测量眼睛的垂直位置。

角膜反射追踪技术通过眼睛前方的光束分离设备、反射镜及透镜，将角膜反射的红外 LED 光线传输至摄像机中。通过摄像机屏幕上的图像和相应的算法，确定角膜反射光线的位置。

瞳孔跟踪技术利用红外光照射眼睛，将形成的图像投射到传感器阵列上。计算机随后读取这些图像信息，计算并确定瞳孔的中心位置。

瞳孔、角膜综合跟踪技术结合了角膜反射原理，利用近红外光源在用户眼睛角膜上形成的高亮度反射点作为参照。当眼球转动以注视屏幕上的不同位置时，尽管光斑位置不变，但瞳孔相对于光斑会发生偏移。通过分析瞳孔中心和光斑的位置关系，可以确定视线方向。

摄像机捕获的眼睛图像通过图像采集卡，送计算机进行图像处理，提取瞳孔、光斑信息，而实现眼睛位置的快速定位。

（2）被动式头部跟踪

被动式头部跟踪系统通常采用双摄像机作为核心平台，无需额外光源对用户进行照射。该系统基于图像特征提取技术，在捕获的画面中精准定位用户的头部区域，进而在头部区域内寻找并锁定眼睛的位置。随后，利用先进的目标跟踪算法，系统能够持续追踪用户的头部及眼睛区域，并依据立体视觉原理，精确计算出用户头部及眼睛在三维空间中的位置。

（3）SuperD 跟踪定位技术

SuperD 公司的跟踪定位机制首先依赖于位于显示器面板中轴上方的传感器 WebCam（摄像头）来捕捉观看者的位置，随后，这一位置信息被转化为三维空间坐标。这些坐标数据进一步传递给像素排列算法，该算法据此计算出与特定位置相匹配的立体图像，确保观看者能够获得最佳的视觉体验。当前，SuperD 的跟踪定位功能主要局限于个人用户的跟踪。此外，SuperD 还采用了动态视差调整技术，它能够自动根据显示屏幕的大小来调整已设定的视差，以达到在当前屏幕尺寸下最佳的立体显示效果。

10.5　裸眼 3D 显示

裸眼 3D 显示技术涵盖了全息 3D 显示技术、体 3D 显示技术以及自由立体 3D 显示技术等多种方法。下面将对这几类方法进行具体介绍。

10.5.1 全息显示技术

1948 年，英籍匈牙利物理学家 Gabor 开创性提出了全息技术（holography），使得实现真实空间的三维显示不再是天方夜谭，1971 年的诺贝尔物理学奖也因此颁给了 Gabor。全息技术本质就是两个过程：一是物光波的记录，物光波的记录过程是一个干涉的过程，真实物体的物光波所包含的相位和振幅信息可以通过引入一个已知强度和相位信息的参考光波被精确地记录到特定的介质中；二是物光波的再现，这一阶段则是一个衍射的过程，用相同的参考光波照射全息图像即可再现物体的光波场，再现的光波场与三维物体的光波场是完全一致的，进而可以实现三维物体像的精确再现。这一过程如图 10-11所示。

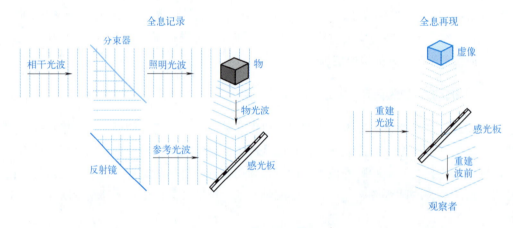

▶ 图 10-11 全息记录和再现过程

全息技术被誉为最理想的裸眼 3D 显示技术，它具备再现物光波完整信息的能力，首次让真实物理世界的全部细节展示在人们眼前，为人们开辟了一个虚拟的窗口。目前全息技术研究随着激光、计算机技术、新材料和空间光调制器等软硬件技术的飞速发展在不断焕发新的活力。全息技术可基于记录介质的不同分为介质全息和电子全息两大类。介质全息中全息图的记录依赖于特定的光敏材料，而电子全息则运用空间光调制器或声光调制器等电子设备来加载全息图。

介质全息（media holography）是最早展开研究的全息技术，其中干涉全息图的获得主要依赖于重铬酸盐明胶、卤化银和光致抗蚀剂等光敏材料。然而，这一过程涉及显影、定影、烘干等多个步骤，不仅操作烦琐而且耗时较长，且不适用于动态全息记录。随着研究的深入，一系列新型全息记录材料逐渐涌现，例如光导热塑材料、光致聚合物、光折变晶体材料，以及最新的石墨烯材料等。尽管介质全息技术所实现的波前再现分辨率足够高，但受限于材料的刷新速率，要形成能够满足人眼刷新要求的 3D 视频显示效果目前仍面临很大挑战。此外，该技术大多局限于单色显示，彩色显示的实现仍是一大挑战。

电子全息（electronic holography）技术则充分利用计算机实现三维显示，因此也称为计算全息技术。该技术的核心在于利用计算机计算三维物体的 3D 显示效果全息图，随后通过光电器件进行展示，从而精准地再现三维物体的波前信息。空间光调制器（spatial light modulator，SLM）为该技术中的关键显示元件，也是在科研界中得到广泛关注的器件。该器件具有多种功能，不仅要加载计算全息图并进行光电转换，更要实时调整入射光的相位、振幅和偏振等特性，使得动态三维物体的波前再现成为可能。目前基于 SLM 的全息显示研究聚焦于三个主要方向：利用声光调制器实现的全息显示、数字微反射镜为基础的全息显示技术，以及液晶技术在全息显示中的应用。

声波在介质中传播过程中会引起介质折射率的变化，进而形成折射率光栅来实现对入射光波相位信息的调整，也就产生了对应的衍射光波，这就是声光调制器工作的基本原理。以美国 MIT 推出的三代 Mark 系列样机为例，特别是在 Mark Ⅲ 中，其采用标准的图像处理器显著提升了 3D 图像的质量，并实现了显示系统体积和成本的降低，最终获得了 24° 视场角。数字微反射镜器件（digital micromirror device，DMD）能够实现对入射光出射进行调制的功能，本质就是利用数字信号来精准控制微反射镜片的偏转角度。反射镜的旋转速率是多少，DMD 上的全息图的更新速率就能达到多高，而且水平方向 360° 的同步扫描使其能够实现周视全息效果。液晶空间光调制器（LC-SLM）在全息显示领域有着广泛的应用，液晶分子的排列方向可以通过加载不同的电场来改变，入射光振幅、相位、偏振等参量的调制也进而实现。然而，受到带宽积的限制，单个空间光调制器的视场角和图像幅面都是有限的。为了扩大视场角和图像显示幅面，研究者们提出了多空间光调制器拼接的方法。由于能够实现实时加载计算全息图和动态显示，基于空间光调制器的电子全息显示技术被视作最具商业化潜力的全息显示技术。然而，在图像分辨率、显示幅面、视场角、彩色化以及全息系统结构优化等方面，仍需对该技术进行进一步的提升和优化。

10.5.2　体三维显示技术

真实三维物体本质上是由三维空间内众多发光像素点构成的集合。体三维显示技术（volumetric 3D display）正是通过重新构建这些空间点像素的亮度来实现三维显示，其核心在于通过对三维空间内各个点像素发光强度的精确控制来再现空间物体的三维形态。体三维显示技术主要可划分为静止型和扫描型两大类别。

（1）静止型体三维显示

实现静止型体三维显示（static volumetric 3D display）可以通过两种不同方法。一种是利用激光的精确扫描和空间寻址技术，并与发光介质（如气体、液体、特殊固体或精心排布的光纤等）相结合，从而在三维空间中创建出逼真的显示效果。另一种方法则是利用多层显示屏的叠加，通过层次叠加的方式在视觉上实现三维显示效果。

体三维显示领域的一种有效技术手段就是能级跃迁（UP-conversion）。其核心原理在于使用可以独立调控的能量射线穿透被固体、液体或气体等介质填充的三维显示空间后，当这些射线的能量在特定焦点处达到或超过介质材料的跃迁能级时，便会触发能级跃迁现象，使该点发光。通过精细调控射线的扫描方式，我们可以精确控制发光点的位置和亮度，进而构建出由众多发光像素点组成的三维图像。

（2）扫描型体三维显示

从二十世纪七八十年代起，扫描型体三维显示（swept volumetric 3D display）的研究就开始了，主要涵盖两大类别。一种方法是将高速旋转或平移的被动发光屏幕与高速发光扫描技术相结合，实现空间体像素的精确寻址。另一种则是利用人眼的视觉暂留效应，通过主动发光屏幕的高速旋转或平移，营造出三维显示的视觉效果。

10.5.3 自由立体三维显示技术

自由立体三维显示技术（autostereoscopic 3D displays）是商业化前景最为广阔的三维显示技术之一，其核心在于将三维物体的光场信息分割为多个独立的窄视角窗口，每个窗口均以二维图像的形式呈现，从而可以构建出近似连续的视差信息。除了全视差显示外，该技术还能实现运动视差的视觉效果。自由立体三维显示技术主要包括了两大类别：首先是基于几何光学的技术，例如视差屏障技术、柱透镜阵列技术、微透镜阵列（集成成像）技术、指向型背光技术以及多投影阵列技术等；其次是基于衍射光学的技术，主要包括全息光学元件和纳米光栅结构等先进方法。下面将具体介绍常用的三种技术：视差照明、视差障栅和柱面透镜。

（1）视差照明技术

如图 10-12 所示，视差照明技术，又称为线光源照明法，是一种在立体显示器 LCD 的像素层后侧，运用一系列紧密排列的线状光源为像素提供背光的方法。这些线光源的宽度极为狭窄，并与显示器的像素列保持平行。通过背光照明的方式，该技术实现了显示器中奇数列像素和偶数列像素的光线传播路径的分离。在可视区域内，这一设计确保了观察者的左眼主要接收到由奇数列像素构成的图像，而右眼则主要接收到偶数列像素构成的图像，从而实现了立体视觉的感知。

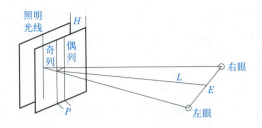

▶ 图 10-12　视差照明技术（线光源照明法）示意图

视差照明技术，作为美国 DTI 公司的专利，是自由立体显示技术中最早被深入研究的技术之一。自 20 世纪 80 年代中期起，DTI 公司便开始了对这项技术的探索。到 2002 年为止，DTI 的视差照明技术实现方式多样，主要包括：采用多光源并配合透镜聚焦以形成精细亮线，利用单或双光源结合光导（光导形式多样）和透镜会聚来形成细亮线，通过微加工技术制作具有不同旋光性的狭缝以实现细亮线，以及利用液晶光阀的旋光性和偏振片配合来形成细亮线。DTI 视差照明技术的一个显著特点是支持 2D/3D 显示模式的转换。在实现 2D/3D 模式转换方面，DTI 公司采用了多种方法。这些方法包括但不限于：利用导轨或铰链连接光源，通过改变光源位置使光线进入不同介质；调整背光板位置以控制透镜是否会聚光线；漫反射板在施加电压时呈现漫射状态，无电压时则保持透明。其中，部分方法能实现整个显示区域的 2D/3D 转换，而另一些方法则允许在显示区域的任意部分进行二维与三维模式的切换。随着技术的发展，DTI 还致力于根据观看者的位置提供不同视角的高分辨率图像。为此，该公司探索了超声波定位、红外定位等技术。此外，DTI 的技术中还提到了通过多套亮线与液晶屏的配合，结合人眼的视觉暂留原理，实现全分辨率显示和多视区显示。这一方法要求液晶屏具备高刷新频率和复杂的电路控制。

DTI 的视差照明技术的显著优势在于简单的原理、出色的视差显示效果和较少的鬼像。然而，要实现多观察者同时观看、多维和移动视差效果，仍要克服显著的技术挑战。作为当前最为成熟的自动立体显示技术，DTI 的视差照明技术在技术原理上已趋于成熟，因此，其创新点主要集中在实现方法上。随着加工技术和材料技术的不断进步，视差照明实现的立体显示效果有望得到持续优化。理想状态下，照明亮线应接近零宽度并精确定位，若能达到微米甚至纳米级的线光源，不仅能简化视差照明立体显示的结构，还能显著提升显示效果。值得注意的是，视差照明立体显示技术主要依赖于透射式显示源，当前液晶屏便是其理想选择。然而，液晶屏的性能指标仍是制约视差照明立体显示技术发展的关键因素。

（2）视差障栅技术

如图 10-13 所示，视差障栅技术的实现依赖于一个开关液晶屏、偏振膜以及高分子液晶层。通过液晶层与偏振膜的结合，能够生成一系列旋光方向垂直、间隔为90°的条纹。这些条纹宽度达到几十微米，其中不透光的部分构成了垂直的细条障栅。在立体显示模式下，视差障栅精确控制每只眼睛所观察到的液晶屏上的像素。当左视图像显示时，不透明条纹遮挡右眼；而当右视图像显示时，则遮挡左眼。若关闭液晶开关，显示器即可转变为普通的二维显示模式。尽管视差障栅技术早前已被尝试应用于立体显示，如结合黑白线条液晶屏与成像液晶屏以实现立体效果，但主要挑战在于层与层之间难以充分贴近，导致成像困难。夏普公司则通过使狭缝视差障栅层与图像层的像素紧密接近，显著提升了图像质量，并允许观察者更近距离地观看立体图像，使显示器设计更为紧凑。夏普的视差障栅可置于显示屏前或后，形成视觉障碍。其中，置于显示屏后方的视觉障碍方法与DTI的视差照明技术有相似之处。

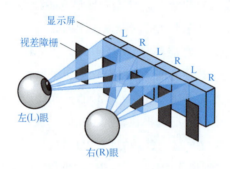

▶ 图 10-13　视差障栅技术示意图

在障栅板上，透光的狭缝方向与像素列方向相平行，来自背光源的光线通过这些狭缝照亮显示屏。当双眼位于显示屏前的特定区域时，由于障栅板的遮光效应，每只眼睛分别捕捉到由奇、偶像素列构成的图像，从而实现立体视觉。然而，视差障栅技术的遮挡作用会导致光线透射量减少，进而降低图像的观看亮度，使得整体亮度有所下降。此外，从某些角度观看时，可能会观察到明暗相间的竖直条纹。视差障栅立体显示技术的实现方式相对简单，尽管其目前仍存在很多不足，但还是被不少市场上的立体LCD显示器所采用。

（3）柱面透镜技术

柱面透镜阵列，又称为柱状透镜阵列。顾名思义，其是由一排垂直排列的柱面透镜构成的。如图10-14所示，每个柱面透镜会对光产生折射，将两幅不同的视差图像分别投射至观看者的左右眼，使得左视图像聚焦于左眼，右视图像聚焦于右眼，从而使观察者产生立体视觉体验。柱透镜光栅立体显示技术所生成的图像丰富且真实，尤其适用于大屏幕展示。借助精密的成形技术，每个透镜的截面精度可达微米级，支持更高分辨率的显示。此外，通过先进的数字处理技术，能显著减少色度和亮度的干扰，从而显著提升立体显示图像的质量。柱透镜光栅的一大优势在于其显著降低了光损失，使得显示屏的亮度几乎达到视差障栅式显示的两倍。同时，该技术还兼容 3D 显示与 2D 显示。

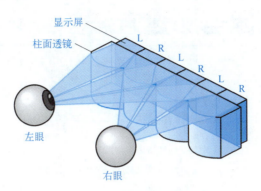

▷ 图 10-14　柱状透镜技术示意图

飞利浦的 3D 液晶显示器创新性地采用了在柱透镜内部注入液晶的技术，通过电场调控液晶分子的排列状态，进而控制柱透镜的聚焦特性，以实现二维与三维显示之间的无缝切换。在不通电状态下，液晶分子的高折射率轴与图像平面呈垂直排列，使得底部光线通过时，柱透镜能够发挥其折射作用，形成立体视觉所需的视差图像。而在通电状态下，液晶分子的轴向则与透镜的光轴平行，此时透镜的折射作用被消除，光线能够直接透过而不发生偏转，保持了原有的传播方向，从而实现二维平面的显示效果。

东芝裸眼型立体电视机也采用了柱面透镜技术，其工作原理是：液晶面板的每个像素由 9 个子像素精心构成，纵向排列着红、绿、蓝三基色子像素，而横向则排布了 9 个与观众席上 9 个不同视点（即观看位置）相匹配的子像素。在液晶显示屏的前方，巧妙地设置了柱状透镜阵列，确保液晶屏的像平面恰好位于透镜的焦平面上。柱面透镜阵列与像素阵列之间形成一定的夹角，透镜阵列以递进变化的方式，确保每组 9 个子像素中的每一个都能精准地投射到 9 个视区中的相应一个。当观众位于屏幕正前方中线左右各 20° 的视角范围内，双眼从不同角度观看显示屏时，便能看到不同的子像素。每位观众的左眼和右眼所捕捉到的同一子像素因存在视差，从而在视觉中枢内形成立体感知，实现了裸眼观看的立体效果。

附录
光学系统像差测量方法

附录 A　基于星点法测量光学系统的单色像差及色差

A.1　平行光管结构介绍

平行光管是一种长焦距、大口径，并具有良好像质的仪器，与前置镜或测量显微镜组合使用，既可用于观察、瞄准无穷远目标，又可作光学部件，用于光学系统的光学常数测定以及成像质量的评定和检测。根据几何光学原理，无限远处的物体经过透镜后将成像在焦平面上；反之，从透镜焦平面上发出的光线经透镜后将成为一束平行光。如果将一个物体放在透镜的焦平面上，那么它将成像在无限远处。

图 A-1 为平行光管的结构原理图。它由物镜及置于物镜焦平面上的分划板，光源以及为使分划板被均匀照亮而设置的毛玻璃组成。由于分划板置于物镜的焦平面上，因此，当光源照亮分划板后，分划板上每一点发出的光经过透镜后，都成为一束平行光。又由于分划板上有根据需要而刻成的分划线或图案，这些刻线或图案将成像在无限远处。这样，对观察者来说，分划板又相当于一个无限远距离的目标。

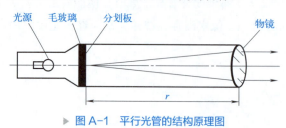

光源　毛玻璃　分划板　　　　　　　　物镜

r

▶ 图 A-1　平行光管的结构原理图

根据平行光管要求的不同，分划板可刻有各种各样的图案。图 A-2 是几种常见的分划板图案形式。图 A-2（a）是刻有十字线的分划板，常用于仪器光轴的校正；图 A-2（b）是带角度分划的分划板，常用在角度测量上；图 A-2（c）是中心有一个小孔的分划板，又被称为星点板。

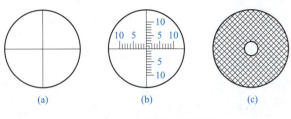

▶ 图 A-2　分划板的几种形式

A.2　星点法介绍

根据几何光学的观点，光学系统的理想状况是点物成点像，即物空间一点发出的光能量在像空间也集中在一点上，但由于像差的存在，在实际中是不可能的。评价一个光学系统像质优劣的根据是物空间一点发出的光能量在像空间的分布情况。在传统的像质评价中，人们先后提出了许多方法，其中用得最广泛的有分辨率法、星点法和阴影法（刀口法），此处介绍星点法。

光学系统对相干照明物体或自发光物体成像时，可将物光强分布看成是无数个具有不同强度的独立发光点的集合。每一发光点经过光学系统后，由于衍射和像差以及其他工艺疵病的影响，在像面处得到的星点像光强分布是一个弥散光斑，即点扩散函数。在等晕区内，每个光斑都具有完全相似的分布规律，像面光强分布是所有星点像光强的叠加结果。因此，星点像光强分布规律决定了光学系统成像的清晰程度，也在一定程度上反映了光学系统对任意物分布的成像质量。上述观点是进行星点检验的基本依据。

星点（检验）法是通过考察一个点光源经光学系统后，在像面及像面前后不同截面上所成衍射像（通常称为星点像）的形状及光强分布，来定性评价光学系统成像质量好坏的一种方法。由光的衍射理论得知，一个光学系统对一个无限远的点光源成像，其实质就是光波在其光瞳面上的衍射结果，焦面上衍射像的振幅分布就是光瞳面上的振幅分布函数，亦称光瞳函数的傅里叶变换，光强分布则是振幅模的平方。对于一个理想的光学系统，光瞳函数是一个实函数，而且是一个常数，代表一个理想的平面波或球面波，因此星点像的光强分布仅仅取决于光瞳的形状。在圆形光瞳的情况下，理想光学系统焦面内星点像的光强分布就是圆函数的傅里叶变换的平方，即艾里斑光强分布：

$$\begin{cases} \dfrac{I(r)}{I_0} = \left[\dfrac{2J_1(\psi)}{\psi} \right]^2 \\ \psi = kr = \dfrac{\pi D}{\lambda f'} r = \dfrac{\pi}{\lambda F} r \end{cases}$$

式中，r 为在像平面上离开星点衍射像中心的径向距离；$I(r)$ 为 r 处光强；I_0 为 $r=0$

处的光强，即中心最大光强；$I(r)/I_0$ 为相对强度（在星点衍射像的中间规定为 1.0）；$J_1(\psi)$ 为一阶贝塞尔函数；D 为圆孔直径；λ 为照明光波长；f' 为像方焦距；F 为像方 F 数。

通常，光学系统也可能在有限共轭距内是无像差的，在此情况下 $k=(2\pi/\lambda)\sin u'$，其中 u' 为成像光束的像方半孔径角。

无像差星点衍射像如图 A-3 所示，在焦点上，中心圆斑最亮，外面围绕着一系列亮度迅速减弱的同心圆环。衍射光斑的中央亮斑集中了全部能量的 80% 以上，其中第一亮环的最大强度不到中央亮斑最大强度的 2%。在焦点前后对称的截面上，衍射图形完全相同。光学系统的像差或缺陷会引起光瞳函数的变化，从而使对应的星点像产生变形或改变其光能分布。待检系统的缺陷不同，星点像的变化情况也不同。故通过将实际星点衍射像与理想星点衍射像进行比较，可反映出待检系统的缺陷，并由此评价像质。

▶ 图 A-3　无像差星点衍射像

A.3　星点法测量像差过程

测量装置如图 A-4 所示，仪器用具包括：平行光管、LED（红、蓝）、被测透镜、CMOS 相机、电脑、环带光阑、机械调整件等。

（1）色差测量

① 参考示意图 A-4，搭建观测透镜色差的实验装置。

▶ 图 A-4　系统光路图

② 调节 LED、环带光阑（可任意选择，但测量色差时整个过程应使用同一环带光阑）、平行光管、被测透镜和 CMOS 相机，使它们在同一光轴上。具体操作步骤：先取下星点板，使人眼可以直接看到通过平行光管和被测透镜后的会聚光斑。调节 LED、被测透镜和 CMOS 相机的高度及位置，使平行光管、被测透镜和 CMOS 相机靶面共轴，且会聚光斑打在 CMOS 相机靶面上。

③ 装上 50μm 的星点板，微调 CMOS 相机位置，使得 CMOS 相机上光斑亮度最强，如图 A-5（a）所示。此时选用蓝色 LED（451nm）光源，调节 CMOS 相机下方的平移台，使 CMOS 相机向被测透镜方向移动，直到观测到一个会聚的亮点，如图 A-5（b）所示，记下此时平移台上螺旋丝杆的读数 X_1。此时将光源换为红色（690nm）LED，可看见视场图案如图 A-5（c）所示，相机靶面上呈现一个弥散斑，弥散斑与会聚点的半径差即是透镜的倍率色差。

④ 调节平移台，使 CMOS 相机向远离被测镜头方向移动，又可观测到一个会聚的亮点，如图 A-5（d）所示，记下此时平移台上螺旋丝杆的读数 X_2。

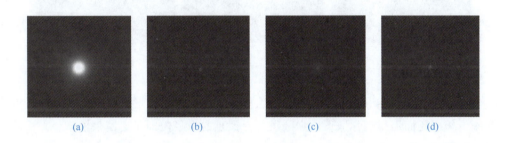

(a)　　　　　　(b)　　　　　　(c)　　　　　　(d)

▶ 图 A-5　视场图案

⑤ 位置色差：$\Delta L'_{FC}=L'_F-L'$。

⑥ 倍率色差：使用红光 LED，调整 CMOS 的位置使其聚焦，如图 A-5（d），在不改变其他器件的基础上更换蓝光 LED，此时在 CMOS 上可以看到一光环，说明蓝光的聚焦位置不在此处，通过相机测量倍率色差。

点击"停止"使 CMOS 停止采集，用鼠标分别点击光环直径的左右位置可以获得像素坐标（$a.b$）和（$a.c$），直径占据的像素值是 $c-b$，那么，倍率色差 $=5.2 \times (c-b)$ μm，注：CMOS 单个像素大小为 5.2μm。

（2）单色像差测量

1）球差测量

① 参考示意图 A-4，搭建观测轴上光线球差的实验装置，光源任选，此处用红色 LED。

② 调节各个光学元件与 CMOS 相机靶面同轴，沿光轴方向前后移动 CMOS 相机，找到通过被测透镜后，星点像中心光最强的位置。前后轻微移动 CMOS 相机，观测星点

像的变化，可看到球差的现象。效果图可参考图 A-6。

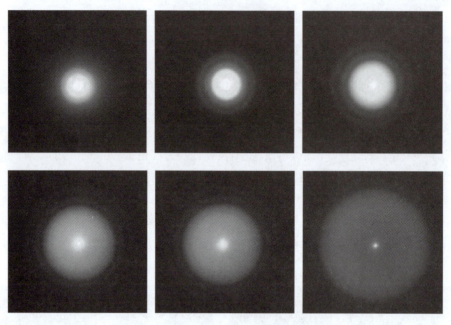

▶ 图 A-6　球差效果图

③ 选用最小环带光阑，移动相机找到会聚点，读取平移台丝杆读数 X_1；换为最大环带光阑，相机靶面上呈现弥散斑，弥散斑与会聚点的半径差即是透镜垂轴球差。移动相机寻找会聚点，读取平移台读数 X_2。

④ 数据处理。计算透镜对红色光源的轴向球差：X_2-X_1。

2）彗差的观察与像散测量

① 参考示意图 A-7，搭建观测轴外光线彗差和像散的实验装置。

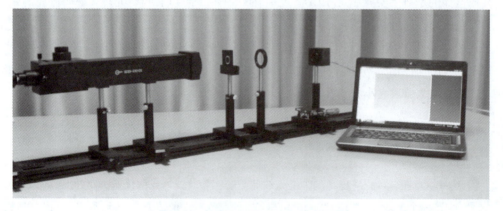

▶ 图 A-7　轴外光线像差星点法观测示意图

② 先按照图 A-7，调节各个光学元件与 CMOS 相机靶面同轴，沿光轴方向前后移动 CMOS 相机，找到通过透镜后，星点像中心光最强的位置。

③ 轻微调节使透镜与光轴成一定夹角，转动透镜，观测 CMOS 相机中星点像的变化即彗差。效果图可参考图 A-8（a）。

④ 将透镜微转一个角度固定，调节相机下面的平移台，分别找到子午焦线与弧矢焦线的位置，计算两个位置的距离，即透镜的像散。效果参考图 A-8（b）。

⑤ 在轴向改变平移台可以调整 COMS 相机的前后位置，可以在 CMOS 上观察到子午聚焦面和弧失聚焦面，分别读取平移台的示数 X_1 和 X_2，那么，透镜像散为 $X_2 - X_1$。

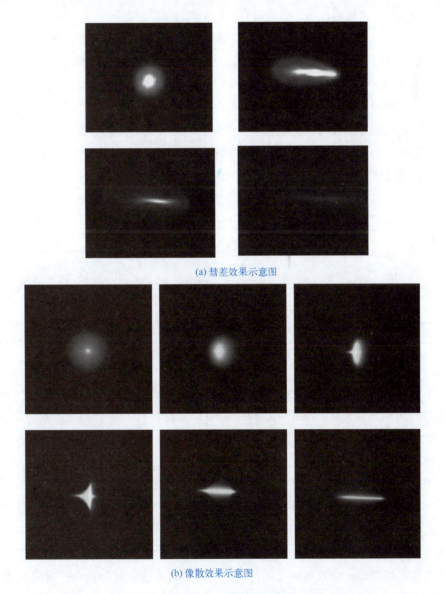

(a) 彗差效果示意图

(b) 像散效果示意图

▶ 图 A-8　轴外像差效果图

附录 B 基于阴影法（刀口法）测量光学系统像差

B.1 阴影法测量原理

阴影法又称刀口法，可灵敏地判别会聚球面波前的完善程度。物镜存在的几何像差使得不同区域的光线成像到像空间不同位置上。刀口在像面附近切割成像光束，即可看到具有特定形状的阴影图；另一方面，物镜的几何像差对应着出瞳处的一定波像差，并由此可求得刀口图方程及其相应的阴影图。反之，由阴影图也可检测典型几何像差。阴影法所需设备简单，检测直观，故非常有实用价值。

对于理想成像系统，成像光束经过系统后的波面是理想球面（如图 B-1 所示），所有光线都会聚于球心 O。此时用不透明的锋利刀口以垂直于图面的方向切割该成像光束，当刀口正好位于光束会聚点 O 点处（位置 N_2）时，则原本均照亮的视场会变暗一些，但整个视场仍然是均匀的（阴影图 M_2）。如果刀口位于光束交点之前（位置 N_1），则视场中与刀口相对系统轴线方向相同的一侧视场出现阴影，相反的方向仍为亮视场（阴影图 M_1）。当刀口位于光束交点之后（位置 N_3），则视场中与刀口相对系统轴线方向相反的一侧视场出现阴影，相同的方向仍为亮视场（阴影图 M_3）。

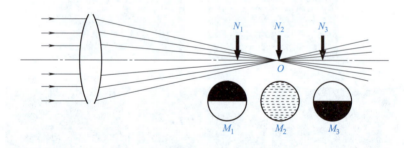

▶ 图 B-1 理想系统刀口阴影图

实际光学系统由于存在球差，成像光束经过系统后不再会聚于轴上同一点。此时，如果用刀口切割成像光束，根据系统球差的不同情况，视场中会出现不同的图案形状。图 B-2 所示是 4 种典型的球差以及其相应的阴影图。图 B-2 中，（a）和（b）图为球差校正不足和球差校正过度的情况，相当于单片正透镜和单片负透镜球差情况。这两种情况在设计和加工质量良好的光学系统中一般极少见到，除非是把有的镜片装反了，检验时把整个光学镜头装反了，或是系统中某个光学间隔严重超差所致；（c）和（d）图所示为实际光学系统中常见的带球差情况。

利用阴影法对系统轴向球差进行测量就是要判断出与视场图案中亮暗环带分界（呈均匀分布的半暗圆环）位置相对应的刀口位置，一般系统球差的表示以近轴光束的焦点作为球差原点。

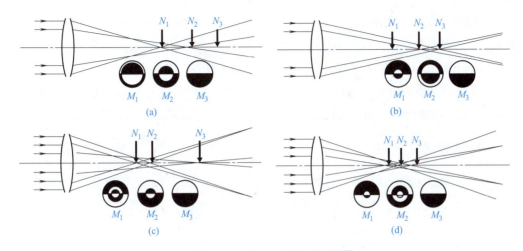

▶ 图 B-2　系统存在球差时的阴影图

B.2　阴影法测量像差过程

测量装置如图 B-3 所示，仪器包括：平行光管、LED 光源、被测透镜、简易刀口、CMOS 相机、电脑、机械调整件等。

（1）球差

① 参考图 B-3，搭建刀口阴影法测量球差的实验装置。

② LED（任意颜色）光源通过小孔平行光管准直，待测透镜会聚焦点，通过最大最小两种环带光阑分别选光，使用刀口装置在焦点位置之前依次沿光轴切过，在焦点后的观察装置依次接收阴影，根据阴影环的变化现象寻找会聚切点，测量两个会聚切点得到轴向的球差。

▶ 图 B-3　刀口阴影法球差测量装置

③ LED（任意）光源通过小孔平行光管准直，待测透镜会聚焦点，用最小环带光阑选光，接收装置在会聚点后，根据阴影现象，刀口找到会聚点，取走环带光阑，刀口切整个弥散会聚点，根据阴影逐渐变暗的过程，近似读取刀口垂轴移动距离。

备注：测量的关键是找到聚焦点，刀口如果是切到聚焦点时 CMOS 相机可以看到光斑瞬间变暗，改变光阑大小分别找到聚焦点，计算聚焦点之间的距离为轴向像差。

（2）像散测量

① LED 光源通过小孔平行光管准直，最小光阑选光，待测透镜会聚焦点，使用刀口装置，45°切入光轴，并将平移台沿光轴方向移动，阴影方向相互正交的两个轴向位置之差。

② 过程示意图如图 B-4 所示。

③ 刀口在光轴上移动过程中，分别记录横向和竖向对应平移台示数为 X_1、X_2，X_2-X_1 即为像散测量值。

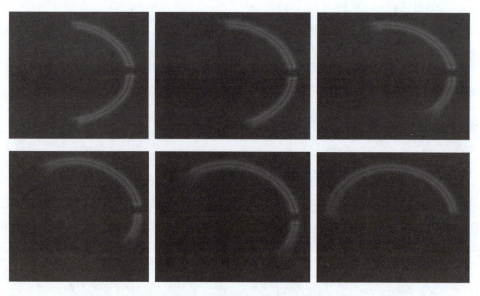

▶ 图 B-4　阴影法测量像散示意图

附录 C　基于剪切干涉法测量光学系统像差

C.1　测量基本原理

利用玻璃平行平板构成简单的横向剪切干涉仪可以观察到单薄透镜的剪切干涉条纹，

并由干涉条纹分布求出透镜的几何像差和离焦量。

剪切干涉是利用待测波面自身干涉的一种干涉方法，它具有一般光学干涉测量方法的优点，即非接触性、灵敏度高和精度高，同时由于它无需参考光束，采用共光路系统，因此干涉条纹稳定，对环境要求低，仪器结构简单，造价低，在光学测量领域获得了广泛的应用。横向剪切干涉是其中重要的一种形式。由于剪切干涉在光路上的简单化，不用参考光束，干涉波面的解比较复杂，在数学处理上较烦琐，因此发展利用计算机里的剪切干涉技术是当前光学测量技术发展的热点。

如图 C-1 所示，假设 W 和 W' 分别为原始波面和剪切波面，原始波面相对于平面波的波像差（光程差）为 $W(\xi,\eta)$，其中 $P(\xi,\eta)$ 为波面上的任意一点 P 的坐标，当波面在 ξ 方向上有一位移 s（即剪切量为 s）时，在同一点 P 上剪切波面上的波像差为 $W(\xi-s,\eta)$，所以原始波面与剪切波面在 P 点的光程差（波像差）为：

$$\Delta W(\xi,\eta)=W(\xi,\eta)-W(\xi-s,\eta) \tag{1}$$

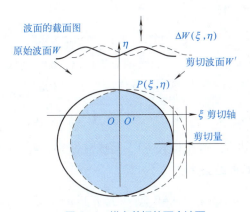

▶ 图 C-1　横向剪切的两个波面

由于两波面有光程差 ΔW 所以会形成干涉条纹，设在 P 点的干涉条纹的级次为 N，光的波长为 λ，则有

$$\Delta W=N\lambda \tag{2}$$

能产生横向剪切干涉的装置很多，最简单的是利用平行平板。由于平行平板有一定厚度和对入射光束的倾角，因此通过被检测透镜后的光波被玻璃平板前后表面反射后形成的两个波面发生横向剪切干涉，剪切量 $s=2dn\cos i'$，其中 d 为平行平板的厚度，n 为平行平板的折射率，i' 为光线在平行平板内的折射角。s 一般为 1～3mm 左右。当使用光源为氦氖激光时，由于光源良好的时间和空间相干性，可以看到很清晰的干涉条纹。条纹的形状反映波面的像差。

分析计算如下：

如图 C-2 所示为光学系统的物平面和入射光瞳平面，其坐标分别为 (x,y) 和 (ξ,η)

平面，AO 为光轴。对于旋转轴对称的透镜系统，只需要考虑物点在 y 轴上的情形 [物点的坐标为 ($0,y_0$)]。波面的光程 W 只是 ξ、η 和 y_0 的函数，即

$$W(\xi,\eta,y_0)=E_1+E_3+\cdots \tag{3}$$

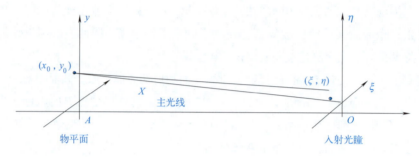

▶ 图 C-2　计算原理图

式中，E_1 是近轴光线的光程

$$E_1=a_1(\xi^2+\eta^2)+a_2y_0\eta \tag{4}$$

其中，$a_1=\Delta z/(2f^2)$，$a_2=1/f$，y_0 是物点的垂轴离焦距离，Δz 是物点的轴向离焦距离；E_3 是赛德尔像差 [初级波像差系数：b_1（场曲），b_2（畸变），b_3（球差），b_4（彗差），b_5（像散）]：

$$E_3=b_1y_0^2(\xi^2+\eta^2)+b_2y_0^3\eta+b_3(\xi^2+\eta^2)^2+b_4y_0\eta(\xi^2+\eta^2)+b_5y_0^2\eta^2 \tag{5}$$

为了计算结果的表达方便起见将式（1）写成对称的形式，光瞳面（ξ,η）上原始波面与剪切波面的剪切干涉的结果为：

$$\Delta W(\xi,\eta,s)=W(\xi+s/2,\eta)-W(\xi-s/2,\eta) \tag{6}$$

将前面的式（4）、式（5）代入式（6）就可得具体的表达式，下面只讨论透镜具有初级球差和轴向离焦的情况。

① 扩束镜（短焦距透镜）焦点与被测准直透镜焦点 F 不重合（即物点与 F 不重合），但只有轴向离焦（Δz 不为零，$y_0=0$）：

$$W(\xi,\eta)=a_1(\xi^2+\eta^2)+a_2y_0\eta \tag{7}$$

由于剪切方向在 ξ 方向，所以：

$$\Delta W(\xi,\eta,s)=2a_1\xi s \tag{8}$$

所以干涉条纹方程为：$\xi=\dfrac{m\lambda}{2a_1s}$（$m=0,\pm1,\pm2,\cdots$）（为平行于 η 轴，间隔为 $\dfrac{\lambda}{2a_1s}$ 的直条纹，剪切条纹的零级条纹在 $\xi=0$）。

② 扩束镜焦点与被测准直透镜焦点 F 不重合，只有轴向离焦（Δz 不为零，$y_0=0$），透镜具有初级球差（b_3 不为零），剪切方向在 ξ 方向：

$$W(\xi,\eta) = a_1(\xi^2 + \eta^2) + b_3(\xi^2 + \eta^2)^2 \tag{9}$$

所以波像差方程为

$$\Delta W(\xi,\eta,s) = 2\eta s\left[a_1 + 2b_3(\xi^2 + \eta^2)\right] + b_3\eta s^3 \tag{10}$$

此时亮条纹方程为

$$2\xi s\left[a_1 + 2b_3(\xi^2 + \eta^2)\right] + b_3\xi s^3 = m\lambda \quad (m=0,\pm 1,\pm 2,\cdots) \tag{11}$$

③ 初级球差 $\delta L'$ 与孔径的关系式为：

$$\delta L' = A\left(\frac{h}{f'}\right)^2 \tag{12}$$

式中，$h^2=\xi^2+\eta^2$，ξ 和 η 为孔径坐标；f' 为透镜的焦距 f；A 为初级几何球差比例系数。而对应的波像差为其积分，即

$$W = \frac{n'}{2}\int_0^h \delta L' \mathrm{d}\left(\frac{h}{f'}\right)^2 \tag{13}$$

将式（12）代入式（13），积分结果为，

$$W(\delta L') = \frac{Ah^4}{4f'^4} = b_3(\xi^2 + \eta^2)^2 \tag{14}$$

由于 $h^2=\xi^2+\eta^2$，所以由式（14）可以求出 b_3 与 $\delta L'$、A 的关系为：

$$b_3 = \frac{\delta L'}{4f'^2h^2} = \frac{A}{4f'^4} \tag{15}$$

因此，在式（11）中，令 $\Delta W = \frac{1}{2}m\lambda$ 就得到实验中的暗条纹方程，即：

$$2\xi s a_1 + 4s b_3\xi^3 + 4s b_3\xi\eta^2 + b_3\xi s^3 = \frac{1}{2}m\lambda \tag{16}$$

利用最小二乘法拟合，由实验图上暗条纹的分布解出 a_1 和 b_3，由式（4）的说明和式（15）分别求出轴向离焦量 Δz 和初级球差 $\delta L'$。

C.2　测量过程

图 C-3 是为平行平板横向剪切干涉仪的装置图，主要包含 He-Ne 激光器、衰减片、显微物镜（扩束镜）、针孔、可调孔径光阑、平凸薄透镜（100mm）、平行平晶、白屏、带变焦镜头的 CCD、处理软件、轨道、支杆、调节支座、平移台、滑块、磁性表座。

测量过程如下：

① 按图 C-3 搭建好光路，准直镜即为被测透镜。摆放器件前应调整各自的高度，让激光通过扩束镜、针孔和薄透镜后为平行光（扩束镜的焦点和准直镜的焦点重合），此时扩束镜下方轴向的平移丝杆读数为 L_1。使激光从平行平板的中心通过，白屏上的光点高度应和 CCD 上的变焦镜头在同一高度。此时在白屏上出现的图案见图 C-4。

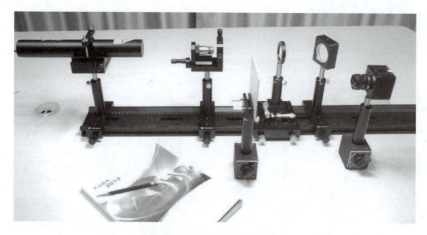

▶ 图 C-3　剪切干涉实物图

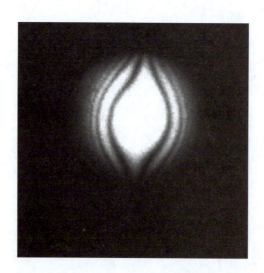

▶ 图 C-4　焦点处的图像

② 把可调光阑放置在薄透镜和平行平晶之间，把光阑孔径调制到最小，这样白屏上会出现两个亮点。用 CCD 采集图像，保证 CCD 的成像面和白屏平行且白屏上的刻度尺要保证水平，否则会影响计算精度。用计算机软件进行标定并求出这两个亮点之间的距离，这个距离就是剪切量 s。见图 C-5。

③ 移去可调光阑，调节薄透镜支座下的平移台，让透镜产生轴向离焦，并记录读数 L_2，轴向离焦 $\Delta z = L_2 - L_1$。为了保证计算精度，这是白屏上出现的图案见图 C-6（保证图像中心条纹为亮条纹，且图中亮纹个数至少为 7 条）。用 CCD 采集此图案（采集时让实验室处于暗环境）。

▶ 图 C-5　剪切量计算图

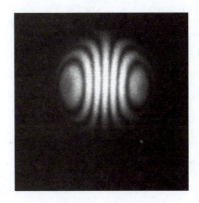

▶ 图 C-6　离焦时的图像

④ 利用软件求出被测透镜的轴向离焦量和初级球差，并与测量的轴向离焦量及理论值初级球差比例系数比较。实验结束时要将调节短焦距透镜支架的微调旋钮旋转到零位，以避免内部的器件因长期受力而变形。

参考文献

［1］ GROSS H. Handbook of optical systems［M］. Weinheim：Wiley-VCH Press，2005.

［2］ FISCHER R E，TADIC-GALEB B. Optical system design［M］. New York：McGraw-Hill Press，2000.

［3］ GEARY J M. Introduction to lens design with practical ZEMAX examples［M］.Richmond：Willmann-Bell，Inc. Press，2002.

［4］ SHANNON R R. The art and science of optical design［M］. Cambridge：Cambridge University Press，1997.

［5］ SMITH W J. Modern optical engineering – the design of optical systems［M］. Bellingham：SPIE Press，2008.

［6］ 福建光学技术研究所，国营红星机电厂.光学镜头手册（第一册）［M］.北京：国防工业出版社，1980.

［7］ 潘君骅.光学非球面的设计、加工与检验［M］.苏州：苏州大学出版社，1994.

［8］ 萧泽新.工程光学设计［M］.北京：电子工业出版社，2014.

［9］ 刘钧，高明.光学设计［M］.北京：国防工业出版社，2016.

［10］ 李晓彤，岑兆丰.几何光学·像差·光学设计［M］.杭州：浙江大学出版社，2003.

［11］ 张以谟.应用光学［M］.北京：电子工业出版社，2015.

［12］ 郁道银，谈恒英.工程光学［M］.北京：机械工业出版社，2016.

［13］ 费业泰.误差理论与数据处理［M］.5版.北京：机械工业出版社，2005.

［14］ 李东熙，卢振武，孙强，等.基于实际光线追迹的共形光学系统设计［J］.红外与激光工程，2008，（05）：834-838.

［15］ 林晓阳.ZEMAX光学设计超级学习手册［M］.北京：人民邮电出版社，2014

［16］ 王中宇，许东，韩邦成，等.精密仪器设计原理［M］.北京：北京航空航天大学出版社，2013.

［17］ 赵坚勇.平板显示与3D显示技术［M］.北京：国防工业出版社，2012.01.

［18］ 吉紫娟，包佳祺，刘祥彪.ZEMAX光学系统设计实训教程［M］.武汉：华中科技大学出版社，2018.

［19］ 赵坚勇.数字电视技术［M］.西安：西安电子科技大学出版社，2005.

［20］ 郑国锠，谷祝平.生物显微技术［M］.2版.北京：高等教育出版社，1993.

［21］ 李林，黄一帆，王涌天.现代光学设计方法［M］.北京：北京理工大学出版社，2015.

［22］ 张兆杨，安平，张之江.二维和三维视频处理及立体显示技术［M］.北京：科学出版社，2010.

［23］ 李湘宁，贾宏志，张荣福，等.工程光学［M］.3版.北京：科学出版社，2022.

［24］ 李大海，曹益平.现代工程光学［M］.北京：科学出版社，2013.

［25］ 王炜，包卫东，张茂军，等.虚拟仿真系统导论［M］.长沙：国防科技大学出版社，2007.

［26］ 许东.实用医学检验技术［M］.郑州：河南科学技术出版社，1993.

［27］ 张文静，刘文广，刘泽金.Zemax 与 Matlab 动态数据交换及其应用研究［J］.应用光学，2008，29（4）：4.

［28］ 于西龙，龚钱冰，周骅.镜头成像畸变的 MTF 像高测试法研究［J］.光学仪器，2020，42（3）：8.

［29］ 郭帅，付东翔.基于信息熵的光学成像系统分析［J］.软件导刊，2019，18（1）：3.

［30］ 王少典.关于 3D 显示的研究与应用前景［J］.信息记录材料，2018，19（3）：3.

［31］ 尤佳璐，惠延年，张乐.眼球运动及眼动追踪技术的临床应用进展［J］.国际眼科杂志，2023，23（1）：90-95.

［32］ 顾芷若，张竣珲.一种降低裸眼 3D 技术中光栅显示器失真的方法与装置:CN202310775598.0［P］.

［33］ 芮明昭.多视点裸眼 3D 电视技术及其应用系统开发［D］.厦门：厦门大学，2014.

［34］ PANG S H M，D'ROZARIO J，MENDONCA S，et al. Mesenchymal stromal cell apoptosis is required for their therapeutic function［J］. Nature communications，2021，12（1）：6495.

［35］ CHEN Q，KIRK K，SHURUBOR Y I，et al. Rewiring of glutamine metabolism is a bioenergetic adaptation of human cells with mitochondrial DNA mutations［J］. Cell metabolism，2018，27（5）：1007-1025.

［36］ University of Bergen. Ultrahigh resolution dark-field microscopy［EB/OL］.（2024-5-9）［2024-5-9］.https://www.uib.no/en/rg/biomaterial/65681/ultrahigh-resolution-dark-field-microscopy.

［37］ EDLUND C，JACKSON T R，KHALID N，et al. LIVECell–A large-scale dataset for label-free live cell segmentation［J］. Nature methods，2021，18（9）：1038-1045.

［38］ 郁道银，谈恒英.工程光学基础教程［M］.2 版.北京：机械工业出版社，2017.

［39］ 佟威威.医学检验的仪器与管理［M］.长春：吉林科学技术出版社，2019.

［40］ 王梓.集成成像 3D 显示技术研究［D］.合肥：中国科学技术大学，2017.

［41］ 方勇.固态体积式真三维显示关键技术研究与实现［D］.合肥：合肥工业大学，2017.

［42］ 刘鹏辉，李诗尧，王文雯.柔性液晶微透镜阵列的制备与性能研究［J］.光子学报，2021，50（3）：8.

［43］ 郑民，范运嘉，李焜阳.指向式背光裸眼 3D 显示的时空同步精准控制研究［J］.电视技术，2021，045（009）：27-33.

［44］ 罗清威，唐玲，艾桃桃.现代材料分析方法［M］.重庆：重庆大学出版社，2020.

［45］ 张群明.用于微装配的显微镜自动调焦技术研究［D］.西安：西安交通大学，2003.

［46］ 肖冉.显微镜新型照明系统的研究与应用［D］.桂林：桂林电子科技大学，2024.

［47］ 周恩源，刘丽辉，刘岩，等.近红外大数值孔径平场显微物镜设计［J］.红外与激光工程，2017，46（7）：7.

［48］ 刘雨晴.一种广角 1300 万像素的手机镜头光学设计［D］.广州：华南师范大学，2024.

［49］ 陈恩果.计算机辅助光学设计 CODE V 应用基础［M］.北京：清华大学出版社，2021.

［50］ 柴广跃.半导体照明概论［M］.北京：电子工业出版社，2016.

［51］ 丁驰竹，赵鑫，郑丹.光学零件 CAD 与加工工艺［M］.北京：化学工业出版社，2013.

［52］ 万文强.基于衍射光学的裸眼 3D 显示研究［D］.苏州：苏州大学，2024.